5. COLLOQUIUM DER
GESELLSCHAFT FÜR PHYSIOLOGISCHE CHEMIE
AM 30. APRIL/1. MAI 1954 IN MOSBACH/BADEN

HORMONE UND IHRE WIRKUNGSWEISE

MIT 52 TEXTABBILDUNGEN

SPRINGER-VERLAG
BERLIN · GÖTTINGEN · HEIDELBERG
1955

ISBN 978-3-540-01877-3 ISBN 978-3-642-87013-2 (eBook)
DOI 10.1007/ 978-3-642-87013-2

BRUHLSCHE UNIVERSITATSDRUCKEREI GIESSEN

Inhalt.

Begrüßung und Eröffnung.

Meine Damen und Herren!

Zu dem fünften Colloquium unserer Gesellschaft heiße ich Sie in dem alten Mosbach wieder herzlich willkommen. Diesmal wollen wir über die Hormone diskutieren. Von den meisten ist nunmehr die Struktur bekannt und von zwei Proteohormonen haben wir kürzlich erfahren, welche Aminosäuren in ihnen vorkommen und wie sie angeordnet sind. Im vergangenen Herbst haben VINCENT DU VIGNEAUD und seine Mitarbeiter das Oxytocin aus seinen acht Aminosäuren sogar synthetisiert. So scheint es nicht mehr zu früh, wenn wir uns danach umsehen, was über den Wirkungsmechanismus von Hormonen bekannt ist.

Im letzten Colloquium haben wir die Fermente behandelt, etwas über ihre Biologie und ihre Wirkungsweise erfahren. Die Hormone sind Wirkstoffe von ganz anderer Art. Während ein Ferment qualitativ in der Regel immer gleich wirkt, kann ein Hormon verschiedene Wirkungen ausüben. Auch ist es nicht immer möglich, diese in vitro zu reproduzieren. Vielleicht werden sie erst am Wirkungsort durch den lokalen Stoffwechsel in die dort wirksamen Produkte umgewandelt. Solche Umwandlungsprodukte sind z. B. bei den Steroidhormonen bekannt, und wir hoffen, darüber Näheres zu erfahren. Bei den Proteohormonen kann man sich etwas Ähnliches nicht vorstellen. Hier hat man vielmehr den Eindruck, daß ihre Wirksamkeit an die besondere Kombination der Aminosäuren gebunden ist. Gewisse Aminosäuren scheinen nötig zu sein, damit ein Protein oder Peptid überhaupt wirksam ist. So enthalten alle bis jetzt bekannten wirksamen Proteine und Peptide Tyrosin. Die Mannigfaltigkeit ihrer Wirkungen scheint auch nicht so groß zu sein wie bei anderen Hormonen, z. B. dem Adrenalin. Deswegen sind wir sehr neugierig darauf, was herauskommt, wenn man die Wirkungen der Hormone in den verschiedenen Lebewesen, die Reihe auf und ab, miteinander vergleicht. Darüber hinaus interessiert uns aber, wo im chemischen Getriebe der Zelle das Hormon angreift. A priori lassen sich verschiedene Möglichkeiten denken, die alle — direkt oder indirekt — etwas mit der Ferment-Substrat-Beziehung zu tun haben. Es könnte ein Ferment gehemmt, oder ein Hemmungskörper beseitigt werden. Weiter könnte das Hormon die Bildung eines Fermentes hemmen oder fördern. Schließlich könnte es auch am Substrat angreifen, seine Anhäufung oder kontinuierliche Beseitigung beeinflussen, rein dadurch, daß es die Permeabilität der Zelle ändert. Vielleicht konkurriert auch das eine oder das andere Hormon mit dem Substrat um den Platz am Ferment.

Zunächst werden wir etwas über die vergleichende Physiologie der Hormone aus dem Vortrag von Herrn Prof. KOLLER erfahren, dem ich hiermit das Wort erteile.

K. FELIX.

Vergleichende Physiologie der Hormonwirkungen.

Von

G. Koller.

Aus dem Zoologischen Institut der Universität Saarbrücken.

Mit 10 Textabbildungen

Vergleichende Hormonforschung und Hormonbegriff.

Bei einigermaßen erschöpfender Behandlung des Themas „Vergleichende Physiologie der Hormonwirkungen" müßte der ungeheure Wissensstoff der Hormonphysiologie, der ja im allgemeinen „vertikal angeordnet" wird — Kapitel 1: Die Schilddrüse; Kapitel 2: Die Nebenschilddrüse usw. — in eine „horizontale Lagerung" umgebaut werden. Man müßte also, um bei dem zufällig gewählten Beispiel zu bleiben, nebeneinanderstellen: die Wirkung des Schilddrüsenhormons bei wirbellosen Tieren, dann die Bedeutung des Thyreoideahormons bei Fischen, Amphibien, Reptilien, Vögeln, Säugetieren, genau so, wie wir in der vergleichenden Anatomie die Formwandlungen eines Organs, z. B. des Herzens oder der Vorderextremität durch die Wirbeltierreihe verfolgen.

Mit einer solchen Art der Darstellung würde ich Ihnen einen schlechten Dienst erweisen, zumal ja in diesen drei Tagen berufene Kenner die wichtigsten Hormone der Wirbeltiere und des Menschen monographisch behandeln werden. Kein Zweifel, daß hierbei das vergleichende Moment, soweit es die Vertebraten-Hormone betrifft, berücksichtigt werden wird.

Es scheint daher ein anderes Vorgehen geboten. Wir wollen zunächst einen Blick auf das *ganze* Tierreich werfen, aus dem ja Wirbeltiere und Mensch nicht herauszulösen sind. Sodann soll — allerdings stets sub specie comparationis — über Hormone der wirbellosen Tiere berichtet werden. Abschließend muß dann gefragt werden, wie weit heute auf hormonphysiologischem Gebiet sinnvolle Vergleiche über das ganze Tierreich hin gezogen werden können.

Auf eine Behandlung der *Phytohormone* muß in diesem Zusammenhang verzichtet werden, vor allem deshalb, weil Phyto- und Zoohormone nicht ohne weiteres miteinander in Vergleich gesetzt werden können. (Neuere Zusammenfassung über Pflanzenhormone: K. V. Thimann, 1952.)

Die Art unseres Vorgehens, wie sie eben kurz skizziert wurde, scheint aus folgendem Grunde berechtigt: Die Hormonforschung wird im wesentlichen von humanmedizinischer und biochemischer Seite getragen. Es scheint gerade jetzt der Zeitpunkt gekommen zu sein, da der Homo medicus et chemicus die wirbellosen Tiere „entdeckt". Eine Überschau über die *Hormonphysiologie der Invertebraten* scheint also gegeben. Dies ist gleichzeitig ein kleines Jubiläum: in diesem Sommer sind gerade 25 Jahre vergangen, seit das erste Sammelreferat über „Die innere Sekretion bei wirbellosen Tieren" erschienen ist (Koller, 1929).

Es ist erstaunlich, wie ungleichmäßig die Forschung ihre Ackerfelder bearbeitet. Ist durch eine Entdeckung, durch Entwicklung einer handlichen Methode irgendwo ein neues Gebiet erschlossen worden, dann stürzen sich die Forscher in Scharen auf dieses Gebiet, während kaum einer auch nur einen Blick auf ebenso ergiebige, aber noch unerschlossene Nachbargebiete wirft. Dies gilt, wie alle neueren Zusammenfassungen zeigen (v. Buddenbrock, 1950; Brown jr., F. A., 1952; Hanström, 1947; Koller, 1949, 1950; Pflugfelder, 1952; Scharrer, B., 1952; Umeya, 1953), ganz ausgesprochen auch von der Erforschung der vergleichenden Hormonphysiologie.

Browns zusammenfassende Arbeit über die Hormone der Krebse nennt gegen 200, Pflugfelders Darstellung der Metamorphosehormone der Insekten etwa 375 einschlägige Veröffentlichungen. Den sehr gründlichen Angaben über die Hormonphysiologie dieser beiden Arthropodengruppen stehen nur ganz wenige Untersuchungen über Hormonvorkommen und Hormonwirkungen bei allen übrigen Stämmen der Invertebraten gegenüber. Trotzdem soll heute, wie früher (Koller, 1929, 1938), versucht werden, das *ganze* in Frage stehende Gebiet mit möglichst gleichmäßiger Gewichtsverteilung darzustellen, nicht nur um zu unterrichten, sondern vor allem um anzuregen.

Die *biochemische Erforschung* einiger Invertebraten-Hormone läßt soeben die ersten großen Erfolge erkennen (neueste Zusammenfassung s. P. Karlson, 1954). Die Sehnsucht nach einer chemischen

Definition des Hormonbegriffs oder einzelner Hormongruppen wird aber noch geraume Zeit ohne Erfüllung bleiben. Wir sind also auf dem Gebiet der vergleichenden Hormonphysiologie auf rein biologische Begriffsbestimmungen angewiesen und müssen bis auf weiteres bei der folgenden Feststellung bleiben:

Hormone sind humoral übertragbare, organische Stoffe, die der Organismus vornehmlich zu dem Zweck bildet, daß sie in seinem Innern das Zustandekommen von Regulationen und Korrelationen ermöglichen. (Näheres über den Hormonbegriff s. u. a. bei AMMON und DIRSCHERL, 1948; GIERSBERG, 1953; KOLLER, 1949, 1950; VERZÁR, 1948.)

Einteilung der Hormone.

Bei der Vielzahl der Hormone und der Vielfältigkeit der Hormonwirkungen lassen sich bis heute nur ganz wenige Einteilungsprinzipien mit einigem Erfolg anwenden.

Eines dieser Einteilungsprinzipien gründet sich im wesentlichen auf die Lagebeziehungen von Bildungsort und Wirkort der Hormone. Danach sind Zellhormone, aglanduläre Gewebshormone und Drüsenhormone zu unterscheiden. Die Entfernung zwischen Bildungs- und Wirkort bedingt die Art und Weise der humoralen Übertragung (s. Tab. 1).

Tabelle 1. *Übersicht über die drei Hormongruppen.*

Merkmal	Zellhormone	Aglanduläre Gewebshormone	Drüsenhormone
Bildungsort	meist in *einer* Zelle	Zellen von meist nichtdrüsiger Natur	Drüsen mit inneren Sekretionen
Wirkort	meist in *einer* Zelle	meist nahe am Bildungsort	vom Bildungsort oft weit entfernt
Art und Weg des Hormontransportes	hauptsächlich Diffusion	meist Diffusion	durch strömende Körperflüssigkeiten
Beispiele	Regulatoren der Einzeller; Realisatoren der Gene (?)	Neurohormone Cholin Histamin	die „klassischen" Hormone (Thyroxin, Insulin, Gonadenhormone usw.)

Die zahlreichen neuen Beobachtungen über neurokrine Vorgänge bei Wirbellosen, Wirbeltieren und beim Menschen zwingen uns, auf die strenge Unterscheidung der Begriffe Neurokrinie und Neurohumoralismus zu achten.

Unter *Neurokrinie* oder *Neurosekretion* sei die drüsenartige, sekretorische Tätigkeit von Zellen verstanden, die unmittelbar im Bereich des Nervensystems, vielfach im Gehirn, liegen.

Neurohumoralismus aber ist etwas ganz anderes. Mit Neurohumoralismus seien die Erscheinungen bezeichnet, die mit der „humoralen Übertragbarkeit von Nervenwirkungen" (LOEWI, 1921), also der Erregungsleitung des Nerven zusammenhängen.

Bei der folgenden Übersicht wird die Verbreitung neurohumoraler Vorgänge meist unberücksichtigt bleiben. Da der Feinbau der nervösen Elemente bei den verschiedenen Tiergruppen verhältnismäßig ähnlich ist, ist anzunehmen, daß auch die Formen der Erregungsleitung überall im Tierreich grundsätzlich die gleichen sind. (Über *Acetylcholin* und *Adrenalin* bei wirbellosen Tieren s. vor allem BACQ, 1947; ferner VON DER WENSE, 1938.) Das Vorkommen neurosekretorischer Erscheinungen jedoch muß erwähnt werden.

Die Verbreitung der Hormone im Tierreich.

Zur ersten Orientierung über das Vorkommen von Hormonen im Tierreich diene die Tab. 2. Auf ihr sind — nach einem verhältnismäßig einfachen System — alle Tierstämme verzeichnet, es sind aber nur wenige Untergruppen (Unterstämme, bzw. Klassen) angegeben.

Folgende Formen hormonaler Erscheinung finden in Tab. 2 Erwähnung:

1. Acetylcholin, als Beispiel eines ubiquitären Hormons;
2. Herzerregungsstoffe und Darmhormone, als Beispiele aglandulärer Gewebshormone;
3. Neurosekretorische Erscheinungen;
4. Drüsenhormone;
5. Hormonsysteme mit übergeordnetem hormonalem Zentrum.

Die Tab. 2 zeigt auf den ersten Blick, daß die Welt der wirbellosen Tiere und der niederen Chordatiere bisher in hormonphysiologischer Hinsicht kaum erschlossen ist. Von ganzen Tierstämmen, wie den Schwämmen (etwa 4500 Arten), den Hohltieren (etwa

Tabelle 2. *Sehr vereinfachtes System des Tierreichs mit Angabe der bisher nachgewiesenen Hormonvorkommen.*

Erklärungen:
I. Acetylcholin; II. Herz- oder Darmhormone; III. Neurosekretion; IV. Drüsenhormone; V. Hormonsysteme; + = Vorkommen nachgewiesen; ○ = Vorkommen unwahrscheinlich; ? = Vorkommen fraglich; leere Felder: nicht untersucht.

	I. Ac.	II. Gew. H.	III. Neur.	IV. Dr.	V. H-S.
Protozoa	+	unmöglich			
Spongia					
Coelenterata	○	○			
Vermes 1. *Amera* (Platt-, Rundwürmer usw.)	+				
2. *Polymera* a) *Polychaeta* (Borstenwürmer)	+		+		
b) *Oligochaeta* (z. B. Regenwürmer)	+	+	+		
3. *Oligomera*					
4. *Sipunculida*	+		+	+	
Arthropoda 1. *Crustacea* (Krebse)	+		+	+	
2. *Xiphosura* (z. B. *Limulus*)			+		
3. *Arachnida* (Spinnentiere)					
4. *Myriapoda* (Tausendfüßler)			+		
5. *Hexapoda* (Insekten)	?	+	+	+	+
Mollusca 1. *Gastropoda* (Schnecken)	+	+	+		
2. *Lamellibranchiata* (Muscheln)	+				
3. *Cephalopoda* (Kopffüßler, z. B. *Octopus*)	+			+	
Echinodermata (Stachelhäuter)	+				
Chordata 1. *Tunicata* (Manteltiere, z. B. *Ciona*)	○		?	?	
2. *Acrania* (z. B. *Amphioxus*)					
3. *Vertebrata* (Fische bis Säugetiere)	+	+	+	+	+

9000 Arten), den Stachelhäutern (etwa 4200 Arten), kann heute noch niemand sagen, ob hormonale Regulationen vorkommen oder nicht. Von anderen Stämmen, wie dem großen Kreis der Würmer (etwa 20000 Arten), liegen nur vereinzelte einschlägige Untersuchungen vor.

Wenn wir auch über die Häufigkeit von Gewebs- und Drüsenhormonen bei Wirbellosen noch wenig sagen können, so läßt sich doch feststellen, daß *neurosekretorische Vorgänge*, die sich ja mit verhältnismäßig handlichen und sicheren histologischen Methoden nachweisen lassen, bei Angehörigen der verschiedensten Tierstämme zu finden sind.

Vom vergleichenden Standpunkt ist folgende Frage von Wichtigkeit: Kennen wir bei Invertebraten heute ein geschlossenes Hormonsystem mit übergeordnetem hormonalem Zentrum, wie wir dies bei Wirbeltieren und Menschen finden?

Wohl sind bei manchen Arthropoden-Arten glandotrope Hormone gefunden worden, glandotrope Hormone sensu strictu, d. h. Hormone, die Drüsen zur Sekretion anregen. Wir sind nun gewohnt, bei Wirbeltieren und beim Menschen unter Glandotropie die Beeinflussung von *Hormon*drüsen durch Hormone zu verstehen, eine Erscheinung also, die man genau genommen mit dem nicht sehr schönen Wort *Endocrino-Glandotropie* bezeichnen müßte. Die Erforschung derartiger Regulationseinrichtungen, die ja das Wesen eines geschlossenen Hormonsystems ausmachen, steht bei den Invertebraten noch in den ersten Anfängen.

Vorkommen von Hormonen bei Protozoen.

Die Frage, ob bei einzelligen Tieren Hormone oder hormonartige Stoffe vorkommen, ist für eine phylogenetische Betrachtung der Hormonphysiologie von besonderer Bedeutung. Es muß darum auf die Untersuchungen von Bayer und von der Wense (1936) hingewiesen werden. Sie verarbeiteten weitgehend bakterienfreie Zentrifugate von *Paramaecium caudatum*, bei denen auf 0,5 cm^3 ungefähr 1 Million Tiere kamen. Die durch Kontrollversuche gesicherten Ergebnisse besagen, daß beim Pantoffeltierchen Stoffe vorkommen, die mit Acetylcholin (negativ-inotrope Wirkung am Froschherz usw.) und Adrenalin wirkungsgleich sind. Auf 1 g Kälteparamaecien (+ 5° C Zuchttemperatur) kommen 0,27 γ Acetylcholin. Dies entspricht ungefähr dem Durchschnittsgehalt von 0,8 γ Acetylcholin pro 1 g Tier, wie ihn Bacq (1935) für verschiedene wirbellose Tiere (Würmer, Mollusken, Echinodermen) berechnet hat.

So gering die im Körper eines Pantoffeltierchens gefundene Acetylcholinmenge auch ist, so ist sie doch etwa „500 mal größer als die Acetylcholinmenge, die nach Dale in einer Nervenzelle eines Wirbeltierganglions bei einer Erregung und an einer Synapse frei wird“ (von der Wense, 1938, S. 12).

An diesen Befunden ist eines für den vergleichenden Betrachter besonders wichtig: Die Stoffe, die bei vielzelligen Tieren und beim Menschen für die Übertragung von Nervenwirkungen von grundlegender Bedeutung sind, treten in der Tierreihe bereits auf, *bevor* es überhaupt zur morphologischen Ausgestaltung eines typischen Nervensystems kommt.

Möglicherweise ist dies eine noch wenig beachtete biologische Grundregel: die biochemischen Gegebenheiten gehen den morphologisch bedingten Lokalisationen stammesgeschichtlich voraus.

Hormonphysiologische Beobachtungen an Würmern.

So formenreich der Stamm der Würmer ist, so wenig wissen wir bis heute über das Vorkommen hormonaler Regulationen bei diesen Tieren. Vielfach erschwert die Kleinheit der Arten *(Turbellaria, Rotatoria)* oder die Schwierigkeit der Laboratoriumshaltung (Bandwürmer, viele Nematoden und *Oligomera*) das experimentelle Arbeiten.

Mit vermutlich aglandulären *Gewebshormonen* ist bei Lumbriciden (Regenwürmern) zu rechnen: Körpereigene Darmextrakte wirken bei verschiedenen *Lumbricus*-Arten deutlich beschleunigend auf die Darmbewegungen, während Extrakte aus dem Unterschlundganglion und der Bauchganglienkette die Frequenz der Darmbewegungen hemmen (ENDERS, 1952).

Neurosekretorische Elemente wurden im Gehirn verschiedener Arten der Polychäten-Gattungen *Nereis* und *Lycastis* gefunden (HARMS, 1948; SCHAEFER, 1939; SCHARRER, B. u. E., 1937).

Ein dem Gehirn anliegendes Drüsenorgan beschrieb HARMS (1944, 1948) bei Lumbriciden. Auto- und homoplastische Implantation dieses Cerebralorgans ermöglicht die Regeneration amputierter Vordersegmente, während Kontrolltiere ohne derartige Implantate zu keiner Regeneration der vorderen Körpersegmente fähig sind (vgl. auch HUBL, 1953).

Von besonderer Bedeutung wurden die *Sipunculida*, die man früher zusammen mit anderen Formen zur Gruppe der Gephyreen („Brückenwürmer“) rechnete. Die Sipunculiden sind in ihrer Mehrzahl verhältnismäßig große, im Meeresboden grabende Tiere. Sie besitzen — im Gegensatz zu den Ringelwürmern *(Annelida)* — nur ein einziges Paar Nephridien, lange, kontraktile Schläuche, die im vorderen Körperdrittel nach außen münden.

HARMS (1921) beschrieb bei *Physcosoma lanzarotae*, einer ostafrikanischen Sipunculiden-Art, eine Anhäufung von Drüsenzellen, die an der Wand der Nephridien sitzen und ihre Sekrete in die mit

Blutflüssigkeit erfüllte Leibeshöhle abgeben. HARMS bezeichnete das Gebilde als Internephridialorgan. Doppelseitige Exstirpation der Internephridialorgane bewirkte nach dunkelbrauner Verfärbung der Würmer, die HARMS mit der Bronzefärbung bei ADDISONscher Krankheit verglich, einen baldigen Tod der operierten Tiere. Die histologischen Beobachtungen von HARMS konnten neuerdings an einer nahe verwandten Art, *Phascolosoma vulgare*, die u. a. bei Roscoff (Bretagne) vorkommt, bestätigt werden. (STEHLE, 1953.) — Bezüglich der Überlebensdauer verhielt sich *Phascolosoma vulgare* und die an der Südküste Japans vorkommende Art *Physcosoma japonicum* anders als *Physcosoma lanzarotae*. Bei sorgfältiger Haltung in Glasgefäßen mit durchströmendem Seewasser lebten die Versuchstiere nach doppelseitiger Exstirpation der Nephridien mehrere Wochen lang, ohne Verfärbungen des Integuments zu zeigen (KOLLER, 1936, 1938, 1939).

Die Nephridien von *Physcosoma* und *Phascolosoma* sind noch in anderer Beziehung bemerkenswert: Diese 1—2 cm langen Schläuche lassen sich verhältnismäßig leicht exstirpieren. Bringt man sie in ein Schälchen mit Seewasser, dann kontrahieren sie sich rhythmisch viele Stunden lang mit einer Frequenz von 1 bis 4 Zuckungen pro Minute. Diese Kontraktionen sind, wie Reizungsversuche an Nephridien in situ ergaben, weitgehend unabhängig vom Nervensystem. Dies ist verständlich; denn nach den bisherigen histologischen Untersuchungen (STEHLE, 1953) ist nicht der ganze Nephridialschlauch, sondern nur der Mündungsbereich des Nephridiums innerviert. Hingegen ließ sich nachweisen, daß die rhythmischen Nephridialbewegungen humoral beeinflußbar sind. Aus den Nephridien selbst lassen sich Extrakte gewinnen, die die Minutenfrequenz um das Zehnfache steigern können. (KOLLER, 1936, bestätigt durch KOBAYASHI und YOSHIDA, 1951.) Die Nephridien sind aber nicht der einzige Bildungsort dieses Kontraktionsstoffes. Er ist auch im Bauchmark und im Hautmuskelschlauch zu finden. In neueren Versuchen an *Phascolosoma vulgare* (Station biologique de Roscoff) konnte gezeigt werden, daß gekochte und ungekochte wäßrige Extrakte des Bauchmarks in starker Verdünnung noch deutlich beschleunigend auf die Nephridien-Kontraktionen wirken. Der Kontraktionsstoff von *Phascolosoma vulgare* ist wahrscheinlich nicht mit Acetylcholin identisch. Acetylcholin wirkt erschlaffend auf die Ringmuskulatur

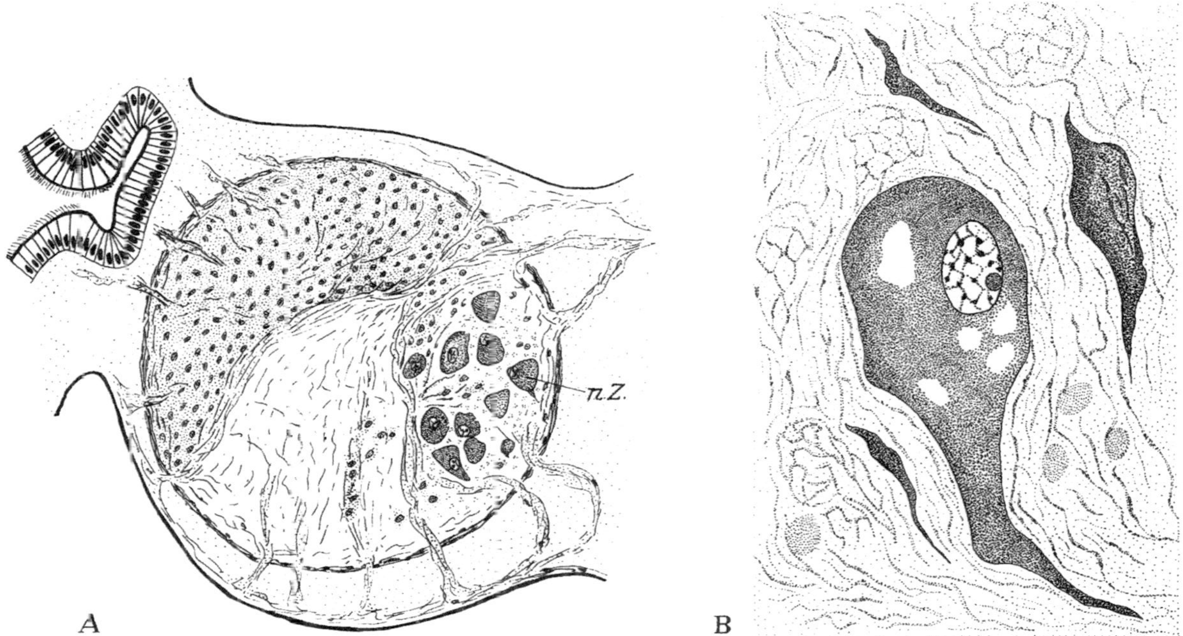

Abb. 1 A u. B. Sipunculide *Phascolosoma elongatum*. *A* Medianer Schnitt durch das Gehirnbläschen (∅ etwa 1 mm). Links oben und Mitte neurischer Anteil. Rechts neurosekretorischer Anteil. *nZ* neurosekretorische Zelle. *B* Einzelne neurosekretorische Zelle nach Gomori-Färbung, stark vergrößert (nach STEHLE).

(glatte Muskulatur) der Nephridien, bewirkt aber keine Frequenzsteigerung der rhythmischen Kontraktionen.

Für den Hormonforscher sind die *Sipunculidea*, wie z. B. *Phascolosoma vulgare*, noch aus einem weiteren Grund liebenswert: Im Gehirn von *Phascolosoma vulgare*, einem Bläschen von etwa 1 mm Durchmesser, liegen in seltener Klarheit Nervenzellen, Nerven-Fasermasse und neurosekretorischer Anteil nebeneinander (Abb. 1). Dieser histologische Befund ist seit langem bekannt (Cuènot, 1900; Hèrubel, 1907). Die von uns vorgenommene Färbung des *Phascolosoma*-Gehirns nach der Methode von Gomori (Chromalaun-Hämatoxylin-Phloxin) erweist die „Riesenzellen" Hèrubels als neurosekretorische Zellen, die ohne weiteres mit ähnlichen Gebilden bei Insekten oder Wirbeltieren vergleichbar sind.

Darüber hinaus konnte gezeigt werden, daß Extrakte der verschiedenen Gehirnabschnitte in ihrer chemisch-organotropen Wirkung verschieden sind. Als Testobjekt wurde auch hierfür die Kontraktionsfähigkeit der *Phascolosoma*-Nephridien (s. oben) benutzt. Es ist nicht ganz leicht, das Gehirnbläschen zu spalten. Immerhin ergab sich mit hinreichender Genauigkeit folgendes: Extrakte aus dem Bereich der Fasermasse wirken leicht beschleunigend, während Extrakte, die aus dem neurosekretorischen Bereich hergestellt wurden, deutlich verlangsamend auf die Kontraktionen isolierter *Phascolosoma*-Nephridien wirkten (Koller und Stehle, im Druck).

Hormone der Krebse (Crustacea).

Gewebshormone.

Wie weit *Gewebshormone* bei Krebsen vorkommen, läßt sich heute noch nicht sagen. Nach den Angaben von Bacq (1947) wurde Acetylcholin zwar im Nervensystem, nicht aber in der Muskulatur gefunden. Cholinesterase scheint im Blut der Krebse nicht vorhanden zu sein. Welsh (1937, ff.) kommt auf Grund eingehender Versuche zu dem Schluß, daß Acetylcholin der natürliche Accelerator des Krebsherzens ist (vgl. Hara, 1952).

So wenig wir bis jetzt bei dieser Tiergruppe über eine etwaige Steuerung der Magen- oder Darmbewegungen durch Gewebshormone wissen, so gründlich hat man sich bei den Krebsen mit Hormonen beschäftigt, die den Drüsenhormonen der Wirbeltiere in vieler Beziehung verglichen werden können. Um in dieses Gebiet einzudringen, ist es unerläßlich, den Farbwechselmechanismus der Crustaceen zu kennen.

Farbzellen und Farbwechsel bei Krebsen.

Die Chromatophoren der Krebse (Abb. 2) lassen sich ohne weiteres mit denen der Amphibien vergleichen: Von dem syn-

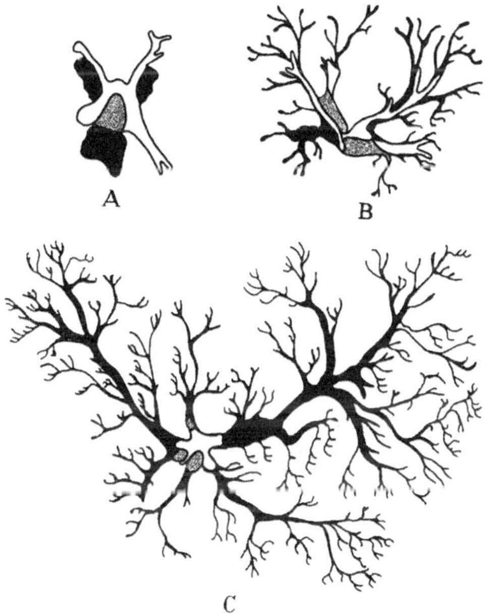

Abb. 2 A—C. Chromatophore der Garnele *Crangon*. Dieselbe Farbzelle nach Aufenthalt des Krebses auf *A* weißem, *B* mittelgrauem, *C* schwarzem Untergrund. Schwarz: Melanin; punktiert: rotes Pigment; weiß: gelbes Pigment (nach KOLLER).

cytialen Zentrum einer Farbzelle gehen verzweigte Ausläufer ab, die Chromorhizen, in denen sich die Pigmente zentrifugal und zentripetal bewegen können. Den Pigmentbewegungen liegen keine pseudopodienartigen, „amöboiden" Bewegungen der Zellausläufer zugrunde; es handelt sich vielmehr um Plasmaströmungen, die in den formkonstanten Chromorhizen vonstatten gehen.

Man unterscheidet monochromatische Farbzellen, die nur eine einzige Pigmentsorte enthalten und polychromatische Farbzellen, die über mehrere Pigmente verfügen, z. B. über weiße, gelbe, rote und melaninartige Farbstoffe.

Das Chromatophorensystem dient im wesentlichen der Anpassung an den Untergrund. Diejenigen Pigmente, die expandiert sind, die also die Chromorhizen dicht erfüllen, bedingen die Gesamtfärbung des Krebses. Bei vielen Krebsarten kann eine vollständige Änderung der Körperfarbe, z. B. von Weißlichgrau zu Schwarzbraun, in außerordentlich kurzer Zeit (10—30 min) erfolgen. Die Farbwechselvorgänge werden im allgemeinen durch Lichtreize, die von den Augen aufgenommen werden, ausgelöst (DEGNER, 1912; KOLLER, 1927).

Der komplizierte Bau der polychromatischen Farbzellen und die sehr verschiedene Ausprägung und Reaktionsfähigkeit des Chromatophorensystems bei den einzelnen systematischen Gruppen der Krebse (etwa 15500 Arten, davon etwa 6300 *Decapoda*) machen es verständlich, daß auch die regulatorischen Vorgänge, die das Chromatophorenspiel steuern, nicht ganz leicht zu durchschauen sind.

Bildungsort der Farbwechselhormone.

Die Chromatophoren der Krebse sind ebensowenig innerviert, wie die der Amphibien. Die vom Auge aufgenommenen Lichtreize (z. B. Helligkeit und Farbe des Untergrundes), bzw. die durch optische Reize hervorgerufenen Erregungen können daher den Farbzellen nicht unmittelbar zugeleitet werden. Sie gelangen vielmehr auf kurzem nervösem Wege zu Hormonorganen, die ihrerseits humoral übertragbare Stoffe, die Farbwechselhormone, absondern. Es ist lange bekannt, daß diese Hormone auf dem Blutwege den Farbzellen zufließen (KOLLER, 1925, 1927; PERKINS, 1928).

Wo werden die Farbwechselhormone („Chromotophorotropine") gebildet? Generell kann man sagen, daß für alle höheren Krebse *(Malacostraca)* die wichtigsten Hormonbildungsstätten in der Kopfregion liegen. Bei den dekapoden Krebsen, denen die Überzahl aller bisherigen Untersuchungen gewidmet wurde, sind zwei wesentliche Bildungszentren zu unterscheiden: die Augenstiele und Teile des kopfnahen Zentralnervensystems, vor allem des Circumoesophageal-Komplexes.

In den Augenstielen der Dekapoden (Abb. 3) liegen zwei Hormonorgane: die Blut- oder Sinusdrüse und das X-Organ (HANSTRÖM, 1934 ff.). Bis vor kurzem hielt man die Sinusdrüse für eine typische endokrine Drüse. Vielleicht ist sie's in vielen Fällen auch. Neuerdings häufen sich aber Anzeichen, die dafür sprechen, beide Organe als eine funktionelle Einheit zu betrachten: die im X-Organ durch neurosekretorische Tätigkeit gebildeten Wirkstoffe wandern zur Sinusdrüse; hier können sie gespeichert, von hier aus können sie den Effectoren zugeführt werden (Bliss, 1951; Bliss und Welsh, 1952; Enami, 1951; Passano, 1953).

Zum mindesten dürfte dies für die *Decapoda brachyura* („Krabben", wie *Uca*, *Sesarma* u. a.) zutreffen. In einer soeben

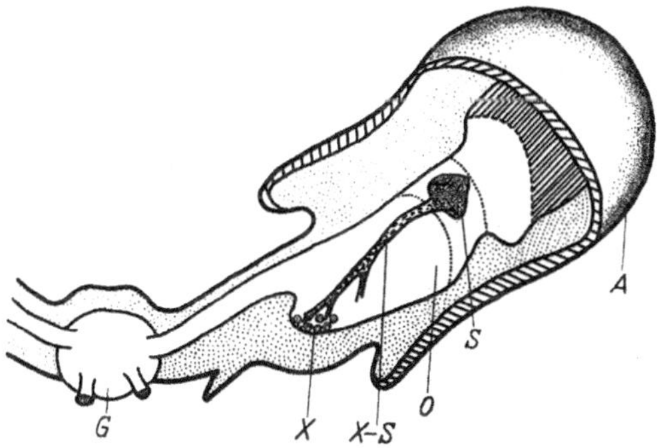

Abb. 3. *Uca mordax.* Schematischer Schnitt durch Gehirn und rechten Augenstiel mit dem neurosekretorisch-hormonalen Apparat. *G* Gehirn; *X* das neurosekretorische X-Organ, *S* Sinusdrüse; *X-S* Verbindung zwischen X-Organ und Sinusdrüse; *O* Region der Ganglia optica; *A* Augenkalotte (= Facettenauge); (kombiniert nach v. Buddenbrock, Passano und Welsh).

erschienenen Arbeit schreibt Passano: "It is found that the X-organ is a neurosecretory gland, i. e., that it consists of neurons showing secretory activity, whose 'neurosecretory cell' axons link it directly to the cell bodies of the X-Organ neurosecretory cells and is transported inside their axons to the sinus gland".

Demnach liegt im Augenstiel der Krebse ein neurosekretorisch-hormonales System vor, das bis in die Einzelheiten dem Hypothalamus-Hypophysen-Hinterlappen-Komplex der Wirbeltiere entspricht (Bargmann und Hild, 1949; Bargmann und E. Scharrer, 1951).

Auch die zweite Hormonquelle, der Bereich des Circumoesophageal-Komplexes, dürfte neurosekretorischer (und nicht neurohumoraler) Natur sein; wenigstens findet Knowles (1953) im Bereich der Tritocerebral-Commissur verschiedener Krebse neurosekretorische Zellen (Abb. 4). Extrakte dieses Bereichs sind chromatophorotrop.

Anzahl der Farbwechselhormone.

Dieselbe Problematik, vor der ein Wirbeltierphysiologe bei der Unterscheidung der Hypophysenhormone steht, macht auch die

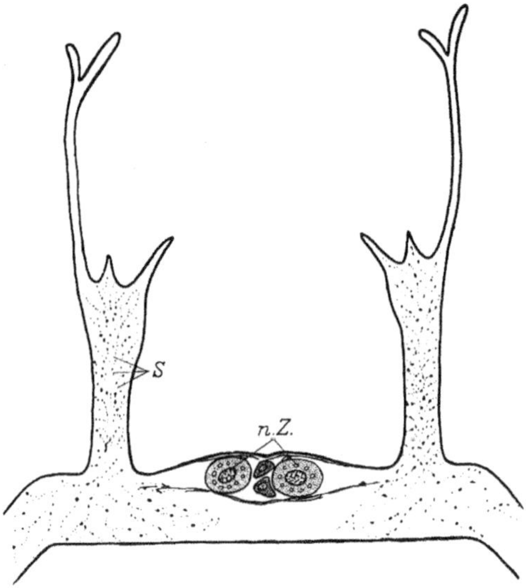

Abb. 4. *Leander serratus.* Tritocerebralcommissur mit neurosekretorischen Zellen (*nZ*) Sekretgranula (*S*) in der Längscommissur (nach KNOWLES).

Erforschung der Crustaceen-Hormone schwierig. Hat man es mit mehreren, chemisch unterscheidbaren Hormon-,,Individuen" zu tun? Hat ein und dasselbe Hormon verschiedene Wirkungen, je nach dem Verhalten gewisser Begleitumstände (z. B. der Wasserstoffionen-Konzentration)? Welche Bedeutung hat das Effector-System für den Eintritt oder Ausfall einer Hormonwirkung?

Die Tatsache, daß an ein und derselben Chromatophore gleichzeitig die zentripetalen *und* zentrifugalen Pigmentströmungen (z. B. Ballung des dunklen und Ausbreitung des weißen Pigments) beobachtet werden können, legt den Gedanken nahe, daß die — nach meiner Meinung oft unterschätzte — Bedeutung des Effectorsystems bei der Untersuchung hormonaler Vorgänge nicht außer acht gelassen werden darf.

Es ist noch nicht gelungen, die vielfältigen Pigmentreaktionen der bisher untersuchten Crustaceen-Arten in eindeutiger Weise bestimmten Hormonen zuzuordnen. Es werden z. Z. vier oder fünf verschiedene Farbwechselhormone benannt. Sie werden in der amerikanischen Literatur nach einigen Standardtieren der Farbwechselforschung, den Garnelen *Palaemonetes* und *Crago (= Crangon)* und der Krabbe *Uca* bezeichnet.

Im *Augenstiel* werden gebildet:

1. das bei *Palaemonetes* aufhellend wirkende Hormon (PLH = Palaemonetes-lightening-hormone);
2. das bei *Uca* zur Dunkelfärbung führende Hormon (UDH = Uca-darkening-hormone);
3. ein Hormon, das speziell auf die Melanophoren des *Crago*-Telsons (= Schwanzabschnitt) ballend wirkt (CTLH = Crago-telson-lightening-hormone).

Bei Extrakten aus dem Bereich des *Oesophagealringes* lassen sich eine alkohollösliche und eine alkoholunlösliche Fraktion unterscheiden.

1. Nach Injektion der alkohol-löslichen Fraktion erfolgt bei *Crago* Aufhellung (= weitgehende Melaninballung) des ganzen Körpers. (CBLH = Crago-body-lightening-hormone. Dieser Wirkstoff könnte mit PLH identisch sein.)
2. Die alkohol-unlösliche Fraktion wirkt expandierend auf Melanin-Pigmente, bewirkt also Dunkelwerden bei *Crago* (CDH = Crago-darkening-hormone).

Die hormonale Natur der Farbwechselhormone.

Die Frage, ob wir ein Recht haben, die den Krebs-Farbwechsel-regulierenden Stoffe als „Hormone im Sinne der Vertebratenphysiologie" zu bezeichnen, konnte schon in den ersten Jahren der Invertebratenhormonforschung bejaht werden (Koller, 1925 bis 1930). Dies ist seither von den verschiedensten Seiten bestätigt worden. Alle Merkmale, die — auch bei strengem Maßstab (vgl. hierzu die Definition von Verzár, 1948, S. 7) — einem Wirbeltierhormon definitionsgemäß zukommen müssen, sind auch den Crustaceen-Farbwechselhormonen zu eigen. Wir nennen die wichtigsten dieser Merkmale:

Ausschaltung der Hormonquelle bedingt charakteristische Ausfallserscheinungen, die durch Implantation des Hormonorgans an beliebiger Körperstelle oder durch Injektion von Extrakten der hormonbildenden Gewebe wieder beseitigt werden können. Es war methodisch bedeutsam, daß außer der einfachen Abtragung der ganzen Augenstiele auch die isolierte Exstirpation der Sinusdrüse gelang (BROWN, 1942; PANOUSE, 1946, 1947; KNOWLES, 1952).

Die Farbwechselhormone sind humoral übertragbar. Unterbrechung des dorsalen Hauptgefäßes macht in dem hinter der Unterbrechungsstelle liegenden Körperbereich alle regulierten Pigmentbewegungen unmöglich (PERKINS, 1928).

Die Farbwechselhormone wirken in ganz geringen Konzentrationen.

Die Farbwechselhormone sind, wie die Wirbeltierhormone auch, weder art- noch gattungsspezifisch. Ihr Wirkungsbereich ist außerordentlich groß. In manchen Fällen können sie sogar an Erfolgsorganen von Wirbeltieren wesensgerechte Reaktionen hervorrufen (KOLLER und MEYER, 1930).

Es ist noch nicht an der Zeit, über die chemische Natur der Farbwechselhormone zu sprechen. Nach den Untersuchungen von ABRAMOWITZ (1938, 1940) und FLOREY (1952) zeigen Augenstielextrakte mancherlei Ähnlichkeit mit dem Intermedin der Wirbeltierhypophyse.

Angriffsweise der Farbwechselhormone.

Auf der großen Landkarte der Hormonphysiologie sind meistens dort die großen weißen Flecken, wo nach der Angriffsweise der Hormone am Erfolgsorgan gefragt wird. Dies gilt in gleicher Weise für die Erforschung der Vertebraten-, wie der Invertebratenhormone.

Da die Pigmentbewegungen in den Farbzellen auf Plasmaströmungen beruhen, ist anzunehmen, daß Permeabilitätsvorgänge den Ablauf dieser Strömungen beeinflussen. In der Tat erlischt die Anpassungsfähigkeit bei der Garnele *Crangon (Crago)*. wenn man sie in hypertonischem Seewasser oder aber in isotonischem *calciumfreiem* Seewasser hält (KOLLER, 1930). Die Vorstellung, daß die Farbwechselhormone an der calciumabhängigen Permeationsfähigkeit der Chromatophorenwandungen angreifen könnte, wird durch die Tatsache gestützt, daß die Augenstielorgane bei dekapoden Krebsen (z. B. *Crangon, Leander, Cambarus*) sowohl den Calcium-, wie auch den Wasserhaushalt in deutlicher Weise beeinflussen (DRACH, 1944; KOLLER, 1930; KYER, 1942; SCUDAMORE, 1942).

Man kann sich vorstellen, daß bei genauerer Verfolgung der bisher vorliegenden Beobachtungen ein Einblick in die rheotrope Wirkungsweise der Farbwechselhormone gewonnen werden könnte.

Weitere Wirkungen der Augenstielorgane.

Wir haben die Bedeutung der Augenstielorgane für den Farbwechsel der Krebse, vor allem der *Decapoda*, verhältnismäßig ausführlich dargestellt. Was die sonstigen Wirkungen dieses Hormonkomplexes anlangt, so müssen wir uns mit einer Aufzählung und einigen Literaturhinweisen begnügen.

Ähnlich wie die Chromatophorenpigmente werden auch die *Augenpigmente* der Krebse durch Wirkstoffe des Sinusdrüsen-X-Organ-Komplexes gesteuert. Diese Wirkstoffe müssen aber nicht mit dem Chromatophorotropinen identisch sein (KLEINHOLZ, 1934, 1947; KNOWLES, 1950; WELSH, 1939, 1941).

Wie oben schon angedeutet, bestehen mancherlei Beziehungen zwischen den Augenstielhormonen und *Stoffwechselvorgängen*, z. B. — wie erwähnt — dem Wasserhaushalt und dem Calciumstoffwechsel. Es ist noch nicht völlig klargestellt, wie weit mit diesen Regulationsvorgängen die hormonale Steuerung der *Häutungsvorgänge* zusammenhängt. (Lit. s. im vorausgehenden Kapitel, ferner ABRAMOWITZ und ABRAMOWITZ, 1939, 1940; CARLISLE und DOHRN, 1953; DRACH, 1948; KINCAID und SCHEER, 1952; KLEINHOLZ, 1941).

Besonders wertvoll sind neuere Versuche von SCHEER, SCHWABE und SCHEER (1952), in denen der Sauerstoffverbrauch von Muskelgewebe der Dekapoden-Arten *Homarus vulgaris* (Hummer), *Leander adspersus* (Garneele) und *Carcinus maenas* (Strandkrabbe) mit der Warburg-Methode gemessen wird. Gewebe augenstielloser Krebse zeigen eine deutliche Verringerung des Sauerstoffverbrauchs gegenüber der Norm, während Zugabe von Augenstielextrakten ein deutliches Ansteigen des O_2-Verbrauchs bewirkt. Auch bei diesen in vitro-Versuchen konnte festgestellt werden, daß die Augenstiel-Wirkstoffe nicht gattungsspezifisch sind (s. ferner BLISS, 1953).

Es nimmt nicht wunder, daß sich bei der Vielseitigkeit der Stoffwechselwirkungen, die den Augenstielstoffen zuzuschreiben sind, Auswirkungen auf die *Reifung der Geschlechtsprodukte* und auf die *Lebensdauer* ergeben (CARLISLE, 1953; PANOUSE, 1943, 1946).

Lichtabhängigkeit bei Wirkungen der Augenstielhormone.

Hier sei auf einige Beobachtungen hingewiesen, die für die vergleichende Betrachtungsweise in der Hormonphysiologie von Bedeutung sind. Wir wissen, daß manche Wirkungen der Hypophyse nur unter Lichteinfluß in Erscheinung treten. Dies gilt u. a. für manche gonadotrope Vorgänge (Benoit, 1934, 1936) und

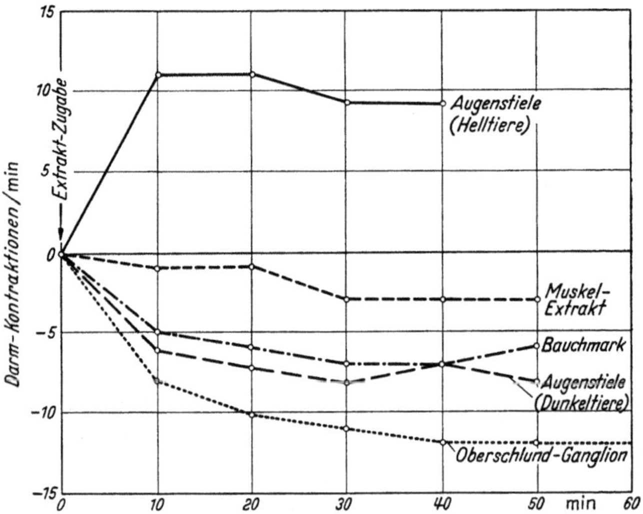

Abb. 5. Einfluß von verschiedenen Gewebsextrakten dekapoder *Crustacea* auf die Bewegungen des Enddarmes der Larven von *Tenebrio molitor*. — Die Bewegungsfrequenz der Därme *vor* Extraktzugabe ist gleich 0 gesetzt (nach Versuchen von Koller und Enders).

Stoffwechselerscheinungen (Fill, 1942; Giersberg, 1942) sowie für die Farbwechselregulationen bei Amphibien (Koller und Rodewald, 1933).

Ähnlich verhalten sich auch manche Wirkstoffe der Crustaceen-Augenstiele. Man kann die Bewegungsrhythmik isolierter Insektendärme durch Zugabe von Crustaceen-Augenstiel-Extrakten deutlich steigern. Dies gelingt aber nur, wenn die Spendertiere bei Licht gehalten wurden. Augenstiel-Extrakte von dunkel gehaltenen Krebsen *(Astacus, Crangon, Leander)* wirken verlangsamend auf die Darmbewegungen (s. Abb. 5).

Seit den Untersuchungen von Gray und Ford (1940) weiß man, daß Frösche nach Injektion von Augenstiel-Extrakten in verstärktem Maße Wasser aufnehmen. Es ließ sich zeigen, daß die Augenstiel-Extrakte keine oder nur geringfügige Steigerung der Wasseraufnahme bei Fröschen *(Rana temporaria)* und Feuersalamandern *(Salamandra maculosa)* bewirken, wenn die Extraktspender *(Astacus fluviatilis)* vor Versuchsbeginn 24 Std. unter völligem Lichtabschluß gehalten worden waren. Die Extraktbereitung muß bei schwachem rotem Licht in der Dunkelkammer vorgenommen werden. Der Wasserhaushaltseffekt ist nur in den Monaten März bis Oktober zu beobachten (KOLLER, 1952).

Die Hormone der Insekten.

Hormonvorkommen bei Insekten.

Acetylcholin scheint nach den bisherigen Feststellungen (BACQ, 1947 u. a.) bei den Insekten keine große Bedeutung zu haben.

Leider müssen wir es uns versagen, auf eine der wichtigsten biologischen Entdeckungen der letzten zwanzig Jahre einzugehen, auf den Nachweis der *gen-abhängigen Wirkstoffe* bei der Taufliege *Drosophila* und der Mehlmotte *Ephestia*. (BECKER, BUTENANDT, CASPARI, EPHRUSSI, KÜHN, PLAGGE u. a. — Lit. s. bei PFLUGFELDER, 1952.) Die „anlagebedingten" Stoffe werden heutzutage vielfach als Fermente aufgefaßt. An hormonale Vorgänge erinnert aber die humorale Übertragbarkeit der gen-abhängigen Stoffe, z. B. nach Tansplantation von Hoden oder Malpighischen Gefäßen von Spendertieren der einen Rasse oder Art in Empfängertiere einer anderen Rasse oder Art.

Die Suche nach *aglandulären Gewebshormonen* bei Insekten hat erst begonnen. Bis jetzt konnte lediglich festgestellt werden, daß Darmextrakte der Stabheuschrecke *(Carausius morosus)*, des Kohlweißlings *(Pieris brassicae)* und anderer Arten auch bei starker Verdünnung beschleunigend auf rhythmische Darmbewegungen von Insekten wirken (s. Abb. 6). Diese Darmwirkstoffe sind nicht gattungsspezifisch. Bei der Untersuchung dieser Vorgänge ist darauf zu achten, daß — den Eigenschaften der Insekten-Hämolymphe entsprechend — nur in einem p_H-Bereich von 6,5—7,0 deutliche Wirkungen zu erzielen sind (KOLLER, 1948; ferner noch unveröffentlichte Versuche).

Zahlreiche Untersuchungen liegen über die *Drüsenhormone* der Insekten, genauer: der *Pterygota* vor. Es waren vor allem die hormonalen Regulationen der Entwicklungsvorgänge, wie der Häutungen in der Larvenzeit, der Verpuppung und der Metamorphose (= Umwandlung zur Imago, dem geschlechtsreifen Tier), durch welche die Forscher gefesselt wurden.

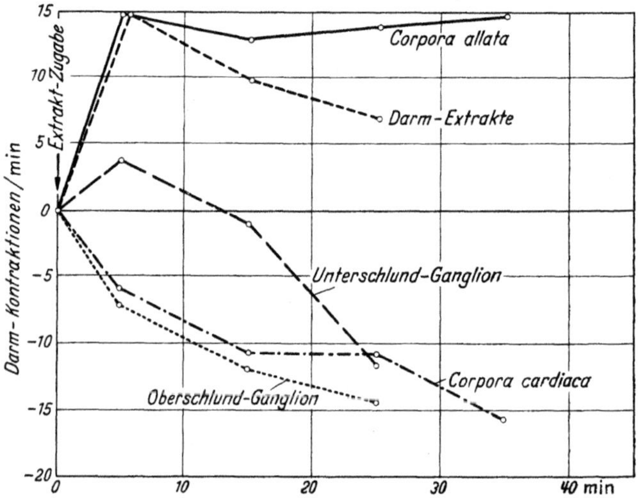

Abb. 6. Einfluß von Organextrakten (Spender: *Carausius* und verschiedene Käferarten) auf die Darmbewegung von Coleopteren (*Tenebrio*-Larve und andere Arten). Die Bewegungsfrequenz der Därme *vor* Extraktzugabe ist gleich 0 gesetzt (nach Versuchen von KOLLER und ENDERS).

Über dieses große Gebiet der Hormonphysiologie erschien in der letzten Zeit eine ausführliche Zusammenfassung von PFLUGFELDER (1952).

Bis heute sind bei den Insekten die folgenden *Hormonbildungsstätten* bekannt geworden (Abb. 7):

1. Das Gehirn (= Oberschlundganglion) mit der neurosekretorisch tätigen Pars intercerebralis;
2. die Corpora allata;
3. die Corpora cardiaca;
4. die Perikardialdrüsen;
5. die Prothorakaldrüsen;
6. die Ventraldrüsen (= ventrale Kopfdrüsen).

Wie bei den Crustaceen, so liegen auch bei den Insekten die Hormondrüsen in den vordersten Körperabschnitten (Kopf und Prothorax).

Ob die Gonaden Hormone absondern, ist noch nicht endgültig klargestellt.

Während bei den meisten Insektenarten die genannten Organe auch in den Jugendstadien getrennt liegen, findet sich bei den Larven der *Diptera* (Zweiflügler) ein einheitliches ringförmiges Organ, der sog. WEISMANNsche Ring. Eingehende entwicklungs-morphologische und -physiologische Untersuchungen, vor allem an den Fliegenarten *Drosophila* und *Calliphora*, ergaben, daß das Ringorgan komplexer Natur ist. Der WEISMANNsche Ring dürfte außer Teilen des Zentralnervensystems enthalten: Elemente der Corpora allata, der Corpora cardiaca und der Perikardialdrüsen. Nach der Metamorphose schwinden die den Perikardialdrüsen entsprechenden Teile (s. unten), während die Corpora allata einen gesonderten Drüsenkomplex bilden (DAY, 1943; POSSOMPÈS, 1948, 1953, B. SCHARRER und HADORN, 1938; THOMSEN, 1941; VOGT, 1940 ff.).

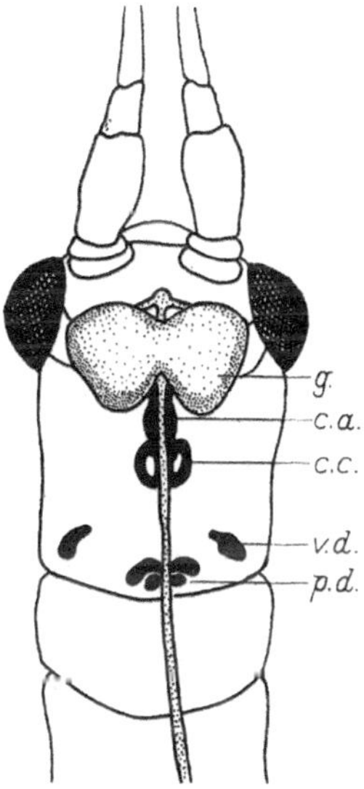

Abb. 7. Stabheuschrecke *Carausius morosus*. Schema der Kopfregion. *g* Gehirn; *ca* Corpora allata; *cc* Corpora cardiaca; *vd* Ventraldrüse; *pd* Perikardialdrüse (nach PFLUGFELDER).

Im folgenden sollen die einzelnen Hormonorgane und ihre Wirkstoffe kurz charakterisiert werden.

Das Gehirn als hormonlieferndes Organ.

Schnürungs- und Exstirpationsversuche, die KOPEČ (1922) an Raupen von Schmetterlingen *(Lepidoptera)* durchführte, zeigten, daß im Kopf der Raupen ein hormonal wirkendes Organ liegt, das für den Eintritt des Puppenstadiums notwendig ist. Diese Versuche wurden später durch zahlreiche Forscher wiederholt und erweitert (CASPARI, KÜHN, PIEPHO, PLAGGE; Lit. s. bei PFLUGFELDER, 1952). Durch die in der Hormonphysiologie üblichen Methoden, vor allem Exstirpationen und Reimplantationen, konnte ermittelt werden, daß bei den Lepidopteren das Gehirn als auslösendes Zentrum für den Verpuppungsvorgang zu beachten ist.

In methodischer Hinsicht ist eine von Piepho (1938 ff.) vielfach verwendete Versuchsanordnung von besonderem Interesse (Abb. 8): Kleine Stückchen von Raupenhaut werden eingepflanzt in den Fettkörper einer Raupe, die sich im Vergleich zur Spenderraupe

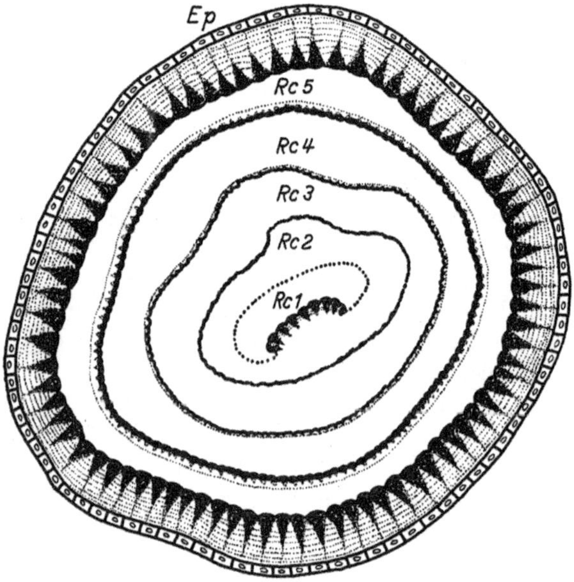

Abb. 8. Fünf überzählige Häutungen eines in eine Raupe implantierten Hautstückes. Schnitt durch das Implantat, das sich im Inneren des Wirtstieres abgekugelt hat. Rc_{1-5} Raupencuticula von verschiedenen Häutungsschritten. *Ep* Epidermis. Näheres s. Text (nach Piepho).

in einem anderen Entwicklungsstadium befindet. Die Hautimplantate runden sich zu Bläschen ab, die nun die Cuticula auf der Innenseite tragen. Diese Implantat-Bläschen machen alle Häutungsschritte mit, die das Wirtstier erlebt. Es ist sogar möglich, ein Implantat-Bläschen, das — der Metamorphose seines Wirts folgend — bereits eine Imaginalhäutung durchlaufen hat, zu einer zweiten Imaginalhäutung dadurch zu zwingen, daß man das Bläschen aus dem zur Imago gewordenen Wirt herausnimmt und in einen neuen Wirt jüngeren Alters einpflanzt.

Sich das Insektengehirn als hormonlieferndes Organ vorzustellen, machte zunächst Schwierigkeiten. Seit der Entdeckung drüsenartiger Zellen im Gehirn der Honigbiene (WEYER, 1935), häuften sich von Jahr zu Jahr die Mitteilungen, daß bei vielen Insektenarten die *Pars intercerebralis* als wichtiges sekretorisches Zentrum aufzufassen ist.

Unter anderem wurden neurosekretorische Elemente im Gehirn folgender Insektenarten gefunden: bei Lepidopteren (DAY, 1940), besonders bei der Mehlmotte *Ephestia* (7—8 große Zellen in jeder Gehirnhemisphäre; REHM, 1950) und beim Seidenspinner (BOUNHIOL, 1938, 1953), bei *Odonata* (ARVY, GABE), bei Grillen (POISSON, SELLIER, 1947), bei der Wanze *Rhodnius* (WIGGLESWORTH, 1954), bei der Schabe *Leucophaea* (SCHARRER, B., 1952) u. a. m.

Von besonderer Bedeutung sind die Untersuchungen von E. THOMSEN (1947 ff.) an der Schmeißfliege *Calliphora erythrocephala*. Es zeigte sich u. a., daß die Neurosekrete, die in 12 bis 14 Zellen der Pars intercerebralis gebildet werden, keineswegs unmittelbar in die Hämolymphe der Insekten gelangen, sondern: "a flow of secretory material takes place from the neurosecretory cells of the brain through the axons into the corpus cardiacum" (E. THOMSEN, 1954, S. 49).

Auch für manche Entwicklungsvorgänge scheint zu gelten, daß die Hormone der Pars intercerebralis auslösend auf nachgeordnete Hormonorgane wirken, z. B. auf die Prothoraxdrüsen (s. unten), die dann ihrerseits das Häutungsgeschehen in Gang bringen (FUKUDA, WIGGLESWORTH, WILLIAMS). Zu prinzipiell ähnlichen Ergebnissen an einem anderen Regulationssystem von *Calliphora* kommt auch POSSOMPÈS (1950).

Bestätigen sich diese Befunde, so kann man von einer echten Endokrino-Glandotropie bei Insekten sprechen.

Die Corpora allata.

Die Corpora allata hat als erster JOHANNES MÜLLER (1828) unter dem Namen „Pharyngealkörper" beschrieben. Seit den gründlichen, vergleichend-morphologischen Untersuchungen NABERTS (1913) weiß man, daß die Corpora allata Drüsen mit innerer Sekretion sind. DE LERMA (1932 ff.), WIGGLESWORTH (1934 ff.) und PFLUGFELDER (1937 ff.) ist es zu verdanken, daß heute die Corpora allata die am besten bekannten Hormondrüsen der wirbellosen Tiere sind.

Durch HANSTRÖM (1942) und CAZAL (1948) sind wir über die „retrocerebralen endokrinen Organe" der verschiedenen Insektengruppen in morphologischer Hinsicht gut unterrichtet.

Die Corpora allata sind paarige, rundliche Gebilde, die bei der Stabheuschrecke *(Carausius morosus)* einen Längendurchmesser von etwa 120 μ und einen Querdurchmesser von etwa 85 μ haben. Sie liegen stets hinter dem Gehirn. Ihre Lagebeziehungen zu den Corpora cardiaca sind wechselnd; vielfach bilden beide Drüsengruppen einen gemeinsamen Komplex.

Die Corpora allata der Schmetterlinge *(Vanessa io, Vanessa urticae* u. a.*)* sind während der Winterruhe klein und inaktiv; mit dem Wiederbeginn der sekretorischen Tätigkeit im Frühling verdoppelt sich ihr Volumen (KAISER, 1949). Die Corpora allata der Bienenarbeiterinnen, deren Volumen beim Schlüpfen 50 μ^3 beträgt, haben nach etwa 10 Tagen, im Zeitpunkt der ersten Ausflüge, ein Volumen von rund 200 μ^3; wenige Tage später, kurz bevor die Entfaltung der wachsabscheidenden Drüsen beginnt, erreicht das Volumen sogar 270—290 μ^3. Bei voll ausdifferenzierten Exemplaren der drei Bienen-Kasten verhalten sich die Volumina folgendermaßen:

Arbeiterin	:	Königin	:	Drohne
21	:	17	:	10

Die Tiere mit der größten Aktivität haben also die größten Corpora allata (PFLUGFELDER).

An zahlreichen Insektenarten sind in den vergangenen 20 Jahren Exstirpations-, Implantations- und Parabioseversuche durchgeführt worden, durch die die physiologische Bedeutung der Corpora allata ermittelt werden sollte. Fest steht, daß die Corpora allata ein kräftig wirkendes Hormon enthalten; hingegen ist es — so wenig wie bei so vielen anderen Hormonen — bis heute nicht gelungen, die recht verschiedenartigen Wirkungen, die zur Beobachtung kamen, auf einen gemeinsamen Nenner zu bringen. Möglicherweise ist die von PFEIFFER (1945) bei Heuschrecken *(Melanoplus)* beobachtete Steuerung des Fettstoffwechsels, der ja bei Insekten (Fettkörper!) eine besondere Bedeutung hat, als eine der „Basiswirkungen" zu betrachten. Zum mindesten dürften die Störungen der Gewebsbildung bei Carausius-Larven und die Hemmung von Regenerationsvorgängen, wie sie PFLUGFELDER

(1937 ff.) nach Exstirpation der Corpora allata beobachtete, sekundäre Folgen einer primären Stoffwechseländerung sein.

Recht deutlich sind die Wirkungen des Corpora allata-Wirkstoffs auf die *weiblichen Gonaden*. Nach Exstirpation der Corpora allata ist — bei verschiedenen Arten in verschiedener Weise — das Wachstum der Eischläuche und die Entwicklung der Eier, besonders die Dotterbildung, gestört. Derartige gonadotrope Wirkungen kennt man u. a. bei der Wanze *Rhodnius prolixus* (WIGGLESWORTH, 1936), bei der Heuschrecke *Melanoplus differentialis* (WEED-PFEIFFER, 1936), bei der Schabe *Leucophaea maderae* (B. SCHARRER, 1946), bei der Fliege *Calliphora erythrocephala* (E. THOMSEN).

Bei allen diesen Untersuchungen wurden *Ausfallserscheinungen* nach der Exstirpation der Corpora allata festgestellt. Es ist darum wichtig, hinzuweisen auf Folgeerscheinungen positiven Charakters (G. ALTMANN, 1950, 1952).

Bekanntlich haben die Arbeiterinnen der Honigbiene *(Apis mellifica)* zurückgebildete Ovarien mit kleinen, eierlosen Eischläuchen (Ovariolen). Wenn nun ein Volk seine Königin verliert, dann bilden bei vielen Arbeiterinnen die Ovarien Eier, die nicht befruchtet werden können und sich daher parthenogenetisch zu Männchen (Drohnen) entwickeln. Die Arbeiterinnen sind „drohnenbrütig" geworden.

Durch Injektion von Corpora allata-Extrakt, der von Königinnen, also von geschlechtstätigen Weibchen, gewonnen wurde, konnten bei 75—85% der Arbeiterinnen die Ovariolen zur Eibildung angeregt werden (Abb. 9), während bei den zahlreich angesetzten Kontrollen die Drohnenbrütigkeit nur 20—25% betrug.

Ob die Corpora allata diesen gonadotropen Wirkstoff selber bilden ist eine andere Frage. Corpora allata von Arbeitsbienen enthalten ihn nicht. Hingegen konnte außer durch Corpora allata-Extrakte auch durch Ovarienextrakte von Königinnen (nicht von Arbeiterinnen!) Drohnenbrütigkeit bei 65—100% der injizierten Arbeitsbienen hervorgerufen werden.

Bei der Wirkungsähnlichkeit, wie wir sie bei gonadotropen Hormonen und Gonadenhormonen von Wirbeltieren kennen, ist die Existenz zweier korrelierender Hormonquellen nicht ganz ausgeschlossen.

Ovariotrope Wirkungen der Corpora allata beobachtete u. a. auch JOLY (1945 ff.): Exstirpation der Hormondrüsen bewirkt beim Gelbrand-Käfer *Dytiscus* völlige Atrophie der Ovarien. Durch Implantation der Corpora allata können die Weibchen dieser Art mitten im Winter zur Eiablage oder Weibchen von Carabiden zur vorzeitigen Eibildung veranlaßt werden.

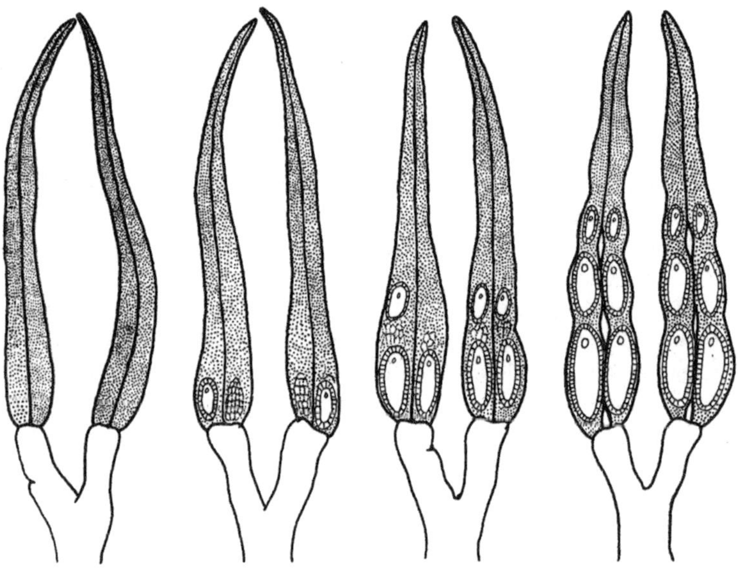

Abb. 9. Rudimentäre Ovarien von Arbeitsbienen *(Apis mellifica)*. 1 = normales Ovar ohne Eibildung; 2—4 = verschiedene Stadien der Eibildung (= der Drohnenbrütigkeit). Stark vergrößert (nach ALTMANN).

Exstirpation der Ovarien kann Hypertrophie der Corpora allata zur Folge haben (DAY, 1943; KAISER, 1949; THOMSEN, 1942; VOGT, 1942). Auch dies ist ein Hinweis auf die korrelativen Beziehungen der beiden Organsysteme.

Merkwürdig ist, daß bisher nur selten Beziehungen zwischen den Corpora allata und den *männlichen* Keimdrüsen aufgedeckt werden konnten. Dies könnte damit zusammenhängen, daß ein Stoffwechselfaktor (möglicherweise der Fettstoffwechsel) das Bindeglied zwischen den korrelierenden Systemen darstellt.

Es muß in diesem Zusammenhang darauf hingewiesen werden, daß Corpora allata-Extrakte eine deutlich anregende *myotrope*

Wirkung haben. In Ringerlösung suspendierte Insektendärme werden durch Zugabe minimaler Mengen solcher Extrakte zu kräftiger Steigerung ihrer Bewegungsfrequenz veranlaßt (s. Abb. 6 nach KOLLER und ENDERS). Möglicherweise spielt der myotrope Faktor letztlich auch bei folgenden an der Honigbiene beobachteten Erscheinungen eine Rolle: Corpora allata-Extrakte steigern die Wasseraufnahme des ganzen Tieres und fördern die Aufnahme von Stoffen aus der Suspensionsflüssigkeit bei isolierten MALPIGHIschen Gefäßen. Die Steigerung der Stoffresorption der MALPIGHIschen Gefäße, die in Büscheln zu 80—100 Stück in der Körperflüssigkeit der Biene rhythmisch flottieren, konnte mittels exakter colorimetrischer Methoden (PULFRICH-Photometer) nachgewiesen werden. (ALTMANN, 1952, 1953 und noch unveröffentlichte Versuche.)

Wer gewohnt ist, mit Wirbeltieren zu experimentieren, kann sich kaum vorstellen, wie bedeutsam unausgesetzte rhythmische Bewegungen für die normale physiologische Tätigkeit vieler Insektenorgane ist. Da auch am weiblichen Geschlechtsapparat (Ovariolen, Ovidukte) dauernd rhythmische Bewegungen ablaufen, könnte der myotrope Faktor der Corpora allata auch bei den oben genannten gonadotropen Wirkungen mitsprechen. Versuche zur Klärung dieser Frage sind im Gange.

Seit den denkwürdigen Parabiose-Versuchen, die WIGGLESWORTH (1934 ff.) in allen nur denkbaren Variationen durchführte, hat sich eine große Zahl der in diesem Abschnitt bereits genannten Forscher mit der Frage beschäftigt, welche Bedeutung die Corpora allata für Häutung, Verpuppung und Metamorphose der Insekten haben. Das wesentliche Ergebnis dieser Versuche ist: Der Wirkstoff der Corpora allata fördert die Larvenhäutungen und hemmt die Metamorphose zur Imago.

Natürlich sind bei den verschiedenen Ordnungen der Insekten die Entwicklungsvorgänge und ihre hormonale Steuerung recht unterschiedlich. Es soll hier nur ein Beispiel (PFLUGFELDER) erwähnt werden. Exstirpiert man bei Stabheuschrecken im 3. Larvenstadium die Corpora allata, dann häuten sich die Tiere nur noch zweimal (statt viermal), bleiben also im Wachstum stehen und werden vorzeitig geschlechtsreif. Dabei sind sie nur halb so schwer wie normale geschlechtsreife Tiere. Pflanzt man aber Corpora allata junger Larven in größerer Zahl älteren Larven ein, dann entstehen Riesenlarven, die doppelt so lang (15 cm) sind wie normale erwachsene Tiere (7—8 cm).

Von vielen Autoren ist nachgewiesen worden, daß der Wirkstoff der Corpora allata weder art-, noch gattungs- noch familienspezifisch ist (s. u. a. PIEPHO, 1950); er erweist sich auch durch diese Eigenschaft als echtes Hormon.

Die Corpora cardiaca.

Die von PFLUGFELDER als Corpora cardiaca, von CAZAL (1948) als Corpora paracardiaca bezeichneten paarigen, meist unmittelbar

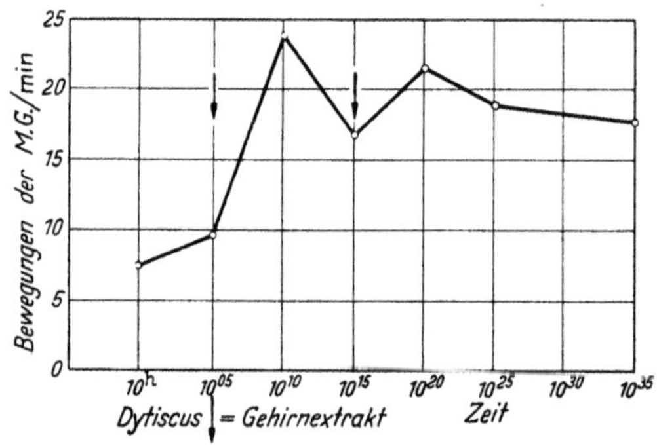

Abb. 10. *Dytiscus marginalis*. Einfluß von Gehirn-Extrakt auf die Bewegungsfrequenz der MALPIGHIschen Gefäße. ↓ = Extraktzugabe (nach KOLLER).

hinter dem Gehirn liegenden Organe (s. Abb. 7) sind möglicherweise phylogenetisch älter als die Corpora allata. Die Urinsekten *(Apterygota)* besitzen nämlich, wie alle höheren Insekten *(Pterygota)* auch, die Corpora cardiaca; es fehlen ihnen aber die Corpora allata.

Die Corpora cardiaca dürften „neben ihrer nervösen Bedeutung auch eine inkretorische Funktion haben" (PFLUGFELDER, 1952, S. 251).

Die engen morphologischen Beziehungen, die zwischen dem Gehirn (= Oberschlundganglion) und den Corpora cardiaca bestehen, machen es verständlich, daß die Extrakte beider Organe zuweilen gleichsinnige Wirkungen haben. Dies gilt in ausgesprochener Weise für die negativ-myotrope Beeinflussung der Darmbewegungen (s. Abb. 6 nach KOLLER und ENDERS). Hier scheinen die Corpora cardiaca wie Antagonisten der Corpora allata zu wirken. Ähnliches gilt übrigens auch für den Wasserhaushalt der Honigbiene (ALTMANN, 1953).

Deutlich beschleunigend wirken Gehirn-Extrakte (KOLLER, 1948. — s. Abb. 10) und cardiaca-Extrakte (CAMERON, 1953; WIGGLESWORTH, 1954) auf die Bewegungen der MALPIGHIschen Gefäße. Die Herzfrequenz von *Periplaneta* kann durch cardiaca-Extrakte gesteigert werden. Hierbei sind Verdünnungen von 1:etwa 3000000 noch wirksam.

Nach Mitteilungen von WIGGLESWORTH ist das myotrope Prinzip nicht identisch mit einer chromatophorenaktiven Substanz, die ebenfalls in den Corpora cardiaca gefunden wurde.

Ein die Färbung der Insekten beeinflussender Faktor ist lange bekannt (GIERSBERG, 1928 ff.). Als Bildungsort ist nach DUPONT-RAABE das Gehirn (Pars intercerebralis) anzunehmen, das auch in diesem Fall mit den Corpora cardiaca in enger funktioneller Verbindung stehen dürfte.

Auf Häutung und Metamorphose scheinen die Corpora cardiaca keinen wesentlichen unmittelbaren Einfluß zu haben.

Die Perikardialdrüsen.

Die Perikardialdrüsen (s. Abb. 7) sind kleine Organe, die hinter den Corpora allata liegen und dem dorsalen Blutgefäß unmittelbar ansitzen. Sie haben ihre maximale Entwicklung während des letzten Larvenstadiums und dürften zum mindesten bei Phasmiden *(Carausius)* für den Eintritt der Metamorphose von Bedeutung sein. Ist das Imaginalstadium erreicht, dann degenerieren diese Organe, eine Erscheinung, die an das Verhalten des Wirbeltierthymus erinnert.

Die den Perikardialdrüsen entsprechenden Teile der Ringdrüse liefern bei den *Diptera (Calliphora, Drosophila)* und auch bei *Bombyx mori* das *Verpuppungshormon* (HADORN, 1937; VOGT, 1942 ff.; KARLSON, 1954 u. a.).

Die Prothoraxdrüsen.

Erst in neuerer Zeit sind die Prothoraxdrüsen, die im Vorderabschnitt des Bruststücks liegen, in ihrer Bedeutung für hormonphysiologische Vorgänge erkannt worden. Sie wachsen bei Schmetterlingsraupen während des letzten Larvenstadiums gewaltig heran (KAISER, 1949).

Höchstwahrscheinlich stehen die Prothoraxdrüsen unter dem Einfluß des Gehirns: Vom Gehirn stammende Neurosekrete veranlassen die Prothoraxdrüse zur Ausschüttung von Hormonen, die ihrerseits Häutungen, aber auch den Eintritt der Metamorphose („Verpuppungshormon") auslösen können (WILLIAMS)*.

Von weiteren Drüsen, die im Ventralteil des Kopfes vieler Insekten gefunden wurden (sog. „Ventraldrüsen"), ist noch sehr wenig bekannt.

Soviel auch bisher über Ablauf und Regulierung der Insekten-Entwicklung gearbeitet wurde, so läßt sich heute doch noch kein ganz klares Bild von der hormonalen Steuerung bei Häutung, Verpuppung, Metamorphose und Organdifferenzierung zeichnen. Fest steht aber, daß im Kopfbereich der Insekten ein mehrgliedriges System hormonaler Organe existiert, das in vieler Beziehung mit dem Hypothalamus-Hypophysen-System der Wirbeltiere verglichen werden kann.

Hormonvorkommen bei Mollusken.

Über hormonale Regulation bei den Weichtieren *(Mollusca)* ist noch sehr wenig bekannt.

BACQ (1947) betont den Reichtum der Molluskengewebe an *Acetylcholin* und ihre starke Acetylcholin-Empfindlichkeit.

Als aglanduläre *Gewebshormone* sind Erregungsstoffe zu deuten, die in der Herzwand von Schnecken *(Helix, Aplysia)* gebildet werden. Herzextrakte können bei stillstehenden Herzen Herzschlag hervorrufen und die Schlagfrequenz tätiger Herzen beschleunigen. (HABERLANDT, 1930; BLANC; s. auch JULLIEN, 1939.) Bekanntlich hat HABERLANDT auch bei Fröschen einen derartigen Erregungsstoff gefunden und ihn als „Herzhormon" bezeichnet.

Wie bei so vielen Invertebraten, so wurden auch bei einigen Mollusken, und zwar den marinen Schnecken *Aplysia limacina* und *Pleurobranchea meckeli*, neurosekretorische Zellen des Cerebralganglions beschrieben (B. SCHARRER).

Bei den Tintenschnecken *(Cephalopoda)*, die zu den höchstorganisierten Invertebraten gehören, ist eigentlich ein gut entwickeltes Hormonsystem zu erwarten. Da aber diese Mollusken nur im Meer vorkommen und operativ nicht leicht anzugehen sind, hat man sich noch wenig mit ihnen beschäftigt. Der morphologische Befund läßt vermuten, daß die folgenden Organe innersekretorisch tätig sind: Die an der Basis der Kiemen liegenden Branchialdrüsen, die in unmittelbarer Nähe der Augen sitzenden Peduncülardrüsen, die in histologischer Hinsicht sehr eigenartigen Epistellardrüsen und schließlich

* Bald nach dem Mosbacher Colloquium 1954 sind bedeutsame Tatsachen über den Chemismus des Verpuppungshormons bekannt geworden (BUTENANDT, s. P. KARLSON, 1954).

vielleicht auch die Perikardialdrüsen, die als Anhänge der sog. „Kiemenherzen“ aufzufassen sind. Gesicherte experimentelle Beweise für eine Hormonproduktion der genannten Organe liegen bis heute nicht vor (s. besonders CAZAL und BOGORAZE, 1949).

Die Subneuraldrüse der Tunikaten.

Die heutige Systematik rechnet die *Tunicata* oder Manteltiere nicht mehr zu den Wirbellosen; sie werden vielmehr zu den *Chordata*, also zum selben Tierstamm wie die Wirbeltiere gezählt. Hierfür sprechen nicht nur entwicklungsgeschichtliche, sondern auch manche morphologische Tatsachen. In unserem Zusammenhang ist die Subneuraldrüse von Bedeutung. Sie liegt, ähnlich der Wirbeltier-Hypophyse, unmittelbar dem Gehirn an. Verschiedene Forscher fanden, daß Extrakte dieser Drüse in ihrer Wirkung den Hormonen des Hypophysenhinterlappens sehr ähnlich sind (BACQ und FLORKIN, 1935; BUTCHER, 1930).

Soweit unser sehr geraffter und keineswegs vollständiger Überblick über hormonale Regulationen bei wirbellosen Tieren. Es steht uns nun zum Schluß die Aufgabe bevor, die Hauptfrage zu beantworten: Welche tragenden Balken sinnvollen Vergleichs können wir beim gegenwärtigen Stand unseres Wissens in das Gebäude der Hormonlehre einziehen?

Vergleichung der Invertebraten- und Vertebraten-Hormone.

Zahlreiche Versuche sind gemacht worden, um die Wirkung von Wirbeltierhormonen auf Protozoen und Wirbellose zu prüfen. Wir gehen hier auf diese Experimente, die viel Wissenswertes an den Tag gebracht haben, deshalb nicht ein, weil bis heute für keines der Wirbeltierhormone ein einheitliches, klares „Prinzip der Invertebraten-Wirksamkeit“ festgestellt werden konnte. Mutmaßlich ist dies durch die zu große Reaktionsverschiedenheit der Effectoren begründet.

Obendrein sind ja die Wirbeltierhormone in ihrer großen Mehrzahl als „phylogenetisch jung“ anzusehen, als Neuschöpfungen des Tierreichs gewissermaßen; vielleicht ist dies der Grund dafür, daß die Vertebratenhormone mit den verhältnismäßig älteren Effectorensystemen vieler Invertebraten gewissermaßen nichts anzufangen wissen.

Gegenläufige Versuche (Einwirkung von Wirbellosenhormonen auf Wirbeltiere) sind erst in ganz geringer Zahl, aber meist mit klarem Ergebnis unternommen worden. Wir erwähnten bereits, daß die Hormone des Crustaceen-Augenstiels auf den Wasserhaushalt der Amphibien und auf die Pigmentreaktionen niederer Wirbeltiere in durchaus sinngemäßer Weise wirken. Auf die Ergebnisse weiterer derartiger Versuche kann man gespannt sein.

Als phylogenetisch alte Wirkstoffe sind Acetylcholin und Adrenalin zu betrachten, beides Stoffe übrigens, deren Bildungsorte weder bei Wirbellosen noch bei Wirbeltieren morphologisch allzu fest lokalisiert sind. Adrenalin hat, so könnte man etwas kühn formulieren, den Übergang vom ubiquitären aglandulären Gewebshormon zum Drüsenhormon (Nebennierenmark) weitgehend vollzogen.

Da unser Wissen um eine biochemisch *und* physiologisch gesicherte Vergleichbarkeit von Invertebraten- und Vertebratenhormonen noch recht lückenhaft ist, müssen wir uns damit begnügen, die Hormonwirkungen der beiden großen Untergruppen des Tierreichs vergleichend nebeneinander zu stellen. Wir legen dieser Aufstellung eine bereits früher gegebene Gliederung und Benennung hormonaler Regulationen zugrunde (KOLLER, 1950, S. 41 ff.).

Die „psychotropen" Hormone sind in der Tab. 3 nicht aufgeführt. Zu ihnen sind bei höheren Tieren und Menschen u. a. Schilddrüsen- und Sexualhormone zu rechnen. Bekanntlich vermeiden die Zoologen das Wort „Psyche". Sie sprechen weniger klangvoll, aber leichter deutbar nur vom „Verhalten". Zweifellos wird auch das „Verhalten" wirbelloser Tiere vielfach von Hormonen gesteuert, doch hat man auf diese Dinge noch recht wenig geachtet. Aber Ansätze hierzu sind vorhanden (JOLY, 1952; PIEPHO, 1950).

Bei der Suche nach vergleichbaren Gegebenheiten im gesamten hormonphysiologischen Bereich sind heute eigentlich nur zwei Tatsachen gefunden worden, die einen kritischen Betrachter vollständig zu befriedigen vermögen. Das eine ist die auffallende Ähnlichkeit der neurosekretorischen Vorgänge, die bei einer großen Zahl von Invertebraten und Vertebraten gefunden worden sind. Das andere ist das, was HANSTRÖM (1947) mit "three principal incretory organs in the animal kingdom" (drei hormonale Hauptorgane im Tierreich) bezeichnete. Diese drei in anatomischer und physiologischer Hinsicht gut vergleichbaren Organgruppen sind:

1. der X-Organ-Sinusdrüsen-Komplex im Augenstiel der Krebse;

2. der Pars intercerebralis-Corpora-allata-cardiaca-Komplex im Kopf der Insekten;

3. der Hypothalamus-Hypophysen-Komplex der Wirbeltiere und des Menschen.

Tabelle 3. *Beispiele vergleichbarer Hormonwirkungen.*

Übergeordnete Wirkungsgruppe	Spezielle Wirkstoffe	Beispiele des Vorkommens bei *Wirbeltieren*	Beispiele des Vorkommens bei *Wirbellosen*: Tiergruppe	Beispiele des Vorkommens bei *Wirbellosen*: Organ, bzw. Wirkstoff
I. *Morphogenetische Hormone*	Realisatoren der Gene	„dwarf"-Mäuse	Insekten	Augenausfärbungsstoffe
	Metamorphose-Hormone	Schilddrüse	Insekten	Gehirn; Prothoraxdrüse
	Differenzierungs-Hormone	Sexualhormone	Insekten	Gehirn; Corpora allata (?)
	Wachstumshormone	Hypophysen-Vorderlappen	Insekten	Corpora allata
II. *Stoffwechsel-Regulatoren*	Generelle Stoffwechsel-Regler	Schilddrüse	*Crustacea* Insekten	Augenstiel-Komplex Corpora allata
	Spezielle Stoffwechsel-Regler	Insulin	noch nicht bekannt	
III. *Bewegungs-Regulatoren*	Kreislauf-Regulatoren	Gefäßwirksame Stoffe	*Gastropoda*	Herzwand-Stoffe
	Myotrope Hormone des Darms	Cholin, Acetylcholin	*Lumbricus*, Insekten	Darmcontractoren
	Rheotrope Hormone	Intermedin	*Crustacea*	Chromatophorotropine
IV. *Endokrino-Glandotropine*	Regler des Hormonhaushalts	Hypophysen-Vorderlappen	Insekten	Pars intercerebralis des Gehirns
V. *Excitatoren*	Erregungsüberträger	Acetylcholin, Adrenalin	Wahrscheinlich wie bei den Wirbeltieren	

Das Vorhandensein dieser drei mit dem nervösen Zentralorgan morphologisch und funktionell eng verbundenen hormonalen Führungsorgane gibt uns das Recht von einer vergleichenden Hormonphysiologie zu sprechen, die Wirbellose und Wirbeltiere umfaßt.

Die Redner, die nach mir auf diesem Colloquium sprechen, werden Ihnen wie Geologen erscheinen, die die tieferen Schichten ihrer Arbeitsgebiete kennen und — auch methodisch — in die Tiefe zu bohren verstehen. Dagegen ist im hormonphysiologischen Bereich der Zoologe einstweilen noch mit dem Geographen zu vergleichen. Er bleibt gewissermaßen an der Oberfläche; er bemüht sich, die weißen Flecken auf der hormonphysiologischen Landkarte zu verkleinern und dem physiologischen Chemiker die Stellen zu zeigen, an denen sich Tiefbohrungen lohnen dürften.

Literatur.

(Das Schriftenverzeichnis ist keineswegs vollständig. Mit * versehene Arbeiten enthalten ausführliche Literaturangaben.)

Abramowitz, A. A.: The similarity between the hypophysal chromatophorotropic hormone and the chromatophorotropic hormone of the crustacean eye-stalk. Physiologic. Zool. **11**, 299 (1938).

Abramowitz, A. A.: Purification of the chromatophorotropic hormone of the crustacean eye-stalk. J. of Biol. Chem. **132**, 501 (1940).

Abramowitz, R. K., and A. A.: Moulting and viability after removal of the eyestalk in *Uca pugilator*. Biol. Bull. Wood's Hole **77**, 326 (1939).

Abramowitz, R. K., and A. A.: Moulting, growth and survival after eyestalk removal in *Uca pugilator*. Biol. Bull. Wood's Hole **78**, 179 (1940).

Altmann, G.: Ein Sexualwirkstoff bei Honigbienen. Z. Bienenforsch. **1**, 24 (1950).

Altmann, G.: Die Lokalisation der Sexualwirkstoffe bei der Honigbiene. Z. Bienenforsch. **1**, 7 (1952).

Altmann, G.: Hormonale Regelung des Wasserhaushaltes der Honigbiene. Z. Bienenforsch. **2**, 1 (1953).

Altmann, G.: Weitere Untersuchungen über den Wasserhaushalt der Honigbiene. Z. Bienenforsch. **2**, 59 (1953).

Ammon, R., u. W. Dirscherl: Fermente, Hormone, Vitamine. 2. Aufl. Leipzig 1948.

Arvy, L., J. J. Bounhiol et M. Gabe: Déroulement de la neurosécrétion protocérebrale chez *Bombyx mori* L. au cours du développement postembryonaire. C. r. Acad. Sci. (Paris) **236**, 627 (1953).

Arvy, L., et M. Gabe: Données histophysiologiques sur la neurosécrétion chez les Paléoptères (Ephéméroptères et Odonates). Pubb. Staz. Zool. Napoli **24**, Suppl. 54 (1954).

BACQ, Z. M.: L'acétylcholine dans les tissus des invertébrés. C. r. Soc. Biol. (Paris) **120**, 243 (1935).

BACQ, Z. M.: L'acétylcholine et adrénaline chez les invertébrés. Biol. Rev. Cambridge Philosophic. Soc. **22**, 73 (1947).

BACQ, Z. M., et M. FLORKIN: Mise en évidence, dans le complexe «ganglion nerveux-glande neurale» d'une ascidie (*«Ciona intestinalis»*), de principes pharmacologiquement analogues à ceux du lobe postérieur de l'hypophyse des vertébrés. Arch. internat. Physiol. **40**, 422 (1935).

BARGMANN, W., u. W. HILD: Über die Morphologie der neurosekretorischen Verknüpfung von Hypothalamus und Neurohypophyse. Acta anat. (Basel) **8**, 264 (1949).

BARGMANN, W., and E. SCHARRER: The site of origin of the hormones of the posterior pituitary. Amer. Scientist **39**, 255 (1951).

BAYER, G., u. T. V. D. WENSE: Über den Nachweis von Hormonen in einzelligen Tieren. I. Mitt.: Cholin und Acetylcholin in Paramaecion. Pflügers Arch. **237**, 417 (1936).

BAYER, G., u. T. V. D. WENSE: Über den Nachweis von Hormonen in einzelligen Tieren. II. Mitt.: Adrenalin (Sympathin) im Paramaecium. Pflügers Arch. **237**, 651 (1936).

BENOIT, J.: Activation sexuelle obtenue chez le canard par l'éclairement artificiel pendant la période de repos génital. C. r. Acad. Sci. (Paris) **199**, 1671 (1934).

BENOIT, J.: Facteurs externes et internes de l'activité sexuelle. Stimulation par la lumière de l'activité sexuelle chez le Canard et la Cane domestiques. Bull. biol. France et Belg. **70**, 487 (1936).

BLISS, D. E.: Metabolic effects of sinus gland or eyestalk removal in the land crab. *Gecarcinus lateralis*. Anat. Rec. **111**, 502 (1951).

BLISS, D. E.: Endocrine control of metabolism in the land crab, *Gecarcinus lateralis* (Freminville). I. Differences in the respiratory metabolism of sinus glandless and eyestalkless crabs. Biol. Bull. Wood's Hole **104**, 275 (1953).

BLISS, D. E., and J. H. WELSH: The neurosecretory system of brachyuran crustacea. Biol. Bull. Wood's Hole **103**, 157 (1952).

BOUNHIOL, J. J.: Recherches expérimentales sur le déterminisme de la métamorphose chez les lépidoptères. Bull. biol. France et Belg. Suppl. **24**, 1 (1938).

BOUNHIOL, J. J., M. GABE et L. ARVY: Données histophysiologiques sur la neuro-sécrétion chez *Bombyx mori* L. et sur ses rapports avec les glandes endocrines. Pubbl. Staz. Zool. Napoli **24**, Suppl. 52 (1954).

BROWN, F. A. jr.: Sinus gland exstirpation in the crayfish without eyestalk removal. Proc. Soc. Exper. Biol. a. Med. **50**, 295 (1942).

* BROWN, F. A. jr.: Hormones in crustaceans. In: The action of hormones in plants and invertebrates (K. V. THIMANN edit.). New York: Academic Press 1952.

* v. BUDDENBROCK, W.: Vergleichende Physiologie. Bd. IV. Hormone. Basel: Verlag Birkhäuser 1950.

BUTCHER, E. O.: The pituitary in the ascidians. J. of Exper. Zool. **57**, 1 (1930).

Butenandt, A.: Über die Bildung der Insekten-Ommochrome. Ein Beitrag zur Analyse der Erbfaktoren-Wirkung. Forschgn. u. Fortschr. **21**, 23 (1947).

Cameron, M. L.: The secretion of an orthodiphenol in the corpus cardiacum of the insect. Nature (London) **172**, 349 (1953).

Carlisle, D. B.: Studies on *Lysmata seticaudata* Risso *(Crustacea Decapoda)*. V. The ovarian inhibiting hormone and the hormonal inhibition of sex-reversal. Pubbl. Staz. Zool. Napoli **24**, 355 (1953).

Carlisle, D. B., and P. F. R. Dohrn: Studies on *Lysmata seticaudata* Risso *(Crustacea Decapoda)*. II. Experimental evidence for a growth- and moult-accelerating factor obtainable from eyestalks. Pubbl. Staz. Zool. Napoli **24**, 69 (1953).

* Cazal, P.: Les glandes endocrines rétro-cérébrales des insectes. Bull. biol. France et Belg. Suppl. **32**, 1 (1948).

Cazal, P., et D. Bogaraze: Les glandes endocrines des céphalopodes. L'année biol. **25**, 225 (1949).

Cazal, P.,: Les glandes endocrines rétrocérébrales des Insectes (Etude morphologique). Bull. biol. France et Belg., Suppl. **32**, 1 (1948).

Cuénot, L.: Phascolosome commun *(Phascolosoma vulgare,* Blainville*)*. In: Zoologie Descriptive des Invertébrés. Paris 1900.

Day, M. F.: Neurosecretory cells in the ganglia of Lepidoptera. Nature (London) **145**, 264 (1940).

Day, M. F.: The function of the corpus allatum in muscoid Diptera. Biol. Bull. **84**, 127 (1943).

Degner, E.: Über Bau und Funktion der Krusterchromatophoren. Z. Zool. **102**, 1 (1912).

Drach, P.: Etude préliminaire sur le cycle d'intermue et son conditionnement hormonal chez *Leander serratus*. Bull. Biol. **78**, 40 (1944).

Drach, P.: Principales données sur les relations entre la glande du sinus, la mue et le métabolisme des crustacés décapodes. Bull. biol. France et Belg. Suppl. **33**, 164 (1948).

Dupont-Raabe, M.: Le rôle endocrine du cerveau dans la régulation des phénomenes d'adaptation chromatique et de la ponte chez les Phasmides. Pubbl. Staz. Zool. Napoli **24**, Suppl. 63 (1953).

Enami, M.: The sources and activities of two chromatophorotropic hormones in crabs of the genus *Sesarma*. I. Experimental analysis. II. Histology of incretory elements. I. Biol. Bull. Wood's Hole **100**, 28 (1951); II. Biol. Bull. Wood's Hole **101**, 241 (1951).

Enders, E.: Die Wirkung körpereigener Organextrakte auf die Bewegungen des Regenwurmdarmes. Ann. Univ. sarav. Naturwiss. Abt. **1**, 294 (1952).

Fill, W.: Der Einfluß des Lichtes auf Stoffwechsel und Geschlechtsreife bei Warmblütern. Z. Zool. **155**, 343 (1942).

Florey, E.: Untersuchungen über die Natur der Farbwechselhormone der Crustaceen. Biol. Zbl. **71**, 499 (1952).

Fukuda, S.: Hormonal control of moulting and pupation in the silkworm. Proc. Imp. Acad. Tokyo **16**, 19 (1940).

Fukuda, S.: Induction of pupation in silkworm by transplanting the prothoracic gland. Proc. Imp. Acad. Tokyo **16**, 414 (1940).

FUKUDA, S.: Hormonal control of moulting and pupation in the silkworm. Proc. Imp. Acad. Tokyo **16**, 417 (1940).

FUKUDA, S.: Role of the prothoracic gland in differentiation of the imaginal characters in the silkworm pupa. Annot. zool. Jap. **20**, 9 (1941).

FUKUDA, S.: The hormonal mechanism of larval moulting and metamorphosis in the silkworm. J. Fac. Tokyo Imp. Univ. Sec. **4**, 6 (1944).

GIERSBERG, H.: Über den morphologischen und physiologischen Farbwechsel der Stabheuschrecke *Dixippus morosus*. Z. vergl. Physiol. **7**, 657 (1928).

GIERSBERG, H.: Der Einfluß des Lichtes auf den Organismus auf dem Wege über das Auge. Scientia **36**, 131 (1942).

GIERSBERG, H.: Hormone. 3. Aufl. Berlin-Göttingen-Heidelberg: Springer-Verlag 1953.

GRAY, ST. W., and W. FORD: The effect of the crustacean eyestalk hormone upon water metabolism and melanophore expansion in the frog. Endocrinology (Springfield, Ill.) **26**, 160 (1940).

HABERLANDT, L.: Das Herzhormon. Jena 1930.

HADORN, E.: Hormonale Kontrolle der Pupariumbildung bei Fliegen. Naturwiss. **25**, 681 (1937).

HANSTRÖM, B.: Über das Organ X, eine inkretorische Gehirndrüse der Crustaceen. Psychiatr. Bl. (holl.) **38**, 405 (1934).

HANSTRÖM, B.: Über eine Substanz im Insektenkopf, die zusammenballend auf das Pigment der Garneelenchromatophoren wirkt. Vorl. Mitt. Förh. fysiogr. Sällsk. Lund **6**, 58 (1936).

* HANSTRÖM, B.: Inkretorische Organe und Hormonfunktionen bei den Wirbellosen. Erg. Biol. **14**, 143 (1937).

HANSTRÖM, B.: Einige Parallelen im Bau und in der Herkunft der inkretorischen Organe der Arthropoden und der Vertebraten. Lunds Univ. Arsskr., N. F. Abt. 2, **37**, 1 (1941).

* HANSTRÖM, B.: Die Corpora cardiaca und Corpora allata der Insekten. Biol. generalis (Wien) **15**, 485 (1942).

* HANSTRÖM, B.: Hormones in Invertebrates. Oxford: University Press 1942.

* HANSTRÖM, B.: Three principal incretory organs in the animal kingdom. Copenhagen: E. Munksgaard 1947.

HARA, J.: On the effects of extracts of eyestalk of the grapsoid crab, *Sesarma picta*, and of head of the pill bug, *Armadillidium vulgare*, upon heart beat of the shrimp, *Paratya compressa*. Annot. zool. jap. **25**, 411 (1952).

HARA, J.: On the hormones regulating frequency of the heart beat in the shrimp, *Paratya compressa*. Annot. zool. jap. **25**, 162 (1952).

HARMS, J.: Morphologische und kausal-analytische Untersuchungen über das Nephridialorgan von *Physcosoma lanzarotae* nov. spec. Arch. Entw.-mech. **47**, 307 (1921).

HARMS, J.: Experimentell ausgelöste Regeneration am Vorderende von *Helodrilus longus*. Biol. Zbl. **64** (1944).

HARMS, J.: Über ein inkretorisches Cerebralorgan bei Lumbriciden sowie Beschreibung eines verwandten Organs bei drei neuen Lycastis-Arten. Roux' Arch. **143**, 332 (1948).

Hérubel, M. A.: Recherches sur les Sipunculides. Mém. Soc. Zool. France **20**, 107 (1907).
Hubl, H.: Die inkretorischen Zellelemente im Gehirn der Lumbriciden. Arch. Entw.mech. **146** (1953).
Joly, P.: La fonction ovarienne et son contrôle humoral chez les Dytiscidés. Archives de Zool. **84**, 49 (1945).
Joly, P.: Les corrélations humorales chez les insectes. Ann. Biol. **21**, 1 (1945).
Joly, P.: Production d'adultoides chez *Locusta migratoria* L. (Insecte orthoptéroide). C. r. Acad. Sci. (Paris) **235**, 1555 (1952).
Jullien, A., D. Vincent, M. Bouchet et M. Vuillet: Effects des extraits cardiaques de mollusques gastéropodes sur l'automatisme du coeur chez *Hélix pomatia*. Ann. de Physiol. **15**, 858 (1939).
Kaiser, P.: Histologische Untersuchungen über die Corpora allata und Prothoraxdrüsen der Lepidopteren in bezug auf ihre Funktion. Roux' Arch. **144**, 99 (1949).
* Karlson, P.: Biochemische Probleme der Insektenmetamorphose. Verh. dtsch. zool. Ges. Tübingen 1954. (Im Druck.)
Kincaid, F. D., and B. T. Scheer: Hormonal control of metabolism in crustaceans. IV. Relation of tissue composition of *Hemigrapsus nudus* to intermoult cycle and sinus gland. Physiological Zoology (Chicago) XXV, 372 (1952).
Kleinholz, L. H.: Eyestalk hormone and the movement of distal retinal pigment in *Palaemonetes*. Proc. Nat. Acad. Sci. Washington **20**, 659 (1934).
Kleinholz, L. H.: Moulting and calcium deposition in Decapod Crustaceans. J. Cell. Comp. Physiol. **18**, 101 (1941).
Kleinholz, L. H.: Migrations of the retinal pigments and their regulation by the sinus gland. Confér. Sci. Int. Endocrinol. Arthrop. 1947.
Kleinholz, L. H.: A method for removal of the sinus gland from the eyestalk of crustaceans. Biol. Bull. Wood's Hole **93**, 52 (1947).
Knowles, F. G. W.: The control of retinal pigment migration in *Leander serratus*. Biol. Bull. **98**, 66 (1950).
Knowles, F. G. W.: Pigment movements after Sinus-gland Removal in *Leander adspersus*. Physiol. comp. et oec. **2**, 289 (1952).
Knowles, F. G. W.: Endocrine activity in the crustacean nervous system. Proc. Royal Soc. B **141**, 248 (1953).
Kobayashi, H., and M. Yoshida: Zool. Magazine (Dobuts Zasshi) **60**, 132 (1951).
Koller, G.: Farbwechsel bei *Crangon vulgaris*. Verh. dtsch. zool. Ges. 1925.
Koller, G.: Über Chromatophorensystem, Farbensinn und Farbwechsel bei *Crangon vulgaris*. Z. vergl. Physiol. **5**, 191 (1927).
Koller, G.: Versuche über die inkretorischen Vorgänge beim Garneelenfarbwechsel. Z. vergl. Physiol. **8**, 601 (1928).
* Koller, G.: Die innere Sekretion bei wirbellosen Tieren. Biol. Rev. **4**, 269 (1929).
Koller, G.: Weitere Untersuchungen über Farbwechsel und Farbwechselhormone bei *Crangon vulgaris*. Z. vergl. Physiol. **12**, 632 (1930).

Koller, G.: Beobachtungen an den Nephridien von *Physcosoma japonicum.* Naturwiss. **24**, 827 (1936).
* Koller, G.: Hormone bei wirbellosen Tieren. Leipzig 1938.
Koller, G.: Über die Nephridien von *Physcosoma japonicum.* Verh. dtsch. zool. Ges. 1939.
Koller, G.: Rhythmische Bewegung und hormonale Steuerung bei den Malpighischen Gefäßen der Insekten. Biol. Zbl. **67**, 201 (1948).
Koller, G.: Hormone. 2. Aufl. Berlin 1949.
* Koller, G.: Stand der Hormonforschung. Bonn: Athenäum-Verlag 1950.
Koller, G.: Lichtabhängige Wirkungen von Crustaceen-Extrakten auf den Wasserhaushalt von Amphibien. Ann. Univ. sarav. Naturwiss. Abt. **1**, 242 (1952).
Koller, G.: Zur Frage der hormonalen Steuerung bei rhythmischen Eingeweidebewegungen von Insekten. Verh. dtsch. zool. Ges. Tübingen 1954 (im Druck).
Koller, G., u. E. Meyer: Versuche über den Wirkungsbereich von Farbwechselhormonen. Biol. Zbl. **50**, 759 (1930).
Koller, G., u. W. Rodewald: Über den Einfluß des Lichtes auf die Hypophysentätigkeit des Frosches. Pflügers Arch. **232**, 637 (1933).
Kühn, A.: Entwicklungsphysiologische Wirkungen einiger Gene bei *Ephestia kühniella.* Naturwiss. **20**, 974 (1932).
Kühn, A.: Versuche über die Wirkungsweise der Erbanlagen. Naturwiss. **24**, 1 (1936).
Kühn, A.: Über eine Gen-Wirkkette der Pigmentbildung bei Insekten. Nachr. Akad. Wiss. Göttingen, Math.-Phys. Kl. H. **6** (1941).
Kühn, A., E. Caspari u. E. Plagge: Über hormonale Genwirkungen bei *Ephestia kühniella* Z., Nachr. Ges. Wiss. Göttingen, Math.-phys. Kl. N. F. **2**, 1 (1935).
Kühn, A., u. H. Piepho: Über hormonale Wirkungen bei der Verpuppung der Schmetterlinge. Nachr. Ges. Wiss. Göttingen, Math.-phys. Kl. N. F. **2**, 141 (1936).
Kyer, D. L.: The influence of the sinus glands on gastrolith formation in the crayfish. Biol. Bull. Wood's Hole **82**, 68 (1942).
de Lerma, B.: Osservazioni sui corpora allata della *Gryllotalpa.* Arch. Zool ital. **17**, 417 (1932).
* de Lerma, B.: L'attività endocrina negli invertebrati. Arch. Zool. ital. **23**, 83 (1936).
* de Lerma, B.: Note originali e critiche sulla morfologia comparata degli organi frontali degli Artropodi. Annuar. Ist. Mus. zool. Univ. Napoli **3**, 1 (1951).
Loewi, O.: Über humorale Übertragbarkeit der Herznervenwirkung. Pflügers Arch. **189**, 239 (1921).
Nabert, A.: Die Corpora allata der Insekten. Z. Zool. **104**, 181 (1913).
Panouse, J. B.: Influence de l'ablation du pédoncule oculaire sur la croissance de l'ovaire chez la Crévette *Leander serratus.* C. r. Acad. Sci. (Paris) **217**, 553 (1943).

Panouse, J. B.: Recherches sur les phénomènes humoraux chez les Crustacés. L'adaptation chromatique et la croissance ovarienne chez la Crévette *Leander serratus*. Ann. Inst. Océanogr. **23**, 65 (1946).

* Panouse, J. B.: Les corrélations humorales chez les crustacés. Ann. biol. **23**, 33 (1947).

Passano, L. M.: Neurosecretory control of moulting in crabs by the X-organ sinus gland complex. Physiol. comp. et oec. **3**, 155 (1953).

Perkins, E. B.: Colour changes in crustaceans, especially in *Palaemonetes*. J. of Exper. Zool. **50**, 71 (1928).

Pfeiffer-Weed, J.: The influence of the corpora allata over the development of nymphal characters in the grasshopper *Melanoplus differentialis*. Trans. Connect. Ac. Arts Sci. **36**, 489 (1945).

Pfeiffer-Weed, J.: Effect of the corpora allata on the metabolism of adult female grasshoppers. J. of Exper. Zool. **99**, 183 (1945).

Pflugfelder, O.: Untersuchungen über die Funktion der Corpora allata der Insekten. Verh. dtsch. zool. Ges. 1937.

Pflugfelder, O.: Bau, Entwicklung und Funktion der Corpora allata und cardiaca von *Dixippus morosus* Br., Z. wiss. Zool. **149**, 477 (1937).

Pflugfelder, O.: Austausch verschieden alter Corpora allata bei *Dixippus morosus* Br. Z. Zool. **153**, 108 (1940).

* Pflugfelder, O.: Tatsachen und Probleme der Hormonforschung bei Insekten. Biol. generalis (Wien) **15**, 197 (1941).

Pflugfelder, O.: Volumetrische Untersuchungen an den Corpora allata der Honigbiene. Biol. Zbl. **67**, 223 (1948).

* Pflugfelder, O.: Entwicklungsphysiologie der Insekten. Leipzig: Akad. Verlagsges. 1952.

Piepho, H.: Über die experimentelle Auslösbarkeit überzähliger Häutungen und vorzeitiger Verpuppung von Hautstücken bei Kleinschmetterlingen. Naturwiss. **26**, 383 (1938).

Piepho, H.: Über die Auslösung der Raupenhäutung, Verpuppung und Imaginalentwicklung an Hautimplantaten von Schmetterlingen. Biol. Zbl. **58**, 481 (1938).

Piepho, H.: Wachstum und totale Metamorphose an Hautimplantaten der Wachsmotte *Galleria mellonella*. Biol. Zbl. **58**, 356 (1938).

Piepho, H.: Über das Ausmaß der Artunspezifität von Metamorphosehormonen bei Insekten. Biol. Zbl. **69**, 1 (1950).

Piepho, H.: Hormonale Grundlagen der Spinntätigkeit bei Schmetterlingsraupen. Z. Tierpsychol. **7**, 424 (1950).

Poisson, R., et R. Sellier: Brachyptérisme et actions endocrines chez *Gryllus campestris* L. (Insecte Orthoptère). C. r. Acad. Sci. (Paris) **224**, 1074 (1947).

Possompès, B.: Les glandes endocrines post-cérébrales des Diptères. III. Etude chez la larve de *Tabanus* spec. Bull. Soc. zool. France **73**, 288 (1948).

Possompès, B.: Implantation fractionnée de l'anneau de Weismann chez des larves permanentes de *Calliphora erythrocephala*. C. r. Acad. Sci. (Paris) **230**, 409 (1950).

Possompès, B.: Recherches expérimentales sur le déterminisme de la métamorphose de *Calliphora erythrocephala* Meig., Arch. zool. Exp. et Gen. **89**, 203 (1953).

Rehm, M.: Sekretionsperioden neurosekretorischer Zellen im Gehirn von *Ephestia kühniella*. Z. Naturforsch. **5b**, 167 (1950).

Schaefer, K.: Lage und Sekretion der Drüsennervenzellen von *Nereis diversicolor* Müll. Zool. Anz. **125**, 195 (1939).

Scharrer, B.: Über „Drüsen-Nervenzellen" im Gehirn von *Nereis virens* Sars., Zool. Anz. **113**, 299 (1936).

Scharrer, B.: The relationship between corpora allata and reproductive organs in adult *Leucophaea maderae* (Orthoptera). Endocrinology (Springfield, Ill.) **38**, 35 (1946).

Scharrer, B.: The storage of neurosecretory material in the corpus cardiacum. Anat. Rec. **111**, 554 (1951).

* Scharrer, B.: Hormones in insects. In: The action of hormones in plants and invertebrates (K.V. Thimann edit.). New York: Academic Press 1952.

Scharrer, B.: Über neuroendokrine Vorgänge bei Insekten. Pflügers Arch. **255**, 154 (1952).

Scharrer, B.: Neurosecretion. XI. The effects of nerve section on the intercerebralis-cardiacum-allatum system of the insect *Leucophaea maderae*. Biol. Bull. **102**, 261 (1952).

Scharrer, B., and E. Hadorn: The structur of the Ring-gland (Corpus allatum) in normal and lethal larvae of *Drosophila melanogaster*. Prov. Nat. Acad. Sci. USA **24**, 236 (1938).

Scharrer, E., u. B. Scharrer: Über Drüsen-Nervenzellen und neurosekretorische Organe bei Wirbellosen und Wirbeltieren. Biol. Rev. **12**, 185 (1937).

Scheer, B. T., and M. A. R. Scheer: The hormonal regulation of metabolism in crustaceans. I. Blood sugar in spiny lobsters. Physiol. comp. et oec. (Den Haag) Vol. **2**, 198 (1951).

Scheer, B. T., C. W. Schwabe and M. A. R. Scheer: The hormonal regulation of metabolism in crustaceans. III. Tissue oxidations in crustaceans. Physiol. comp. et oec. (Den Haag) Vol. **2**, 327 (1952).

Scudamore, H. H.: Hormonal regulation of moulting and some related phenomena in the crayfish *Cambarus immunis*. Anat. Rec. **84**, 64 (1942).

Sellier, R.: Transplantation et mue induite d'appendices d'adultes chez *Acheta campestris* L. (Insecte Orthoptère). C. r. Soc. Biol. (Paris) **140**, 965 (1946).

Stehle, G.: Anatomie und Histologie von *Phascolosoma elongatum* Keferstein. Ann. Univ. Sarav. Naturwiss. Abt. **3**, 204 (1953).

* Thimann, K. V.: The action of hormones in plants and invertebrates. New York: Acad. Press Inc., Publishers 1952.

Thomsen, E.: Ringdrüse und Corpus allatum bei Musciden. Naturwiss. **29**, 605 (1941).

Thomsen, E.: An experimental and anatomical study of the corpus allatum in the blowfly *Calliphora erythrocephala* Meig., Vidensk. Meddel. Dansk. Nathist. Foren **106**, 317 (1942).

Thomsen, E.: The gonadotropic hormones in the Diptera. Lecture at the Conf. Sci. Intern. sur l'Endocrinol. des Arthropodes. VI. Paris 1947.

Thomsen, E.: Experimental evidence for the transport of secretory material in the axons of the neurosecretory cells of *Calliphora erythrocephala* Meig., Pubbl. Staz. Zool. Napoli **24**, Suppl. 48 (1954).

* Umeya, Y.: Hormones in Invertebrates. Tokyo: Syokabo and Co. 1953.

Verzár, F.: Lehrbuch der inneren Sekretion. Liestal: Verl. Lüdin 1948.

Vogt, M.: Die Förderung der Eireifung innerhalb heteroplastisch transplantierter Ovarien von *Drosophila* durch gleichzeitige Implantation der arteigenen Ringdrüse. Biol. Zbl. **60**, 479 (1940).

Vogt, M.: Zur hormonalen Bedeutung des *Drosophila*-Gehirnes und seiner hormonal bedingten imaginalen Entwicklung. Naturwiss. **30**, 470 (1942).

Weed (Pfeiffer), I. G.: Removal of corpora allata on egg production in the grasshopper *Melanoplus differentialis*. Proc. Soc. Exper. Biol. a. Med. **34**, 883 (1936).

Welsh, J. H.: The eyestalk hormone and rate of heart beat in Crustaceans. Proc. Nat. Acad. Sci. Washington **23**, 458 (1937).

Welsh, J. H.: The action of eyestalk extract on retinal pigment in the crayfish *Cambarus bartoni*. Biol. Bull. **77**, 119 (1939).

Welsh, J. H.: The sinus-gland and 24 hours cycles of retinal pigment migrating in the crayfish. J. of Exper. Zool. **86**, 35 (1941).

* von der Wense, T.: Wirkungen und Vorkommen von Hormonen bei wirbellosen Tieren. Leipzig 1938.

Weyer, F.: Über drüsenartige Nervenzellen im Gehirn der Honigbiene, *Apis mellifica* L., Zool. Anz. **112**, 137 (1935).

Wigglesworth, V. B.: The physiology of ecdysis in *Rhodnius prolixus* (Hemiptera). II. Factors controlling moulting and metamorphosis. Quart. J. Microsc. Sci. **77**, 191 (1934).

Wigglesworth, V. B.: The Principles of Insect Physiology. 4. Aufl. London 1950.

Wigglesworth, V. B.: The function of the corpus allatum in the growth and reproduction of *Rhodnius prolixus*. Quart. J. Microsc. Sci. **79**, 91 (1936).

Wigglesworth, V. B.: The determination of characters at metamorphosis in *Rhodnius prolixus* (Hemiptera). J. of Exper. Biol. **17**, 201 (1940).

Wigglesworth, V. B.: Neurosecretion and the corpus cardiacum of insects. Pubbl. Staz. Zool. Napoli **24**, Suppl. 41 (1954).

Williams, C. M.: Physiology of insect diapause: the role of the brain in the production and termination of pupal dormancy in the giant silkworm, *Platysamia cecropia*. Biol. Bull. **90**, 234 (1946).

Williams, C. M.: Physiology of insect diapause. II. Interaction between the pupal brain and prothoracic glands in the giant silkworm, *Platysamia cecropia*. Biol. Bull. **93**, 89 (1947).

Williams, C. M.: Biochemical mechanics in insect growth and metamorphosis. Harvard Univ. Federat. Proc. **10**, 546 (1951).

Nachtrag bei der Korrektur: Soeben erschien folgende Arbeit:

BUTENANDT, A., u. P. KARLSON: Über die Isolierung eines Metamorphose-Hormons der Insekten in kristallisierter Form. Z. Naturforsch. **9b**, 389 (1954).

Aus Seidenspinner-Puppen wurde das Hormon der Prothorakaldrüsen in kristallisierter Form gewonnen.

Diskussion.

FELIX (Frankfurt/Main): Ich danke Ihnen vielmals für Ihren schönen Vortrag und möchte gleich die Diskussion eröffnen.

LENDLE (Göttingen): Sie erwähnten, daß Acetylcholin auch bei Wirbellosen weit verbreitet ist. — Wir haben am Gelbrandkäfer (Dytiscus marginalis) die Bauchganglienkette freigelegt und in Ringerlösung arbeiten lassen. Bei lokaler Anwendung des Acetylcholins auf die Ganglienkette haben wir nie eine Wirkung gesehen. Auch Curarin lähmte nicht, Atropin nur in Konzentrationen, die sicher lokalanaesthetisch wirkten. Überträgerstoffe von Hormoncharakter haben wir nicht gefunden. Allerdings ist bei Insekten Esterase histochemisch nachgewiesen worden. Das ist vielleicht doch ein Hinweis darauf, daß Acetylcholin im Gewebe gebildet und verwendet wird.

KOLLER: Daß Sie keine Acetylcholinwirkung bei Dytiscus gesehen haben, entspricht auch den Angaben von BACQ u. a., wonach Acetylcholin bei den *Insekten* eine untergeordnete Rolle spielt, während es bei Krebsen und Mollusken reichlich vorkommt. Doch über seine Bedeutung bei diesen Tiergruppen ist nicht allzuviel bekannt.

SCHAUMANN (Innsbruck): Ich möchte zwei Fragen an Sie stellen: 1. Wird der starke Zuckerstoffwechsel der Bienen durch Hormone reguliert? 2. Kontrollieren bei Meerestieren dieselben Stoffe den Mineralhaushalt wie bei den Säugetieren?

KOLLER: Von einer hormonalen Kontrolle des Kohlenhydratstoffwechsels bei der Honigbiene ist z. Z. noch nichts bekannt. Vielleicht darf ich die den Wasserhaushalt der Bienen betreffenden Versuche, die Dr. ALTMANN z. Z. in meinem Institut durchführt, hier noch etwas genauer schildern. Man entnimmt einer größeren Zahl von Arbeitsbienen, die alle unter genau gleichen Bedingungen gehalten worden waren, die Malpighischen Gefäße. Jede Biene hat ein Büschel von 80—100 rhythmisch beweglicher Gefäße. Die Büschel gibt man einzeln in Glasschälchen, die mit der jeweils gleichen Menge von Ringerlösung + Farbstoff (am besten Kongorot) gefüllt sind. Nun fügt man den einzelnen Schälchen in jeweils gleichen Mengen zu: verdünnte Extrakte aus den Corpora allata, bzw. aus den Corpora cardiaca oder — zur Kontrolle — Ringerlösung. Nach einer bestimmten Zeit werden die Gefäßbüschel den Schälchen entnommen und nach kurzem Abtropfen in frischer Ringerlösung zerkleinert und zentrifugiert. In der überstehenden

Flüssigkeit läßt sich mittels des Pulfrich-Photometers die größte Farbstoffmenge in den Proben nachweisen, denen Corpora allata-Wirkstoff zugegeben worden war. Er beschleunigt also die Stoffadsorption der Malpighischen Gefäße. Der Corpora cardiaca-Stoff scheint auch hier, wie bei meinen Darmbewegungsversuchen (s. Abb. 6), antagonistisch zu wirken.

Nun zur zweiten Frage. So viel ich weiß, ist es noch nicht festgestellt, wie die Stoffe, die bei uns den Mineralhaushalt kontrollieren, auf Meerestiere wirken. Zweifellos sind bei so hochstehenden Wirbellosen, wie den Cephalopoden, derartige Regulationseinrichtungen zu vermuten.

SCHAUMANN (Innsbruck) weist auf die Farbwechselverhältnisse bei Wirbeltieren hin, bei denen pigmentausbreitende und -ballende Hormone vorkommen. Adrenalin wirkt beispielsweise ballend. Wie sind die Verhältnisse bei Wirbellosen? Wirken Augenstielhormone auf Wirbeltiere?

KOLLER: Das Wechselspiel zwischen Farbwechselhormon und Chromatophore ist außerordentlich kompliziert. Bei Krebsen unterscheidet man heute nicht weniger als fünf verschiedene Chromatophorotropine. Es gibt Forscher (FLOREY u. a.), die eine enge Verwandtschaft zwischen dem Intermedin der Wirbeltierhypophyse und dem Augenstielhormon der Krebse annehmen. Übrigens wirken die Augenstielhormone auf die Wirbeltierfarbzellen in einigermaßen sinngerechter Weise (s. KOLLER und MEYER, 1930).

NETTER (Kiel) greift die Frage der Regulierung des Calciumhaushaltes durch Augenstielhormone auf und weist darauf hin, daß hier ja ein phylogenetisch älteres hormonlieferndes Organ vorliege, dessen Inkrete man auf den Mineralhaushalt von Wirbeltieren einwirken lassen sollte.

KOLLER: Decapode Krebse legen kurz vor der Häutung normalerweise die Gastrolithen (Krebssteine) als Kalkreserven an. Durch Implantation von Augenstielen oder durch Injektion von Augenstielhormonen kann man erreichen, daß die Gastrolithen vorzeitig, oft mehrere Wochen vor der zu erwartenden Häutung, gebildet werden.

VOSS (Mannheim): Wir haben vor längerer Zeit aus den Organen wirbelloser Tiere Stoffe extrahieren können, die wie Follikelhormon wirken. Dies würde darauf hindeuten, daß auch derartige Stoffe, die man ja auch bei Pflanzen gefunden hat, ein hohes phylogenetisches Alter haben. Ist inzwischen etwas darüber bekannt geworden, welche Bedeutung follikelhormonartige Stoffe bei Wirbellosen haben?

KOLLER: Meines Wissens hat man u. a. aus dem großen Atlasspinner oestrogene Stoffe gewonnen, aber bis heute noch bei keinem wirbellosen Tier typisch oestrogene Wirkungen beobachtet. Nach MEISENHEIMER dürften bei Insekten die sekundären Geschlechtsmerkmale nicht von Gonadenhormonen abhängen.

MARTIUS (Würzburg): Bei der Vorstellung, daß niedere Tiere, wie z. B *Paramaecien*, Wirkstoffe gewissermaßen „vorausschauend“ produzieren, muß man vorsichtig sein. Acetylcholin braucht z. B. keineswegs nur ein Erregungsüberträger zu sein, sondern könnte auch am Stoffwechsel der Nerven an bestimmten Aufbauvorgängen usw. beteiligt sein.

KOLLER: Es ist gut möglich, daß Acetylcholin auch bei Einzellern eine Bedeutung für die Erregungsleitung, z. B. in den Neuronemen, hat.

AMMON (Saarbrücken/Homburg): Ich möchte Ihnen zwei Fragen vorlegen. 1. Liegen die Verdünnungen von Wirkstoffen, von denen Sie sprachen, etwa in der Größenordnung, wie wir sie beim Austesten von Acetylcholin her kennen (10^{-9}—10^{-12})? 2. Können Sie zum „Königinnenfutter" bei Honigbienen von Ihrem Standpunkt aus etwas sagen?

KOLLER: Zur ersten Frage: Natürlich ist es für uns sehr schwer, genaue Angaben über die Verdünnung eines Wirkstoffes zu machen, da wir ja mit sehr rohen Extrakten arbeiten müssen. WIGGLESWORTH teilte neulich folgendes mit: Wenn man die gesamten Corpora cardiaca eines Insekts als reine Substanz betrachten würde, so hat der von ihm verwendete Extrakt eine Verdünnung von etwa 1:300000. Dabei ist nur ein Bruchteil eines solchen Organs Wirkstoff. — Nun zur zweiten Frage: Zweifellos hat die Art des Futters Einfluß darauf, ob ein befruchtetes Bienenei Arbeitsbiene oder Königin wird. Das Königinnenfutter besteht aus körpereigenen Säften der Arbeitsbienen, denen eine determinierende Substanz beigemischt sein kann.

DIRSCHERL (Bonn): Es sei die Frage des Vorkommens von Follikelhormonen bei Wirbellosen nochmals aufgegriffen. Man muß bedenken, daß es viele Stoffe gibt, Hunderte von Phenolen, die oestrogen wirken können. Es ist also nicht gesagt, daß es sich bei diesen Stoffen im physiologischen Sinn um Oestrogene handelt. Schließlich kennen wir die Beziehung von oestrogenen Stoffen zum Calciumhaushalt. Vielleicht liegt auf diesem Gebiet die physiologische Aufgabe der vermeintlichen Oestrogene bei den Invertebraten.

STAUDINGER (Mannheim): Sind die Corpora allata-Stoffe von Eiweißnatur? Sind sie hitzelabil oder -stabil? Kann man hierüber etwas sagen?

KOLLER: Sowohl die Augenstielhormone wie die Corpora allata-Stoffe sind weitgehend hitzestabil. Man kann sie kochen.

ROKA (Frankfurt/Main): Wir hörten, daß die Augenstielhormone von dunkelgehaltenen Krebsen unwirksam sind. Sind auch die Extrakte der Augenstiele selbst lichtempfindlich?

KOLLER: Man muß zweierlei auseinanderhalten. Bei den Farbwechselversuchen dürfen die Krebse bei Tageslicht sein, wenn sie sich an dunklen Untergrund anpassen sollen. Bei den anderen Versuchsreihen aber, von denen ich sprach, ist völliger Lichtabschluß notwendig, wenn man nachweisen will, daß das Augenstielhormon inaktiv ist bezüglich seiner myotropen Wirkung und seiner Wirkung auf den Wasserhaushalt der Amphibien. Die Photosensibilität der Extrakte selbst ist noch zu prüfen.

LENDLE: Werden im Reich der Wirbellosen Wirkstoffe im Nerven transportiert?

KOLLER: Sowohl für Krebse wie für Insekten (E. THOMSEN) liegen Beobachtungen vor, daß die Neurosekrete tatsächlich in den Axonen transportiert werden. Es dürfte dies auch dem entsprechen, was HILD u. a. bei Wirbeltieren beobachteten.

HAHN (Düsseldorf): Man kann bei Fröschen Ausbreitung und Kontraktion von Pigmenten durch zentral angreifende Pharmaka und Stoffe der Nicotingruppe erzielen. Es ist wohl nicht anzunehmen, daß dies über die Nebenniere läuft.

KOLLER: Sicher ist, daß die Chromatophoren der Amphibien nicht innerviert sind. Es wäre eher daran zu denken, daß bei zentral angreifenden Stoffen der Zwischenlappen der Hypophyse zur Hormonabscheidung angeregt wird.

KÜHNAU (Hamburg): Sie stellten die Existenz eines hormonalen Systems bei den Wirbeltieren als etwas Besonderes heraus und deuteten an, daß nur bei den Insekten etwas Ähnliches vorliege. Das würde voraussetzen, daß auch außerhalb der Wirbeltierreihe Synergismen und Antagonismen vorkämen. Gibt es solche Vorkommnisse außerhalb der Wirbeltierreihe?

KOLLER: Immer wieder möchte ich betonen, daß unsere hormonphysiologischen Kenntnisse im Bereich der Wirbellosen noch sehr unvollständig sind. Hormonaler Synergismus und Antagonismus kommt aber zweifellos vor. So wird z. B. Ausbreitung und Ballung von Pigmenten bei Krebsen von zwei verschiedenen Hormonen gesteuert. Nach Untersuchungen der letzten 3 Jahre scheint es sicher, daß man bei Insekten von einem „geschlossenen Hormonsystem" mit Synergismus und Antagonismus (gegensätzliche myotrope Wirkungen von allata- und cardiaca-Extrakten) und einem übergeordneten Hormonzentrum (Pars intercerebralis des Gehirns) sprechen kann.

RUMMEL (Düsseldorf): Wenn man Fröschen einseitig ein Grenzstrangganglion herausnimmt, dann sieht ein derartig operierter Frosch aus wie ein Bajazzo, der links anders gefärbt ist als rechts. Spricht dies nicht für eine Innervation der Chromatophoren?

KOLLER: Aber es ist tatsächlich bis jetzt nichts von einer Innervation der Amphibienchromatophoren bekannt geworden.

Die Physiologie der Hypophysenvorderlappenhormone
(mit Ausschluß des adrenocorticotropen Hormons).

Von

H. E. Voss (Mannheim)

Aus dem Biologischen Laboratorium der C. F. Boehringer & Soehne GmbH. Mannheim-Waldhof.

Mit 10 Textabbildungen.

Einleitung.

Es ist heute fast auf den Tag 32 Jahre her, daß A. Biedl, einer der Altmeister der Endokrinologie, am 26. April 1922 auf dem Kongreß für Innere Medizin in Wiesbaden sein großes Referat über „Physiologie und Pathologie der Hypophyse" hielt. Nichts kennzeichnet die seit dem erfolgte Ausweitung unserer Kenntnisse über dieses Organ besser, als die Tatsache, daß Biedl damals in seinem vielleicht zweistündigen Vortrag sowohl die Anatomie, Histologie und Entwicklungsgeschichte, als auch die Physiologie der Gesamthypophyse, die Chemie der HVL- und HHL-Extrakte und schließlich in großem Umfang auch die Klinik der Hypophysenerkrankungen behandeln und eine weitgehende Vollständigkeit erreichen konnte, während heute die gleiche Vortragszeit allein für 2 Referate über die Physiologie der HVL-Hormone vorgesehen ist, und ich mir schon jetzt darüber im klaren bin, daß ich für meinen Teil sicher keine Biedlsche Vollständigkeit gewährleisten kann.

Anatomisch-histologische Vorbemerkungen.

Die Hypophyse, an der Basis des Gehirns gelegen und mit ihm durch den sog. Hypophysenstiel verbunden, ist zwar bei den einzelnen Wirbeltierklassen, -ordnungen und -familien unterschiedlich aufgebaut, läßt aber im allgemeinen 3 Hauptteile, die Pars distalis oder glandularis = Hypophysenvorderlappen, die Pars intermedialis oder Zwischenlappen und die Pars nervosa oder

Hypophysenhinterlappen unterscheiden, zu denen noch eine Pars tuberalis jederseits am Hypophysenstiel hinzukommt. Im Hypophysenstiel verlaufen wichtige Gefäß- und Nervenverbindungen

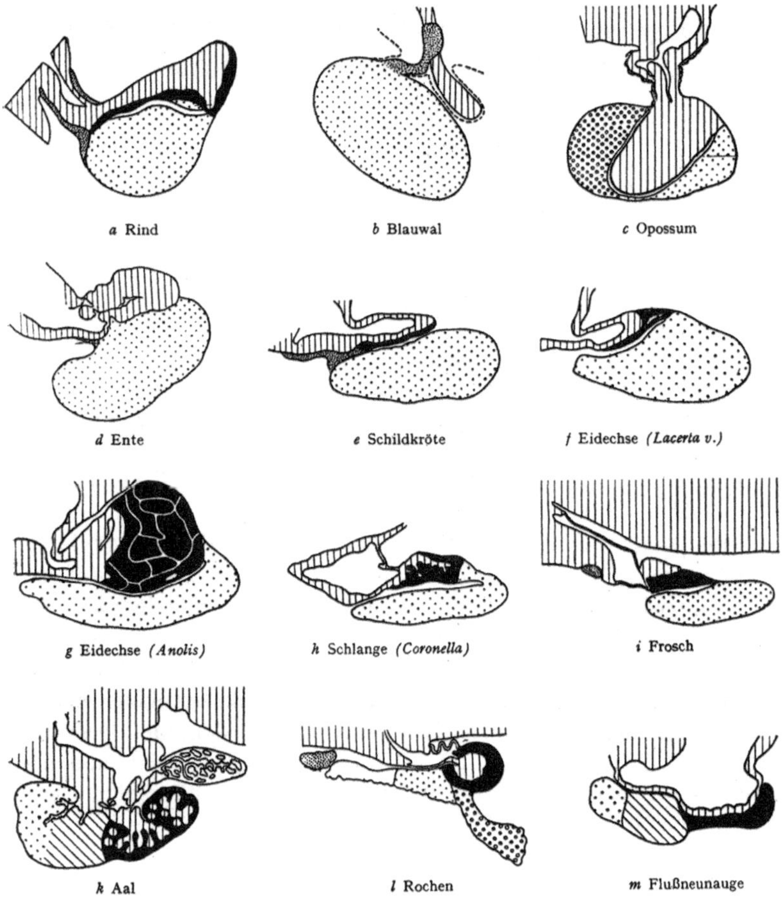

a Rind *b* Blauwal *c* Opossum *d* Ente *e* Schildkröte *f* Eidechse (*Lacerta v.*) *g* Eidechse (*Anolis*) *h* Schlange (*Coronella*) *i* Frosch *k* Aal *l* Rochen *m* Flußneunauge

Abb. 1a—m. Schematische Längsschnitte durch die Pars anterior verschiedener Wirbeltiere. Pars anterior grob punktiert, Pars tuberalis fein punktiert, Pars intermedia schwarz. Hirnteil vertikal, Übergangsteil schräg schraffiert. (Nach ROMEIS in: MÖLLENDORFFS Handbuch.)

vom Zwischenhirn (Hypothalamus) zur Hypophyse. Die topographischen und quantitativen Unterschiede im Aufbau bei verschiedenen Vertretern der Wirbeltiere sind aus Abb. 1 ersichtlich, ebenso wie aus Tab. 1 die unterschiedliche gewichtsmäßige Beteiligung der drei Hauptteile am Gesamtorgan bei einzelnen Säugetierarten.

Tabelle 1. *Gewicht der 3 Hauptteile der Hypophyse bei verschiedenen Säugetieren* (aus von Buddenbrock, 1950, S. 302).

Tierart	Geschlecht	Vorderlappen mg	Mittellappen mg	Hinterlappen mg
Wal		32500		1400
Pferd	männlich (kastriert)	1060		700
	weiblich (trächtig)	1200 bis 1500		560 bis 640
Mensch	männlich	394	10,8	121
	weiblich	503	9,6	104
	weiblich (schwanger)	617	6,5	108
Kaninchen	männlich	13,2	2,6	3,6
	weiblich	18,6	3,3	4,4
Ratte	männlich	6,59	0,54	0,87
	weiblich	11,65	0,45	0,95
	weiblich (trächtig)	11,90	0,49	1,13

Jedem der drei Hauptteile wird die Produktion bzw. Speicherung gewisser Wirkstoffe zugeschrieben. Wir müssen uns hier auf die Hormone des HVL beschränken und unter diesen wiederum auf diejenigen, deren individuelle Existenz als Sekretionsprodukte der HVL-Zellen anzunehmen wir gute Gründe experimenteller, chemischer und klinischer Art besitzen. Danach unterscheiden wir (Tab. 2):

Tabelle 2. *Übersicht der 6 HVL-Hormone.*

Bezeichnung des Hormons		Abkürzung
1. Das Wachstumshormon oder Somatotropin		STH
2. Das die Schilddrüse stimulierende Hormon oder Thyreotropin		TSH
3. Das die Funktion des Corpus luteum im Ovarium und die Milchdrüse stimulierende Hormon, Luteotropin oder Prolaktin	Gonadotropine	LTH
4. Das das Wachstum und die Reifung der Follikel im Ovarium stimulierende Hormon	Gonadotropine	FSH
5. Das die Funktion der interstitiellen (Leydig-) Zellen im Hoden stimulierende Hormon, auch als Luteinisierungshormon bezeichnet	Gonadotropine	ICSH (LH)
6. Das die Nebennierenrinde stimulierende oder adrenocorticotrope Hormon		ACTH

Das an letzter (6.) Stelle genannte adrenocorticotrope Hormon oder ACTH wird seiner großen klinischen Bedeutung wegen in einem gesonderten Vortrag von Herrn Tuchmann-Duplessis besprochen und von mir daher nur insoweit erwähnt werden, als es mit den physiologischen Wirkungen anderer HVL-Hormone interferiert (Abb. 2).

Es hat gewisse gedankliche Schwierigkeiten bereitet, sich vorzustellen, daß alle diese 6 Hormone (und vielleicht noch manche

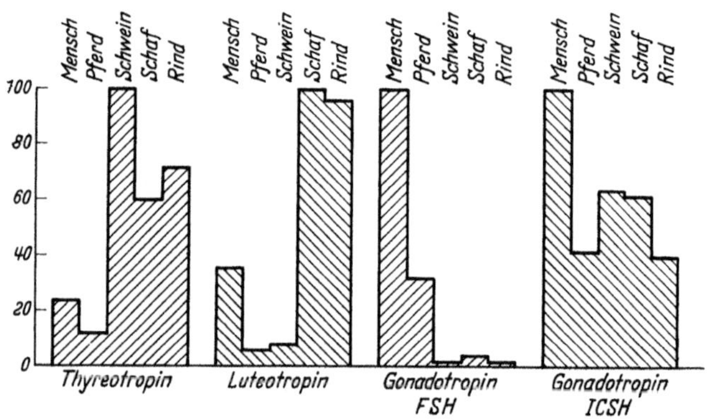

Abb. 2. Unterschiedlicher Gehalt der HVL von Mensch, Pferd, Schwein, Schaf und Rind an den verschiedenen Hormonen; der HVL mit dem jeweils höchsten Gehalt = 100 gesetzt [nach M. R. A. Chance, J. W. Rowlands und F. G. Young, J. of Endocrin. 1, 239 (1939)].

andere, von uns nicht erwähnte) in dem einen kleinen Organ oder vielmehr in seinem kaum ein halbes Gramm schweren Vorderlappen nebeneinander erzeugt werden sollten, wobei der HVL unter gewissen Umständen schon rein quantitativ ganz außerordentlich hohe Leistungen zu vollbringen hat. Ohne auf die geradezu unübersehbaren Untersuchungen einzugehen, die sich mit der Histo- und Cytologie der Hypophyse beschäftigen, sei nur erwähnt, daß wir ganz grob 3 Zellarten unterscheiden können, aus denen der HVL in wechselnder prozentualer Beteiligung aufgebaut ist: einerseits die *chromophilen Zellen*, die acidophil oder basophil sein können, und andererseits die *chromophoben Zellen.* Die von der Mehrzahl der Autoren vertretene Anschauung besagt, daß nur die chromophilen Zellen als Produzenten der HVL-Hormone in Betracht kommen, während die chromophoben Elemente als inaktive Ruhezellen oder als Übergangsstadien, vielleicht auch als histogenetische Reserve für eine Ergänzung der chromophilen Zellbestände aufzufassen sind. Die Meinungen darüber, welche Hormone nun den acidophilen bzw. basophilen Zellen als ihre Sekretionsprodukte zuzuordnen sind, gehen außerordentlich weit auseinander; wenn auch eine solche Zuordnung in Tab. 3 auf Grund des gegenwärtig verfügbaren Materials versucht worden ist, so stellt sie doch sicher noch nicht das letzte Wort der Forschung dar (Tab. 3).

Tabelle 3. *Die Produzenten der Hormone im HVL.*

Hormon	Zellart	Autoren
STH	Acidophile	SMITH u. MACDOWELL (1930) VOSS (1925)
TSH	Basophile	D'ANGELO (1953) VOSS (1954)
LTH	Acidophile	WHITE (1939) VOSS (1954)
FSH	Basophile	DESCLIN (1952) VOSS (1954)
ICSH	Basophile Acidophile (?)	DESCLIN (1952) VOSS (1954)
ACTH	Basophile Acidophile (?)	TUCHMANN-DUPLESSIS (1950) VOSS (1954)

Als Produzent der HVL-Hormone ist — so paradox es auch klingt — außer dem HVL noch ein andres Organ, nämlich die *Placenta* zu nennen. Als erste wurden in menschlicher Placenta 2 Gonadotropine (FSH und LH) (ASCHHEIM, ZONDEK), später LTH (EHRHARDT, LESSMANN; vgl. VOSS, 1941) nachgewiesen, was von NEWTON und RICHARDSON (1941) und neuerdings von CANIVENC (1952) auch für die Rattenplacenta bestätigt wurde. Sehr unsicher sind die Angaben des Schrifttums hinsichtlich des Vorhandenseins von Stoffen mit Wirkung auf Wachstum, Differenzierung und O_2-Verbrauch, also von somatotropem und thyreotropem Hormon in der Placenta (GRIMM, 1952; HESS und HESS, 1952). Dagegen scheint die Placenta sicher ACTH oder ACTH-ähnliche Wirkstoffe zu produzieren (TARANTINO, 1951; OPSAHL, LONG und FRY, 1951; OPSAHL und LONG, 1951; TUCHMANN-DUPLESSIS, MAYER, QUELET und SAHY, 1952; COHEN und KLEINBERG, 1952; DE BRUX und DU BOISTESSELIN, 1953), wenngleich auch negative Befunde vorliegen (BÖE und SALVESEN, 1952). Es darf aber nicht übersehen werden, daß eine chemische Identität der placentaren, „HVL-ähnlichen" ("APL = anterior pituitary like") Wirkstoffe mit den entsprechenden „echten" HVL-Hormonen für die Gonadotropine FSH und LH nicht vorliegt und für die anderen (LTH und ACTH) zum mindesten nicht nachgewiesen ist, wenn auch eine Übereinstimmung der biologischen Wirkungen bei diesen letzten vorhanden zu sein scheint.

Die HVL-Hormone zeichnen sich zum Teil dadurch aus, daß ihre Wirkungen auf gewisse periphere endokrine Drüsen „ausgerichtet" sind: sie werden daher als *trope* Hormone bezeichnet. So sind die Gonadotropine in ihrer Wirkung auf die Gonaden, das Thyreotropin auf die Schilddrüse, das adrenocorticotrope Hormon auf die Nebennierenrinde, das Luteotropin auf die Corpora lutea des Ovariums gerichtet: jede dieser durch die tropen Hormone des HVL stimulierten Drüsen übt ihrerseits einen Einfluß auf die ihr zugeordneten Erfolgsorgane aus, die Gonaden auf die sekundären Geschlechtsorgane, die Corpora lutea auf den Uterus usw. Allein das Wachstumshormon scheint eine Ausnahme von dieser Regel zu bilden, indem es eine *direkte* Wirkung auf die Gewebe des Körpers ausübt, ohne Zwischenschaltung einer peripheren endokrinen Drüse. Ganz abgesehen davon, ob diese Ausnahmestellung des STH tatsächlich besteht oder vielleicht nur eine scheinbare ist (wir werden noch darauf zu sprechen kommen), muß auch noch beachtet werden, daß z. B. das luteotrope Hormon neben seiner Wirkung auf das endokrine Corpus luteum auch eine *direkte* Wirkung auf ein Körperorgan, nämlich auf die Milchdrüse der Säugetiere bzw. auf die Kropfmilchdrüse der Vögel (Tauben) ausübt. Auch das FSH hat eine direkte Wirkung auf die Entwicklung der Spermatogenese in den Samenkanälchen des Hodens, von denen wir wohl mit Recht annehmen, daß sie keinerlei endokrine Funktion ausüben. So ist also das trope Prinzip der HVL-Hormone durchaus nicht von allgemeiner Gültigkeit und kann als Charakteristicum nur eines Teiles der HVL-Hormone betrachtet werden.

1. Das Wachstumshormon, Somatotropin (STH).

Die *Wachstumswirkungen*, die diesem Hormon seinen Namen gegeben haben, betreffen den *Gesamtorganismus*, sein Skelet, die Muskulatur, die Haut, die inneren Organe, und nur die endokrinen Drüsen bleiben vom STH unbeeinflußt, so daß man in Versuchen am infantilen Tier bei künstlicher Zufuhr von STH im Endeffekt schließlich „im Körper des Giganten unreife Nebennieren, Keimdrüsen und Schilddrüsen findet“ (LI, 1950): ob es sich hierbei um eine aktive Hemmung in der Entwicklung dieser Organe handelt, bleibt zu entscheiden. Auf diesem allgemeinen Wachstum des Körpers, des „Soma“, das mit einer Gewichtszunahme verbunden

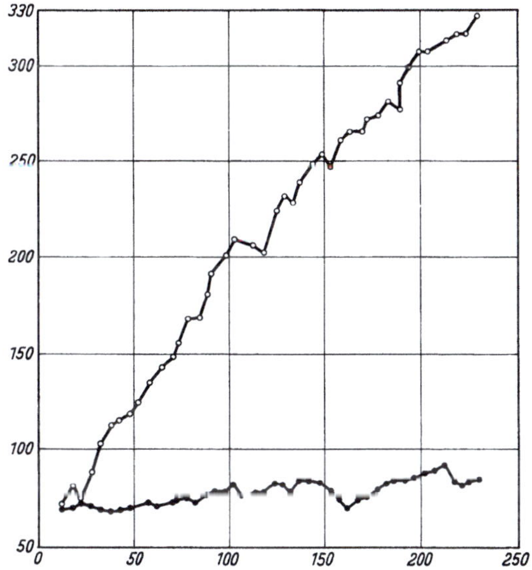

Abb. 3. Wachstumskurven hypophysektomierter Rattenweibchen. Das Versuchstier erhielt 0,10 mg STH tgl. in den ersten 140 Tagen, dann wurde die tgl. Dosis auf 0,2 mg erhöht; keine Injektionen an den Sonntagen. Das Kontrolltier erhielt keine Injektionen. (Nach LI und EVANS in Pincus und Thimann, Bd. I, S. 682.)

ist, beruht einer der ältesten und zuverlässigsten Tests für das STH, der an infantilen hypophysektomierten Rattenweibchen ausgeführt wird und eine Wachstumskurve ergibt, wie sie in Abb. 3 wiedergegeben ist. Die äußere Auswirkung einer Behandlung mit STH beim normalen Tier zeigt sich am Dachshund besonders deutlich: jedem, der akromegale menschliche Patienten gesehen hat, wird das Gemeinsame im Erscheinungsbild auffallen (vgl. dazu die Bilder in der Monographie von H. M. EVANS und Mitarbeitern, 1933). Im Gegensatz zum Thyroxin, welches ja ebenfalls eine Wachstumswirkung hat, aber zu einem frühzeitigen Schluß der Epiphysenfugen führt, hat STH diese Reifungswirkung nicht, aber es hemmt auch nicht den Epiphysenschluß, der unmittelbar bevorsteht (SIMPSON, ASLING und EVANS, 1950).

Die massiven Substanzanlagerungen, die diesen Gewichtszunahmen zugrunde liegen, sind auf eine *Beeinflussung des Stoffwechsels* zurückzuführen, die sich im Eiweiß-, Fett- und Kohlenhydrat-Metabolismus auswirkt. Die Analyse der *Körperzusammensetzung* von mit relativ unreinen STH-Zubereitungen behandelten

Tabelle 4. *Zusammensetzung der Haut von Ratten pro 100 g.*

Tiergruppe	Fett g	Eiweiß g	Wasser g
Kontrolltiere .	24,3	24,3	47,1
STH-Tiere . . .	11,6	29,2	57,2

Tieren hatte schon früh (LEE und SHAFFER, 1934) die grundlegende Tatsache aufgedeckt, daß eine Zunahme des Eiweiß- und Wassergehalts und eine Abnahme des Fettgehalts eintritt, und LI und EVANS (1948) kamen mit reinsten Präparaten von STH zur gleichen Feststellung (Tab. 4), so daß an dem echten Wachstumscharakter der Körpergewichtszunahme nicht zu zweifeln ist. Das wird ferner durch die Feststellung der *Stickstoff-Retention* unter dem Einfluß von STH erhärtet, die, wie sich aus Abb. 4 ergibt, der Gewichtszunahme weitgehend parallel verläuft. Auch andere Hormone des HVL dürften allerdings daran beteiligt sein, aber in geringerem Grade als das STH, wie aus Tab. 5 zu ersehen ist.

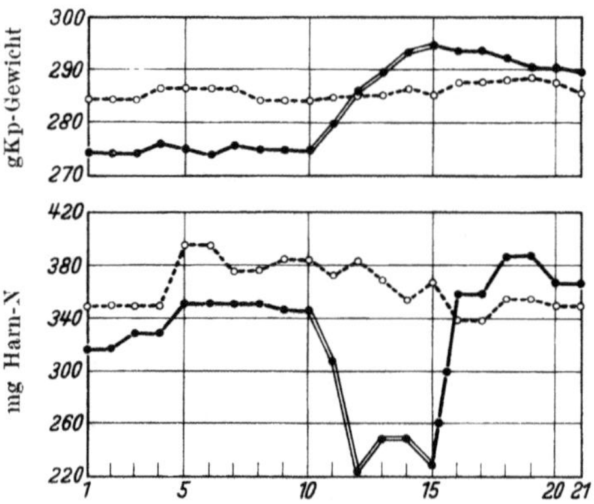

Abb. 4. Die Wirkung von STH-Injektionen (10. bis 15. Tag) auf das Körpergewicht (oben) und die Stickstoff-Ausscheidung im Harn (unten) bei erwachsenen Rattenweibchen. ---- Kontrolltiere. [Nach LI und EVANS in Rec. Progr. Hormone Res. 3, 14 (1948).]

In der gleichen Richtung einer echten Eiweiß-Neubildung deuten auch die Befunde von LI und EVANS (l.c.), daß das STH zu einem *Abfall der Aminosäuren im Blut* führt, was von späteren Forschern mehrfach bestätigt werden konnte. Allerdings machten

LUCK, GRIFFIN, BUER und WILSON (1954) die Beobachtung, daß diese Abnahme wohl bei normalen und bei hypophysektomierten Ratten erfolgt, aber nicht bei adrenalektomierten: danach müßte man annehmen, daß STH über die Nebennierenrinde oder über das Nebennierenmark (Adrenalin!) wirke, was aber für die durch STH bewirkte Retention von Na, K und Cl jedenfalls nicht gilt, da diese auch bei adrenalektomierten Tieren unter dem Einfluß von STH

Tabelle 5. *Abnahme der N-Ausscheidung im Harn bei Ratten bei Verabreichung von:*

Hormon	Gesamtdosis in mg	Prozentuale Abnahme von Harn-N %	
STH	1,0	24	bei normalen Ratten
TSH	1,0	17	
LTH	1,0	15	
ICSH	1,0	5,0	
STH	0,4/100 g	22	bei thyreo-ektom. Ratten
TSH	0,4/100 g	15	

erfolgt (STEIN, BENNETT, BATTS und LI, 1952). WIJNANS und DE JONGH (1951) finden, daß diese Senkung des Aminosäurenspiegels im Blut nur unter der Voraussetzung der Gegenwart kleiner, physiologischer Insulinmengen im Körper vor sich geht. RUSSELL (1952) präzisierte die Rolle des STH im Aminosäurenstoffwechsel dahingehend, daß es nicht etwa primär am Abbau der Aminosäuren beteiligt wäre, sondern daß es in eine noch zu bestimmende Phase der Synthese von Protein aus Aminosäuren eingeschaltet sei. Es ist erwähnenswert, daß eine Senkung des Aminosäurenspiegels im Blut um 21—47% *auch beim Menschen* beobachtet wurde, wenn STH (1—3 mg/kg) und Aminosäurenlösung gleichzeitig intravenös injiziert wurden (CARBALLEIRA, ELRICK, MACKENZIE und BROWNE, 1953); eine Retention von N bei einem Patienten beobachteten KINSELL, MARGEN, PARTRIDGE, BALCH, MICHAELS und JAHN (1954): diese Feststellungen sind wichtig, da sonst Wirkungen des STH beim Menschen vermißt wurden. Sehr interessant ist es, daß die Eiweißzunahme in der Muskulatur offenbar durchaus nicht gleichmäßig ist, sondern daß gewisse Muskelgruppen unter dem Einfluß von STH bevorzugt Substanz anlagern; die gleichen Muskeln nehmen im Hungerzustand am ehesten an Protein ab, so daß sie anscheinend über ein

Protein von größerer Labilität verfügen, das je nach Bedarf rasch an- und abgebaut werden kann (Greenbaum und Young, 1953). Auffallenderweise sind die Muskeln einer mit STH behandelten Ratte trotz des Wachstums nicht kräftiger als diejenigen der normalen Kontrollratte (Bigland und Jehring, 1951), was zur Annahme drängt, daß das unter dem Einfluß von STH neugebildete Protein des Muskels nicht identisch ist mit dem normalen Muskelprotein, was durch die Feststellung einer Abnahme des myofibrillären Proteins noch an Wahrscheinlichkeit gewinnt (Hume, 1952).

In engstem Zusammenhang mit der Beeinflussung des Eiweißstoffwechsels durch STH steht diejenige des *Fettstoffwechsels*, die sich in einer Verarmung des Gesamtkörpers an Fett äußert. Offenbar findet zunächst eine Mobilisierung der Fettdepots zugunsten der Leber und anschließend hier eine Zerlegung der Fettmoleküle in einfache Kohlenstoffskeletverbindungen statt, die zum Aufbau von Eiweiß benutzt werden oder auch einer Oxydation zur Energiegewinnung anheimfallen. Die Wirksamkeit der Fettsäurenoxydasen der Leber fanden Greenbaum und McLean (1953) zunächst während der Periode der raschen Fettmobilisierung bis zu 6 Std. nach der STH-Verabreichung gehemmt, dann kam es zu einer starken Steigerung der Aktivität, die bis zu 24 Std. nach der Injektion anhielt und nach etwa 38 Std. die Norm wieder erreichte. Aus quantitativen Überlegungen heraus kommen diese Forscher zum Schluß, daß die Leber allein für die Fettoxydation nicht ausreichen kann und daß das STH auch die extrahepatische Fettausnutzung steigern muß. In Bestätigung früherer Versuche von Bahner (1952) fanden sie, daß die STH-Behandlung zu einer ausgesprochenen Ketonämie bei normalen Ratten führt; diese ketogene Wirkung des STH scheint nach neuesten Untersuchungen von Volk und Lazarus (1953) von der Stickstoff-retinierenden Wirkung unabhängig zu sein, denn sie ist nur bei normalen Ratten vorhanden, nicht aber bei adrenalektomierten oder bei phlorizinvergifteten Ratten; danach wäre die ketogene Wirkung von der Gegenwart der Nebennieren abhängig (vgl. dazu auch die oben zitierten Versuche von Luck und Mitarbeitern über die Nebennieren-Abhängigkeit der Aminosäuren-Wirkung von STH, s. S. 55). Greenbaum (1953) hat in einer weiteren Arbeit darauf aufmerksam gemacht, daß das Wachstum von Ratten unter dem Einfluß von

STH nur so lange weitergeht, als labile Fettdepots im Körper vorhanden sind, die das Eiweiß der Nahrung zu Aufbauzwecken sparen lassen: sobald der Fettgehalt des Körpers infolge beschränkter Nahrungsaufnahme auf die Hälfte der Norm zurückgegangen ist, kommt es zum Wachstums-Stop, trotz Weitergabe von STH.

Die Beeinflussung des *Kohlenhydratstoffwechsels* durch die Hypophyse ist seit den grundlegenden Arbeiten von HOUSSAY und Mitarbeitern über die Erzeugung eines Diabetes mellitus durch HVL-Extrakte bzw. über die Besserung eines bestehenden Diabetes pankreatischer Herkunft durch Entfernung der Hypophyse bekannt. Die bereits früh geäußerte Vermutung, daß diese „diabetogene" Wirkung des HVL an das Wachstumshormon gebunden sei, konnte in den letzten Jahren dank der Herstellung hochgereinigter Zubereitungen von STH außerordentlich wahrscheinlich gemacht werden. Die von RABEN und WESTERMEYER (1952) neuerdings behauptete Trennung der diabetogenen Wirkung des HVL von seiner Wachstumswirkung auf chemischem Wege hat sich nicht aufrechterhalten lassen, wie von RABEN in der Diskussion zum Vortrag von YOUNG (1953) zugegeben wurde. Das STH hat also eine dem Insulin entgegengesetzte hyperglykämisierende Wirkung; es fragt sich nur, wie diese Wirkung zustande kommt. Offenbar müssen wir zwischen *pankreatischen und extrapankreatischen Wirkungen des STH* unterscheiden. Die letzten sind durch die erwähnten Versuche von HOUSSAY u. a. über die Erzeugung von Diabetes auch bei vollkommen pankreaslosen Tieren durch HVL-Extrakte erwiesen und dürften im wesentlichen sich als Hemmung des Zuckerverbrauches im Leber- und Muskelstoffwechsel und vielleicht auch der Gluconeogenese abspielen. Was nun die pankreatischen Wirkungen des STH bei normalen oder bei nur partiell pankreatektomierten Tieren anbetrifft, so ist es noch durchaus ungeklärt, inwieweit auch hier im Endeffekt die erwähnten extrapankreatischen Wirkungen eine Rolle spielen. Eine Reihe von Beobachtungen spricht dafür, daß das STH die β-Zellen des endokrinen Pankreas zu einer erhöhten Insulinproduktion veranlaßt, die schließlich zu einer Erschöpfung des Inselapparats und damit zu einem Zustand führt, der dem des pankreaslosen Tieres zu vergleichen ist (insulinempfindlicher, metahypophysärer permanenter Diabetes). Dem stehen andere Versuche gegenüber, in denen am isolierten durchströmten Pankreas unter dem Einfluß von STH eine primäre Hemmung der Insulinproduktion beobachtet wurde, doch scheint es nicht ausgeschlossen zu sein, daß dieses gegenteilige Ergebnis auf die Versuchsanordnung am *isolierten* Pankreas zurückzuführen ist, die grundsätzlich andere und mit den normalen Verhältnissen nicht vergleichbare Versuchsbedingungen schafft. Andere Versuche deuten auf die Möglichkeit hin, daß das STH die α-Zellen der LANGERHANSschen Inseln des Pankreas zur erhöhten Abgabe eines hyperglykämisierenden Faktors, des Glucagon, veranlaßt. Aber auch diese Erklärung des hypophysären Diabetes stößt auf Schwierigkeiten (näheres darüber bei VOSS, 1951, 1952).

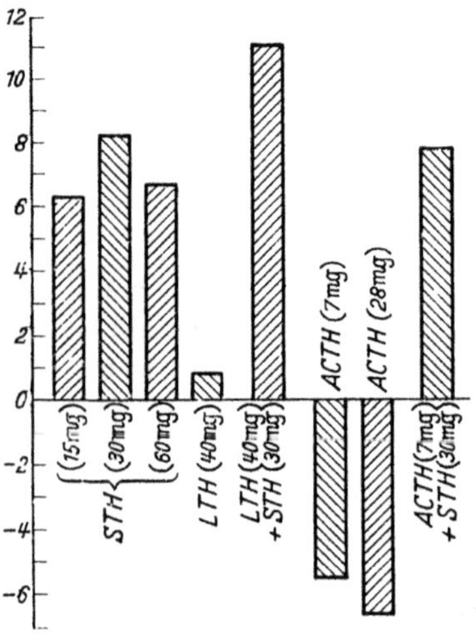

Abb. 5. Der Einfluß einer einmaligen Injektion von HVL-Hormonen auf die Milchleistung bei Kühen mit abnehmender Milchproduktion. Ordinate: Netto-Veränderung (in positiver bzw. negativer Richtung) des Melkergebnisses in Prozenten des Ergebnisses der Vorperiode. Nach F. G. YOUNG 1953.

Injiziert man Kühen, deren Milchproduktion im Abnehmen begriffen ist, gewisse hypophysäre Hormonzubereitungen, so kann man nicht nur die weitere Abnahme der täglichen Milchmenge verhindern, sondern sogar eine erhebliche Zunahme erreichen (Abb. 5): diese „galaktopoietische Wirkung" ist dem Prolaktin (LTH) in geringem, dem STH in bedeutend höherem Grade eigen und am stärksten wirkt eine Kombination dieser beiden Wirkstoffe; COTES, REID, YOUNG und FOLLEY (1949) haben darauf aufmerksam gemacht, daß es sich sowohl beim Wachstum, als auch bei Schwangerschaft und Laktation, also bei Zuständen, die vor der diabetogenen Wirksamkeit des STH schützen, stets um Prozesse handelt, bei denen Kohlenhydrate und Eiweiß vor der normalen Oxydation bewahrt und zum Aufbau neuer Gewebe oder Gewebsprodukte (Milch) ausgenutzt werden. Offenbar hängt aber diese Ausnutzung der Metaboliten von dem Vorhandensein von Extra-Insulin aus dem Pankreas ab; fehlt dieses, so kommt es zur unphysiologischen diabetogenen Wirkung des STH (YOUNG).

Bevor wir die Ausführungen über STH abschließen, sei noch einer Mitteilung gedacht, die mir vor wenigen Wochen von dem japanischen Pharmakologen SHIBATA zuging. In seinen Untersuchungen, die noch unveröffentlicht sind und deren Erwähnung auf unserem Symposion mir von Herrn SHIBATA ausdrücklich gestattet wurde, sucht er den Beweis zu führen, daß das STH seine

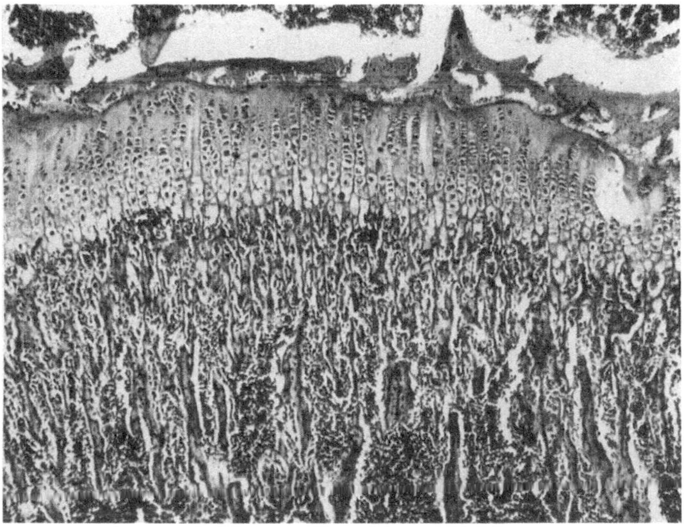

Abb. 6.

Wirkung auf die Körpergewichtszunahme, das Skeletwachstum, die Proliferation mesenchymaler Gewebe, auf den Eiweiß- und Wasserstoffwechsel usw. nicht direkt ausübt, sondern *über die endokrine Tätigkeit der Speicheldrüsen*, der Ohrspeichel- und der Unterkieferspeicheldrüse. Als Versuchstiere dienten ihm infantile Ratten, die entweder hypophysektomiert wurden oder denen die Speicheldrüsen entfernt wurden oder die beiden Operationen zugleich unterworfen wurden. Aus den Speicheldrüsen konnten andere japanische Forscher einen Stoff darstellen, den sie „Parotin" nennen und der nach ihrer Ansicht der eigentliche Wirkstoff ist, der unter dem Einfluß des STH sezerniert wird und die bisher dem STH zugeschriebenen Wirkungen ausübt. Ich demonstriere Ihnen einige Photos von SHIBATA, welche am Unterschenkelknochen, also an einem der exaktesten Tests für STH, folgendes zeigen (Abb. 6—9):

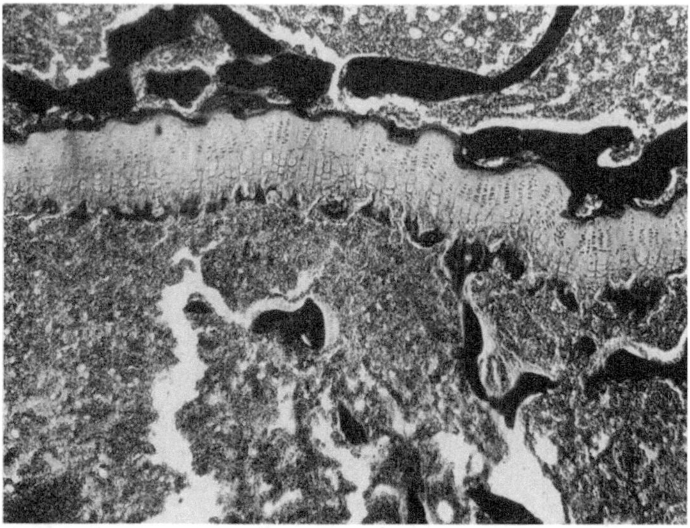

Abb. 7.

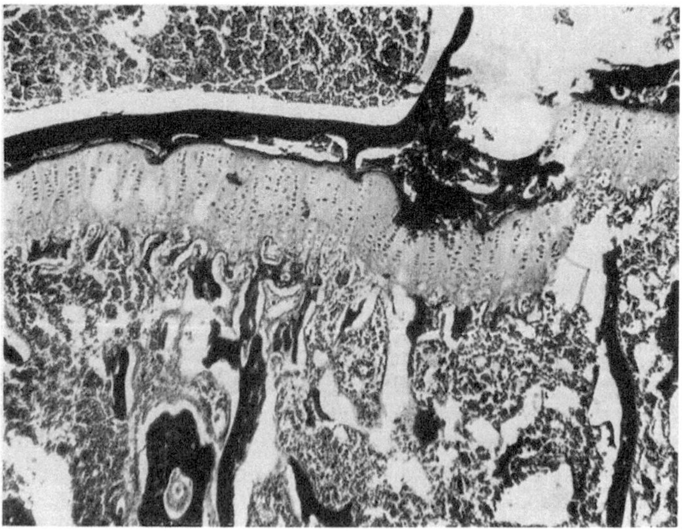

Abb. 8.

Im Verein mit den übrigen Daten der Mitteilung hinsichtlich der Wirkung der Hypophysektomie auf die Speicheldrüsen, der Wirkung von STH und „Parotin“ auf die Körpergewichtszunahme bei Ratten ohne Speicheldrüsen und bei Ratten ohne Hypophyse und ohne Speicheldrüsen läßt sich eine gewisse Berechtigung der SHIBATAschen Auffassung, daß die Wirkung von STH an die

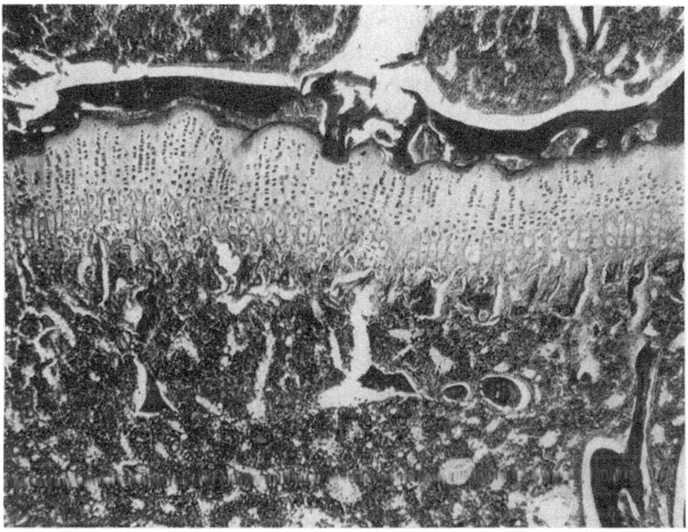

Abb. 9.

Abb. 6—9. Längsschnitte durch die proximale Tibia-Knorpelzone infantiler Ratten: Abb. 6 normale Ratte; Abb. 7 hypophysektomierte Ratte, mit deutlich verschmälerter Knorpelzone; Abb. 8 hypophysektomierte und ptyalektomierte Ratte die mit STH (0,5 mg tgl., 7 Tage lang) behandelt wurde und *keine* deutliche Veränderung gegenüber der unbehandelten Kontrollratte (Abb. 7) zeigt; Abb. 9 hypophysektomierte und ptyalektomierte Ratte, die mit „Parotin“ (0,1 mg/100 g tgl., 7 Tage lang) behandelt wurde und eine Annäherung an die Norm zeigt.

Gegenwart der Speicheldrüsen gebunden ist, nicht leugnen. Über das „Parotin“ der Speicheldrüsen, das bereits als Präparat gegen Arthritis deformans, Spondylitis deformans und Chondrodystrophie in Japan im Handel ist, sind noch keine Arbeiten erschienen.

Ich glaubte, diese neueste Entwicklung auf dem Gebiet des STH Ihnen nicht vorenthalten zu sollen, wenn ich sie auch mit aller Reserve und Kritik betrachtet sehen möchte.

2. Das Thyreotropin (TSH).

Die Existenz eines die Schilddrüse stimulierenden Thyreotropins des HVL wurde bereits frühzeitig durch Exstirpation der Hypophyse an Fröschen, später an Vögeln und zahlreichen Säugerarten wahrscheinlich gemacht. Als Folge der Hypophysenentfernung beobachtet man atrophische Schilddrüsenveränderungen, die sich in einer Abplattung des Follikelepithels, Verdünnung der Follikelwände, Eindickung des Kolloids und in einer Gewichtsabnahme des Gesamtorgans äußern. Umgekehrt führt die Zufuhr von sog. „Gesamtextrakten" aus dem HVL oder von gereinigten TSH-Fraktionen zu einer Hypertrophie der ruhenden Schilddrüse z. B. beim infantilen Meerschweinchen, die je nach der Dosis bis zu 50 und 100% der Norm in 48 Std. erreichen kann, zu einem Schwinden oder einer Verflüssigung des Kolloids, zu einer Hypertrophie des nun kubisch oder zylindrisch werdenden Epithels der Follikel, zu einer starken Durchblutung der Drüse und zu zahlreichen Zellteilungen im Epithel, deren bis zu 40000 gezählt wurden. Die morphologischen Beeinflussungen der Schilddrüse sind von allen Anzeichen einer Unterfunktion nach Hypophysektomie bzw. einer Aufnahme der Vollfunktion bei Zufuhr von TSH begleitet. Wenn die TSH-Gaben fortgesetzt oder erhöht werden, ist die Normalisierung des Grundumsatzes von einer Schilddrüsenhyperfunktion gefolgt, mit Abmagerung der Versuchstiere, Beschleunigung des Herzschlages usw.; mit Hilfe von radioaktivem Jod^{131} konnte eine ausgesprochene Zunahme der Jodspeicherung in der Schilddrüse nachgewiesen werden.

Die *Produktion von TSH im HVL* wird durch einen *erhöhten* Gehalt an Thyroxin im strömenden Blut und an anderen ihm nahestehenden jodhaltigen Verbindungen, aber auch durch kleine Mengen anorganischen Jods gehemmt; im Gegensatz dazu fördert ein *geringer* Jodgehalt des Blutes die Bildung und Abgabe von TSH. Aber diese reziproke Beeinflussung Thyreotropin $\rightleftharpoons$ Thyroxin dürfte nicht so einfach zu fassen sein, wie man das bisher gedacht hat, vor allem weil die Wahrscheinlichkeit zunimmt, daß wir es im HVL nicht mit einem einzigen thyreotropen Wirkstoff zu tun haben, sondern daß es sich um verschiedene Thyreotropine handelt, einen Stoffwechselfaktor*, einen Wachstumsfaktor und neuerdings

* Iversen und Asloe-Hansen (1952) haben auf die Gegenwart eines fettmobilisierenden Faktors im TSH hingewiesen, der durch Thyroxin

auch um eine von ihnen durch Trichloressigsäure abtrennbare „Exophthalmus produzierende Substanz“ (EPS) des HVL (DOBYNS und STEELMAN, 1953): ob die Produktion jedes dieser Faktoren in gleicher Weise und in gleichem Grade vom Thyroxingehalt des Blutes abhängt, ist gänzlich unbekannt.

Ungeklärt sind auch die quantitativen Beziehungen zwischen TSH-Produktion und Sexualhormonen, vor allem den Oestrogenen: es scheint, daß physiologische Dosen von Oestradiol die TSH-Produktion keinesfalls hemmen, sondern eher verstärken, wobei aber der Begriff der „physiologischen Dosen“ je nach der Tierart und je nach dem physiologischen Zustand des Tieres (Geschlecht, Schwangerschaft, Lactation) schwanken dürfte.

Das im HVL produzierte TSH kann *im Blut* nachgewiesen werden, sowohl bei Normalpersonen als auch in erhöhtem Grade beim Hyperthyreotiker mit Exophthalmus.

Schon LOESER (1934) hatte feststellen können, daß exogenes, intravenös injiziertes TSH sehr rasch (in 60 min) aus dem Blut des normalen Versuchstieres verschwindet; dagegen findet man beim thyreoektomierten Kaninchen noch 4 Std. nach der Injektion eine starke TSH-Wirkung im Blut. Auch bei hypophysektomierten Tieren kann man noch nach 24 Std. TSH im Blut nachweisen, wenn man es intravenös injiziert. Dieses abweichende Verhalten des TSH im Blut der schilddrüsenlosen oder hypophysenlosen Tiere wird verständlich, wenn wir erfahren, daß die *Inaktivierung des TSH in der tätigen Schilddrüse* erfolgt: beim Fehlen der Schilddrüse oder ihrer Stillegung durch die Hypophysektomie bleibt die Inaktivierung aus und das TSH ist im Blut über längere Zeit nachweisbar.

Trotz dieser physiologischen Inaktivierung des TSH nach Erfüllung seiner katalytischen Wirkung in der Schilddrüse (J. KRACHT, 1952) entgeht offenbar auch normalerweise ein Teil des TSH dieser Inaktivierung und wird *im Harn ausgeschieden.* Während aber bei Normalpersonen der Gehalt des Harnes an TSH

---

spezifisch paralysiert werden kann und der direkt, ohne Vermittlung der Schilddrüse, im Gewebe wirkt: unter seinem Einfluß tritt anstelle des mobilisierten Fetts eine mucinöse, hyaluronidase-empfindliche Substanz auf, die großes Wasserbindungsvermögen aufweist und damit die Vortreibung der Bulbi beim Exophthalmus verursacht; ob sie mit der EPS von DOBYNS (s. u.) identisch ist, ist unbekannt.

immer sehr gering ist und häufig an der Grenze der Nachweisbarkeit oder darunter liegt, findet man beim malignen Exophthalmus fast ausnahmslos eine stark positive Reaktion auf TSH im Harn.

3. Das Luteotropin (LTH, Prolaktin).

Kein andres HVL-Hormon weist eine solche verwirrende Vielheit von Bezeichnungen auf wie das Luteotropin, auch Mammotropin, Prolaktin, lactogenes Hormon oder Gonadotropin III genannt. Je nach dem, welche physiologische Eigenschaft dieses Wirkstoffes dem namengebenden Forscher am wichtigsten erschien, wurde der Name nach der Wirkung geprägt, und es bleibt auch heute noch der wissenschaftlichen Überzeugung des einzelnen Forschers überlassen, welche physiologische Eigenschaft er in den Vordergrund rücken will und wie er dementsprechend dieses Hormon bezeichnet. Da mir die luteotrope Wirkung von allgemeinen Gesichtspunkten aus am wesentlichsten erscheint, habe ich mich für den Namen „Luteotropin" entschieden; näheres über diese Wirkung wird weiter unten beschrieben.

Aus praktischen Gründen besprechen wir zunächst die physiologischen *Wirkungen des LTH an niederen Wirbeltieren einschließlich der Vögel*, getrennt von denjenigen am Säugetier, weil *jene* zu seiner Isolierung führten und auch heute noch als Grundlage des verbreitetsten Testverfahrens für LTH stark im Vordergrund des Interesses stehen.

Es handelt sich um die Wirkung auf die *Kropfmilchdrüsen der Tauben*, die sich während der Brutzeit bei beiden Eltern stark entwickeln und nach dem Schlüpfen der Jungen aus den Eiern die sog. Kropfmilch liefern, mit der die Taubeneltern ihre Jungen füttern. Außerhalb der Brutzeit sind diese seitlichen Taschen des Kropfes durchscheinend und dünn wie die übrige Kropfhaut auch. Durch die Zufuhr von LTH kann man die Kropfdrüsen jederzeit zur Entwicklung bringen, auch bei der hypophysektomierten Taube. Diese Kropfdrüsenreaktion läßt sich sehr schön quantitativ ausbauen und dient dann als Grundlage verläßlicher und reproduzierbarer Auswertungsverfahren, wobei ein Internationales Standardpräparat als Vergleichs- und Bezugspräparat benutzt wird.

Das LTH übt eine ausgesprochene *Hemmungswirkung auf die Gonaden* bei beiden Geschlechtern der Taube aus, wodurch während der Brutzeit die weitere Fortpflanzungstätigkeit unterbunden wird. Ein besonderes Interesse verdient die Fähigkeit des LTH, bei Hühnervögeln die *Brütigkeit* auszulösen, d. h. das Brüten und die nachfolgende Sorge um die Jungen nach dem Schlüpfen. Diese Reaktion läßt sich durch exogene Zufuhr von LTH nicht nur bei Hennen, sondern bis zu einem gewissen Grade auch bei Hähnen auslösen, wobei die Stärke der mütterlichen Instinkte in offenbarer Abhängigkeit von der LTH-Dosis steht. Brut- und Mutterinstinkte lassen sich mit LTH auch bei gewissen Fischen hervorrufen und anscheinend, wie gleich hier bemerkt sei, auch bei manchen Säugerarten, z. B. bei der Ratte, nicht aber bei der Maus, wie Herr KOLLER das vor kurzem zeigen konnte. Bei Amphibien konnte eine ausgesprochene Wachstumswirkung am Ovidukt nachgewiesen werden (HOUSSAY, 1952), ferner bei einem Molch (Triturus) die Beschleunigung des Übergangs vom Landleben zum Wasseraufenthalt (CHADWICK, 1941).

Wenn wir nun zu den *Wirkungen des LTH bei Säugern* übergehen, so muß hervorgehoben werden, daß die *Stoffwechselwirkungen*, die bei Vögeln zwar beschrieben sind, aber, wie mir scheint, sehr der Bestätigung bedürfen, bei Säugern noch bedeutend fraglicher sind; auch die neuerdings (DE BODO und SINKOFF, 1953) behauptete Anti-Insulinwirkung, d. h. die Herabsetzung der gesteigerten Reaktion auf Insulin beim hypophysektomierten Hund gehört wohl hierher.

Dagegen ist die *luteotrope Wirkung* des LTH an der Ratte in verschiedenen Untersuchungsreihen und mit verschiedenen Methoden nachgewiesen worden: es handelt sich hierbei um die Fähigkeit des LTH, bestimmte natürliche oder experimentell erzeugte Corpora lutea des Ovariums, die an sich funktionell unwirksam sind, zu voll funktionierenden Gelbkörpern umzuwandeln. Es ist aber bisher nur bei der Ratte gelungen, diese für die Biologie des Ovariums sehr wichtige Eigenschaft des LTH nachzuweisen, nicht aber beim Kaninchen. Wohl aber hat man verschiedene Hinweise darauf, daß *auch bei der Frau* die luteotrope Wirkung des LTH von Bedeutung ist: so findet man in der Luteinphase des Cyclus eine erhöhte Ausscheidung von LTH im Harn und andererseits besonders niedrige Ausscheidungswerte bei Frauen mit Uterusgeschwülsten, die mit einer Insuffizienz der Corpora lutea in ursächlichem Zusammenhang zu stehen scheinen.

Die wichtige Rolle, die das LTH bei der *Lactation* der Säugetiere spielt und die ihm die Bezeichnungen „Prolaktin“, lactogenes Hormon und Mammotropin eingetragen hat, ist offenbar von zweierlei Art; einerseits greift das LTH als *histiotroper Wirkstoff* in die Regulierung des Aufbaues der Mamma ein, indem es die Proliferation des milchsezernierenden Epithels durch Auslösung zahlreicher Zellteilungen bewirkt und so zum Aufbau des sezernierenden Organs führt; und andererseits wirkt es als *chemischer Katalysator*, indem es in die chemischen Vorgänge bei der Milchbildung eingreift. Die histiotrope LTH-Wirkung wird durch das Ergebnis eines Versuches besonders schön illustriert, bei dem eine LTH-Lösung in einen Milchgang des Kaninchens injiziert wurde und die Entwicklung nur des zu diesem Milchgang gehörenden Milchdrüsenlappens und Milchbildung in ihm auslöste. Die Beeinflussung der chemischen Vorgänge der Milchbildung geht aus der den Arbeiten des FOLLEYschen Instituts entnommenen Abb. 10 hervor, welche die Steigerung des Gasaustausches in der Milchdrüse in vitro unter dem Einfluß von LTH zeigt.

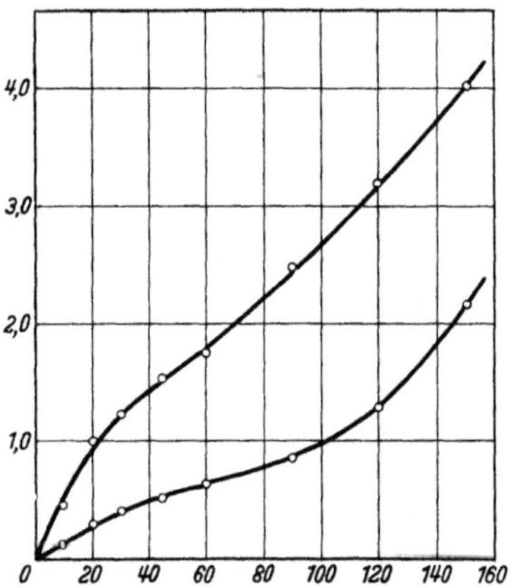

Abb. 10. In vitro-Wirkung von gereinigtem LTH (Prolactin) auf die Atmung von Ratten-Milchdrüsenschnitten. *Abszisse*: Zeit in Minuten; *Ordinate*: Gasbildung als cm^3 CO_2/mg Trockenendgewicht. Obere Kurve: Prolactin (LTH); untere Kurve: Kontrolle. (Nach S. J. FOLLEY, 1952.)

Wenige Worte zum *Lebensgang des LTH im Körper*. Seine Bildung in den acidophilen Zellen des HVL wird durch Oestrogene in nicht zu hohen Dosen gefördert und erst bei weiterer Steigerung der Dosen kommt es zu einem Rückgang der LTH-Bildung. Es läßt sich im Blut nachweisen und ebenso im Harn, wo es bei der Frau mit den Cyclusstadien in der Menge wechselt und postovulatorisch die höchsten Werte erreicht; es wird aber auch bei Männern jeden Alters gefunden. Wie zu erwarten, kommt es auch in der Milch vor, in größerer Menge allerdings nur in den ersten Tagen nach der Geburt.

Es ist sehr beachtlich, daß nahezu alle bekannt gewordenen physiologischen Wirkungen des LTH irgendwie *mit dem Fortpflanzungsgeschehen im Zusammenhang* stehen, sei es das Wachstum des Oviduktes bei Amphibien oder die Kropfmilchbildung, die Gonadenhemmung und die Förderung der Brut- und Mutterinstinkte bei Vögeln oder die luteotrope und mammotrope Wirkung bei Säugetieren. Man sollte daher diesen Wirkstoff als „Proletan", abgeleitet vom lateinischen proles = Nachkommenschaft, bezeichnen, um die *Gesamtheit* seiner Wirkungen zu charakterisieren und nicht an der oder jener willkürlich ausgewählten haften zu bleiben. Vermutlich haben wir es beim „Proletan" mit einem phylogenetisch sehr alten Wirkstoff zu tun*.

4. Die Gonadotropine (FSH; LH oder ICSH).

Die augenfälligsten Veränderungen, die im Gefolge der Hypophysektomie auftreten, spielen sich an den Keimdrüsen und sekundären Geschlechtsmerkmalen ab; es läßt sich aber leicht zeigen, daß *nur die Keimdrüsen* selbst vom Ausfall der Hypophyse *direkt betroffen* werden, während die atrophischen Erscheinungen an den Ausführungsgängen oder an den Anhangsdrüsen des Geschlechtsapparats sekundär durch den Mangel an Keimdrüsenhormonen bedingt sind und sich durch künstliche Zufuhr eben dieser Hormone beheben lassen. Bei erwachsenen Weibchen kommt es zu einer Atrophie der Ovarien, indem das Wachstum der Sekundär- und Tertiärfollikel aufhört, die dann allmählich der Atresie verfallen. Dagegen ist das Wachstum der Primärfollikel, auch bei infantilen hypophysektomierten Tieren, zunächst ungestört, später werden auch sie atretisch. Die im Augenblick der Hypophysektomie vorhandenen Corpora lutea bleiben, scheinbar unbeeinflußt durch die Operation, noch längere Zeit bestehen;

* Ich werde in dieser Auffassung sehr bestärkt durch eine Veröffentlichung von D. B. Carlisle [J. Mar. Biol. Assoc. U. Kingd. **33**, 65—68 (1954)], die soeben erschienen ist: Dieser Forscher findet LTH nicht nur an niederen Fischen, sondern auch an Ascidien, also an Tieren, die den Wirbeltieren phylogenetisch nahestehen, wirksam, und zwar rufen 25 IE LTH sowohl Ovulation als auch Spermaausstoßung hervor, also Reaktionen, die bei Wirbeltieren durch die Gonadotropine bewirkt werden (Galli-Mainini-Test an der Kröte). An der Ascidie Ciona intestinalis wirken die Gonadotropine aus Schwangerenharn bzw. aus HVL ebenso wie LTH.

tatsächlich aber hört die innersekretorische Leistung dieser Gelbkörper nach der Hypophysenentfernung auf, was wohl mit Recht auf das Fehlen des LTH zurückgeführt wird. Auch die interstitiellen Zellen des Ovariums zeigen weitgehende Rückbildungserscheinungen.

Zu entsprechenden Ausfallserscheinungen führt die Hypophysektomie auch beim männlichen Tier: Hier ist es zunächst besonders die Schädigung der samenbildenden Kanälchen, das Aufhören der Spermatogenese und damit ein ausgesprochenes Kleinerwerden des Hodens, das ins Auge fällt, aber auch der innersekretorische Anteil, die LEYDIGschen Zwischenzellen werden inaktiv und nehmen an Zahl ab. Auch im Hoden, ebenso wie im Ovarium, scheinen die jüngsten Keimzellen, hier die Spermatogonien von der Hypophysektomie am wenigsten betroffen zu werden, denn man findet unter ihnen auch nach der Operation noch Zellteilungsvorgänge.

Alle diese atrophischen Vorgänge in den Gonaden lassen sich durch Zufuhr geeigneter *HVL-Extrakte oder durch Implantation von Hypophysengewebe* ins hypophysektomierte Tier rückgängig machen; beim männlichen Tier scheint es einer längeren Zeit zu bedürfen als beim weiblichen. Im Gleichlauf zur Restitution der Gonaden regenerieren auch die rückgebildeten sekundären Geschlechtsmerkmale, als Zeichen der wieder in Gang kommenden innersekretorischen Funktion der Keimdrüsen.

Wir sind im allgemeinen gewohnt, die Hormone als *artunspezifische* Wirkstoffe zu betrachten, und das gilt auch für die bisher behandelten HVL-Hormone: das aus HVL dargestellte LTH übt seine Wirkung an Säugetieren, Vögeln und Amphibien in spezifischer Weise aus, gleichgültig, ob wir die Hypophysen von den einen oder anderen Arten als Ausgangsmaterial benutzten. Dagegen ist diese Artunspezifität bei den Gonadotropinen nur beschränkt; vor allem reagieren gewisse, aber nicht alle niederen Wirbeltiere (Fische und Amphibien) schlecht oder gar nicht auf die gonadotropen Hormone aus Säugerorganen, und bis zu einem gewissen Grade gilt das auch für die Beeinflussung des Säugers durch Amphibiengonadotropine. Es ist zu vermuten, aber bisher nicht bewiesen, daß diese relative Artspezifität der Gonadotropine mit ihrem Charakter als eiweißartige Körper zusammenhängt; die Frage, warum bei den anderen HVL-Hormonen, die doch auch

Proteohormone sind, eine solche Artspezifität nicht vorhanden ist, bleibt aber ungeklärt — vielleicht spielt die Tatsache, daß die Gonadotropine neben dem TSH als einzige unter den HVL-Hormonen Glucoproteide sind, dabei eine Rolle.

Lange Zeit hat ein Streit darüber bestanden, ob wir es nur mit *einem* gonadotropen Hormon zu tun haben oder ob zwei Gonadotropine vorliegen, die beide vom HVL produziert werden. Diese Frage ist jetzt wohl endgültig zugunsten der Dualisten entschieden worden, wobei die chemische Darstellung aus HVL-Gewebe eines reinen LH oder ICSH und eines, wenn auch nicht vollkommen reinen, aber doch von LH freien FSH-Präparats die Hauptargumente geliefert hat. Wir unterscheiden somit chemisch und biologisch: das die Eifollikel zum Wachstum anregende FSH, das beim Männchen die Spermatogenese fördert, von dem LH oder ICSH, das beim Männchen die innersekretorischen interstitiellen oder LEYDIGschen Zwischenzellen stimuliert, beim Weibchen die endgültige Reifung des Follikels und seine Umwandlung in ein Corpus luteum veranlaßt und daher eben auch als Luteinisierungshormon bezeichnet wird, und das auch die innersekretorische Leistung der interstitiellen Zellen des Ovariums stimuliert und daher den Namen ICSH führt. Es ist charakteristisch für das LH, daß es, um wirksam zu werden, einer vorausgehenden Wirksamkeit des FSH bedarf, wenigstens beim Weibchen.

Eine Zusammenarbeit der beiden Gonadotropine ist auch die Voraussetzung für das Zustandekommen der *Ovulation*, die durch die Wachstumswirkung des FSH eingeleitet wird, das zum Teil auch für das Wachstum und die Follikelhormonproduktion der Theca interna des Follikels verantwortlich ist. Dazu gesellt sich die Wirkung des ICSH oder LH und am weiteren Wachstum sind beide beteiligt. Vermutet wird auch ein Eingreifen androgener Stoffe, die aus dem Interstitium des Ovariums stammen, wo sie unter dem Einfluß des ICSH gebildet werden sollen. Unter der Wirkung von LH beginnt die Umwandlung der Granulosa des Follikels in ein Luteingewebe; wahrscheinlich setzt diese Umwandlung und die damit zusammenhängende Progesteronproduktion schon vor dem Platzen des Follikels ein, jedenfalls aber in der Granulosa des geplatzten Follikels. Das LTH beteiligt sich an dieser Umwandlung und vor allem an der Erhaltung und Funktion des Gelbkörpers. Ein sehr kompliziertes Zusammenspiel von FSH, LH,

Follikelhormon, Androgenen und LTH ist erforderlich, um die Ovulation und die Funktion des Corpus luteum zu gewährleisten.

Uns bleibt nur noch eine letzte Besonderheit der Gonadotropine zu besprechen, die Tatsache, daß sie *verschiedenen Ursprungs* sein können: sie werden nicht nur im HVL erzeugt, sondern entstammen während der Gravidität, in der sie in besonders großer Menge auftreten, den LANGHANS-*Zellen der Placenta.* Das gilt allerdings nicht für alle Placentalierweibchen, sondern außer für den Menschen noch für einige Primaten (Orang-Utan, Schimpanse), ferner für die Stute und, wie es scheint, auch für einige Nager, bei denen es gelang, Gonadotropine im Placentagewebe nachzuweisen. Diese placentaren oder, wie sie im allgemeinen heißen, chorialen Gonadotropine oder *Choriongonadotropine* unterscheiden sich aber sowohl chemisch als auch biologisch von den hypophysären Gonadotropinen, obgleich auch sie das Vorhandensein eines Hormons mit FSH-Charakter und eines anderen mit LH-Eigenschaften erkennen lassen. Sie sind aber am normalen infantilen Tier bedeutend weniger wirksam, ja, manche Tiere, wie das Weibchen des Affen Macacus rhesus reagieren überhaupt nicht auf sie; vor allem aber ist ihre Wirkung beim hypophysektomierten Tier ganz gering oder fehlt sogar. Wir unterscheiden im allgemeinen das Choriongonadotropin, das aus dem Harn der schwangeren Frau gewonnen wird und eine fast ausschließliche LH-Wirkung zeigt, vom Serumgonadotropin aus dem Blut der trächtigen Stute, das eine fast reine FSH-Wirkung besitzt und sich außerdem dadurch auszeichnet, daß es trotz hoher Konzentration im Blut nicht in den Harn übergeht.

Die Regulierung der Produktion der HVL-Hormone.

Schon im Lauf der gedrängten Übersicht über die Physiologie der HVL-Hormone, die ich versucht habe, Ihnen zu geben, hatten wir Gelegenheit, auf gewisse Mechanismen der Regulierung ihrer Produktion hinzuweisen. Dieses wichtige, aber noch sehr umstrittene Kapitel der Physiologie der hypophysären Vorderlappenhormone sei jetzt zum Schluß noch zusammenfassend betrachtet.

Es kann gegenwärtig keinem Zweifel unterliegen, daß die Tätigkeit der Hypophyse sowohl auf *nervösem* als auch auf *humoralem Wege* reguliert wird, wobei beide Mechanismen im Sinne einer Förderung oder einer Hemmung eingreifen können. Die

Kerne des Hypothalamus und die nervösen Bahnen, die von ihnen zur Hypophyse ziehen, vermitteln jene Sinneseindrücke, die regulierend in die Sekretion der verschiedenen tropen Hormone eingreifen, im Hypothalamus laufen die durch verschiedene Umweltbedingungen, durch den Grad der Belichtung, durch taktile Reize der Genitalschleimhaut, durch olfaktorische Stimulierungen, durch den psychologischen Status des Individuums und durch verschiedene Funktionszustände anderer Systeme und Organe des Körpers vermittelten Reize zusammen und beeinflussen von hier aus, vermutlich über die hypophysären Portalgefäße*, die Hypophyse und die von ihr abhängigen Generations- und Stoffwechselprozesse. Der genaue Mechanismus ist unsicher, aber die wahrscheinlichste Hypothese ist, daß Nervenfasern des Hypothalamus eine humorale Substanz in die Portalgefäße absondern, und daß diese Substanz die Funktion des HVL anregt oder hemmt (HARRIS).

Eine *direkte*, nicht über den Hypothalamus gehende *Beeinflussung der Produktion* der gonadotropen, aber vielleicht auch der anderen tropen Hormone liegt bei der Einwirkung der Sexualhormone, also der Oestrogene, des Progesterons und der Androgene vor, da z. B. hohe Oestrogendosen auch nach Unterbrechung der Verbindung zwischen Hypothalamus und Hypophyse durch Durchschneidung des Hypophysenstieles trotzdem ihre hemmende Wirkung auf die Gonadotropinbildung ausüben (UOTILA). Diese Beziehungen der Sexualhormone zur Hypophyse sind deswegen besonders kompliziert, weil es sich ja, wie wir sahen, um das Zusammenwirken *zweier* HVL-Gonadotropine, des FSH und des LH handelt, die wiederum, wenigstens beim Weibchen, die Produktion von *zwei* Hormonen in der peripheren Drüse, also von Oestrogen und von Progesteron im Ovarium lenken. Es scheint, daß *hohe* Oestrogendosen die gesamte Hormonproduktion des HVL zu hemmen vermögen, nicht nur der beiden Gonadotropine, sondern auch des TSH und des STH, auch wohl des LTH, wobei aber die Empfindlichkeitsschwellen für die einzelnen tropen Hormone

* Auf die Schwierigkeiten, die dieser Auffassung aus den neueren Arbeiten von A. P. D. THOMSON und S. ZUCKERMAN [Nature (Lond.) **171**, 970 (1953)] entstehen, kann hier nicht näher eingegangen werden, verwiesen sei auf die zusammenfassende Übersicht von S. ZUCKERMAN in Lancet **1954 I**, **743**, **789**, aber auch auf die neuesten gegenteiligen Befunde von B. T. DONOVAN u. G. W. HARRIS [Nature (Lond.) **174**, 503—504 (1954)], welche die Beobachtungen von ZUCKERMAN zu widerlegen scheinen.

verschieden sein dürften; für die beiden Gonadotropine sind sie es jedenfalls, denn Oestrogendosen, welche die FSH-Produktion bereits hemmen, stimulieren gleichzeitig die LH-Produktion. Auch bei den Androgenen scheint die Höhe der Dosis, aber auch die Dauer der Einwirkung entscheidend dafür zu sein, ob es zu einer Förderung oder Hemmung der Produktion der beiden Gonadotropine kommt; das gleiche gilt auch für das Progesteron.

Dieses Prinzip, daß hohe Dosen des Hormons der peripheren endokrinen Drüse hemmend auf die Produktion des entsprechenden hypophysären tropen Hormons einwirken, gilt auch für die Beziehung Thyreotropin—Thyroxin oder ACTH—Cortison. Ungeklärt sind die Verhältnisse hinsichtlich des LTH und des Progesterons: eine hemmende Wirkung des Progesterons auf die Lactation, also auf die Produktion von Prolactin, hat sich nicht nachweisen lassen, während Oestrogene in kleinen Dosen, wie wir sahen, sicher fördernd auf die Sekretion von LTH wirken. Die hemmende Wirkung einer kombinierten Oestrogen-Progesteron-Behandlung geht nicht über die Hypophyse, sondern wirkt sich direkt an der Milchdrüse aus.

Ebenso ungeklärt sind auch die Regulierungsvorgänge hinsichtlich des Wachstumshormons. Dieses hat ja, wenn wir von dem noch unsicheren „Parotin“ der Speicheldrüsen absehen, keinen obligaten Gegenspieler in Form des Hormons einer peripheren endokrinen Drüse, und wir wissen nur, daß seine Produktion offenbar durch kleine Oestrogendosen gefördert, durch große gehemmt wird (Zondek). Was aber veranlaßt den HVL nach der Pubertät, wenn der Wachstumsschub dieser Periode vorüber ist, die Produktion von STH zwar sicher nicht vollkommen einzustellen, aber doch ganz entscheidend einzuschränken und auf die Produktion von Gonadotropinen umzuschalten? Warum produzieren jene eosinophilen Adenome der Hypophyse, die für viele Akromegaliefälle typisch sind, offenbar nur Wachstumshormon, nicht aber das ICSH, als dessen Produktionsstätte die eosinophilen Zellen vielleicht mit Recht betrachtet werden?

Es ist bezeichnend für den gegenwärtigen Stand der Hypophysenforschung, daß ich meine Ausführungen mit solchen *Fragen* beschließe, deren Beantwortung ich Ihnen schuldig bleiben muß. Wie schwierig sie ist, wird offensichtlich, wenn wir bedenken, daß eine so wichtige Untersuchung, wie die Prüfung der Einflüsse hemmender oder fördernder Art, welche die einzelnen HVL-Hormone *untereinander* ausüben, noch kaum in Angriff genommen ist. Um nur ein Beispiel zu nennen: hängt die Lactationsamenorrhoe der Frau tatsächlich, wie manche glauben, von einem hemmenden Einfluß des Prolactins auf die Produktion der Gonadotropine ab oder handelt es sich um einen refraktären Zustand des Ovariums unter dem Einfluß des Prolactins? Ja, genügen die verhältnismäßig geringen Mengen Prolactin, die in der späteren Lactation erzeugt werden, überhaupt, um solche Einflüsse der einen oder anderen Art auszuüben?

Sie sehen, wir kommen aus den Fragen nicht heraus!

Literatur.

ANSELMINO, K., u. FR. HOFFMANN: Handbuch der Pharmakologie, Ergänzungsband 1939.

ARON, M., et CL. ARON: Eléments d'Endocrinologie physiologique. Paris: Masson édit. 1950.

BAHNER, FR.: Verh. d. 57. Kongr. dtsch. Ges. inn. Med. Wiesbaden 1951.

BIEDL, A.: Physiologie und Pathologie der Hypophyse. München und Wiesbaden: J. F. Bergmann 1922.

BIGLAND, BR., and B. JEHRING: J. of Physiol. **116**, 129 (1951).

BÖE, F. and S. SALVESEN: Lancet **1952 I**, 1210.

DE BRUX, J., et R. DU BOISTESSELIN: C. r. Acad. Sci. (Paris) **237**, 1281 bis 1283 (1953).

v. BUDDENBROCK, W.: Vergleichende Physiologie Bd. IV. Basel: Birkhäuser 1950.

BUSCHBECK, H.: Verh. dtsch. Ges. Endokrinologie in Goslar 1954.

CANIVENC, R.: Arch. Anat. (Strasbourg) **34**, 105—117 (1952).

CARBALLEIRA, A., H. ELRICK, K. R. MACKENZIE and J. S. L. BROWNE: 19. Internat. Physiologen-Kongreß in Montreal, August 1953.

CHADWICK, C. S.: J. exper. Zool. **86** (1941).

COHEN, H., and W. KLEINBERG: Lancet **1952 II**, 201.

COTES, P. M., E. REID and F. G. YOUNG: Nature (Lond.) **164**, 209 (1949).

D'ANGELO, S. A.: Endocrinology (Springfield, Ill.) **52**, 331—337 (1953).

DOBYNS, B. M., and S. L. STEELMAN: Endocrinology (Springfield, Ill.) **52**, 705—711 (1953).

ELERT, R.: Hypophyse; in Biologie u. Pathol. des Weibes, hrsg. v. L. SEITZ, 2. Aufl., I. Bd. Urban u. Schwarzenberg 1953.

EVANS, H. M., K. MEYER and M. E. SIMPSON: Mem. Univ. California **11**, 1—446 (1933).

FAUVET, E.: Arch. Gynäk. **178**, 104—133 (1950).

FOLLEY, S. J.: Recent Progr. in Hormone Res. **7**, 107—137 (1952).

GREENBAUM, A. L.: Biochemic. J. **54**, 400—407 (1953).

GREENBAUM, A. L., and P. MCLEAN: Biochemic. J. **54**, 413—424 (1953).

Greenbaum, A. L., and F. G. Young: J. of Endocrin. **9**, 127—135 (1953)
Greer, M. A.: Proc. Soc. Exper. Biol. a. Med. **77**, 603—608 (1951).
Greer, M. A.: J. Clin. Endocrin. **12**, 1259—1268 (1952).
Grimm, H.: Z. Geburtsh. **136**, 10—23 (1952).
Harris, G. W.: Verh. Kongr. dtsch. Ges. Gynäkol. in München 1952.
Hess, G., u. M. Hess: Arch. Gynäk. **181**, 700—703 (1952).
Houssay, B. A.: Endocrinology (Springfield, Ill.) **30**, 884—897 (1942).
Houssay, B. A.: Schweiz. med. Wschr. **1952**, 997—999.
Hume, B. J.: Biochemic. J. **52**, XI (1952).
Iversen, K., and G. Asboe-Hansen: Acta endocrinol. (Copenh.) **11**, 111—118 (1952).
Kinsell, L. W., Sh. Margen, J. W. Partridge, G. D. Michaels, H. E. Balch and J. P. Jahn: J. Clin. Endocrin. **14**, 110—117 (1954).
Kracht, J.: Arch. exper. Path. u. Pharmakol. **214**, 433—440 (1952); **216**, 294—301 (1952).
Lee, M. O., and N. K. Shaffer: J. Nutrit. **7**, 337 (1934).
Li, Ch. H., and H. M. Evans: In The hormones. Ed. by Pincus a. Thimann, Acad. Press Inc. New York 1948, I, p. 631—693.
Li, Ch. H., and H. M. Evans: Recent Progr. in Hormone Res. **3**, 3—44 (1948).
Loeser, A.: Arch. exper. Path. u. Pharmakol. **176**, 697—728 (1934).
Luck, J. M., A. Cl. Griffin, G. Buer and M. Wilson: J. Biol. Chem. **206**, 767—777 (1954).
Marx, W., D. B. Magy, M. E. Simpson and H. M. Evans: Amer. J. Physiol. **137**, 544—550 (1942).
Meites, J., and C. W. Turner: Lactogenic hormone; in Hormone assay. Edit. by Emmens, Acad. Press Inc., New York 1950.
Newton and Richardson: J. Clin. Endocrin. **2**, 322 (1941).
Opsahl, J. C., and C. N. H. Long: Yale J. Biol. a. Med. **24**, 199 (1951).
Opsahl, J. C., C. N. H. Long and E. G. Fry: Yale J. Biol. a. Med. **23**, 399 (1951).
Raben, M. S., and V. W. Westermeyer: Proc. Soc. Exper. Biol. a. Med. **80**, 83 (1952).
Russell, J. A.: Ann. Conf. Protein Metab. **8**, 46—61 (1952); ref. in Exc. med. III, **7**, 322 (1953).
Schittenhelm, A., u. J. Bauer: Z. exper. Med. **110**, 61—75 (1952).
Shibata, K.: Persönl. Mitteilung 1954.
Simpson, M. E., S. W. Asling and H. M. Evans: Yale J. Biol. a. Med. **23**, 1—24 (1950).
Smith, Ph. E., and E. C. MacDowell: Anat. Rec. **46**, 249 (1930).
Stein, J. D. jr., L. L. Bennett, A. A. Batts and Ch. H. Li: Amer. J. Physiol. **171**, 587—591 (1952).
Tarantino, C.: Fol. endocrinol. (Pisa) **4**, 197—201 (1951).
Tuchmann-Duplessis, H.: C. r. Soc. Biol. (Paris) **144**, 250—251 (1950).
Tuchmann-Duplessis, H.: Dtsch. med. Wschr. **1954**, 237—238.
Tuchmann-Duplessis, H., M. Mayer, J. Quelet et A. Sahy: C. r. Acad. Sci. (Paris) **235**, 209—211 (1952).

UOTILA, U. U.: Zit. n. ELERT 1953.
VOLK, B. W., and S. S. LAZARUS: Proc. Soc. Exper. Biol. a. Med. **83**, 151—154 (1953).
VOSS, H. E.: Fol. neuropath. eston. **3** (1925).
VOSS, H. E.: Erg. Physiol. **44**, 96—229 (1941).
VOSS, H. E.: Studienreihe Boehringer & Soehne 1950, 1951.
VOSS, H. E.: Arch. Gynäk. **178**, 180—185 (1950).
VOSS, H. E.: Ärztl. Wschr. **1951**, H. 39.
VOSS, H. E.: Arzneimittelforschg. **2**, 477—486 (1952).
VOSS, H. E.: Z. Vitam., Horm., Ferm. **1954** (im Druck).
WHITE, A.: Vitamins a. Hormones **7**, 253—292 (1949).
WIJNANS, M., and S. E. DE JONGH: Acta physiol. et pharmacol. neerl. **2**, 74—79 (1951); ref. in Kongreßzbl. inn. Med. **144**, 163 (1953).
YOUNG, F. G.: Practitioner **154**, nr. 921, 129—137 (1945).
YOUNG, F. G.: Recent Progr. in Hormone Res. **8**, 408 (1953).
ZONDEK, B.: Surg. etc. **88**, 783 (1949).

Diskussion.

DIRSCHERL (Bonn): Wir sind Herrn VOSS zu besonderem Dank für sein schönes Referat verpflichtet, aus dem wir u. a. entnehmen, daß die Zahl der in der Hypophyse angenommenen Wirkstoffe sich verringert hat. Im übrigen ist man aber offenbar schon wieder auf dem Wege zur Auffindung neuer Wirkstoffe in der Hypophyse, die man vorsichtigerweise zunächst nur als Faktoren bezeichnet.

JORES (Hamburg): Zur Frage des Bildungsortes der HVL-Hormone wäre darauf hinzuweisen, daß wir heute je zwei Gruppen von eosinophilen und basophilen Zellen unterscheiden müssen. Durch histochemischen Nachweis darf es als erwiesen gelten, daß die Glucoproteide FSH und TSH in den basophilen Zellen gebildet werden, wobei GRIESBACH und Mitarbeitern auch hier noch eine weitere Differenzierung gelungen ist. Kastrations- und Thyreoidektomiezellen lassen sich heute mit bestimmten Färbemethoden morphologisch differenzieren; Oestradiol- und Thyroxinbehandlung bewirkt bei der Ratte Schwund der Granula in 2 verschiedenen Gruppen von Basophilen, die von GRIESBACH als „gonadotroph und thyreotroph" bezeichnet werden; er hält es für wahrscheinlich, daß erstere mit den δ-Zellen, letztere mit den β-Zellen nach ROMEIS identisch sind. — Zu dem, was Herr VOSS über das STH sagte, wäre wohl noch ergänzend darauf hinzuweisen, daß die experimentelle Akromegalie eigentlich nur mit dem Dackel und der Bulldogge gelingt, mit anderen Hunderassen nicht. Ferner ist es sehr überraschend, daß das STH in klinischer Hinsicht völlig enttäuscht hat. — Zu dem, was Herr VOSS über die Regulation der Vorderlappenhormonbildung sagte, möchte ich noch hinzufügen, daß wohl kein Zweifel daran bestehen kann, daß für die Regulation der glandotropen Hormone ein Reglerprinzip eindeutig nachweisbar ist, derart, daß jeweils zwischen dem in der Bildung geförderten Hormon und dem entsprechenden glandotropen Hormon ein antagonistisches Verhältnis besteht. Dieses ist, wie Herr VOSS ausführte, teilweise direkter Natur, also Thyroxin-Thyreotropin, aber eben nur teilweise. Sowohl für die Schilddrüse als besonders für die Keimdrüsen ist das Zwischenhirn mit eingeschaltet. Damit fangen aber große Schwierigkeiten an, vor allem die, daß zwischen dem HVL und dem Zwischenhirn keine unmittelbare nervöse Verbindung besteht. Die Kontaktfläche zwischen Adenohypophyse und Zwischenhirn zeigt anatomische Besonderheiten, die, zusammen mit den Beobachtungen bei jenen merkwürdigen Fällen von Pubertas praecox, denen nur eine Hypertrophie gewisser Zellgebiete des Zwischenhirnes, die von Spatz als Sexualzentrum angesprochen werden, zugrunde liegt, Spatz dazu veranlaßt haben, die Theorie aufzustellen, daß der Weg nicht vom Zwischenhirn zur Hypophyse, sondern von der Hypophyse zum Zwischenhirn läuft. Das würde bedeuten, daß dann die Übertragung auf die Gonaden auf nervösem und nicht auf humoralem Wege erfolgt. Mit dieser Auffassung steht zweifellos eine Reihe klinischer Tatsachen gut in Übereinstimmung, u. a. die immer aufgefallene Beobachtung, daß wir keinen Fall von Pubertas praecox kennen, der primär hypophysär ausgelöst wäre.

Voss (Mannheim): Ich bin auf die Frage der Unterteilung der eosinophilen und basophilen Zellen absichtlich nicht eingegangen, weil das viel zu weit geführt hätte; ich hätte dann ja auch für das LTH außer den Carminzellen noch die orangeophilen Zellen erwähnen müssen, die vermutlich mit den ε-Zellen von Romeis identisch sind. Ich habe aber auch aus den neuesten Arbeiten auf diesem Gebiet den Eindruck davongetragen, daß die Frage des Bildungsortes der einzelnen HVL-Hormone, besonders auch der Gonadotropine, immer noch nicht endgültig entschieden ist, trotz der Fortschritte der MacManus-Färbung u. a. histocytologischer Methoden. Auch die Ergebnisse von Purvis und Griesbach hinsichtlich der physiologischen Verschiedenheit von β- und δ-Basophilen sind nicht unwidersprochen geblieben, denn Desclin zeigte, daß auch die Thyreoidektomiezellen unter dem Einfluß von Oestrogenen verschwinden, und ebenso sagen auch Purvis und Griesbach selber, daß die Hypertrophie der Basophilen nach Kastration allgemein ist, also sowohl die β- wie die δ-Zellen betrifft. Was nun die Wirkung des STH beim Menschen anbetrifft, so habe ich ja hervorgehoben, daß eine solche noch kaum beobachtet worden ist. Die von Herrn Tuchmann-Duplessis in seinem Homburger Vortrag erwähnte Beobachtung von Shorr an einem hypophysären Zwerg wäre die erste solche positive Feststellung, sie ist aber noch nicht in der Literatur erschienen. — Was Herr Jores über die Beziehungen zu den Portalgefäßen sagte, wäre natürlich zu erwähnen gewesen, hätte aber eine Diskussion der weiteren Frage erfordert, ob nicht bei Unterbrechung der Portalgefäße trotzdem eine Wirkung auf die Hypophyse erfolgen kann, weil die Stoffe aus dem Hypothalamus ja auch über den allgemeinen Kreislauf die Hypophyse erreichen können.

Tuchmann-Duplessis (Paris): Was das STH anbetrifft, so sind die meisten seiner biologischen Eigenschaften an der Ratte festgestellt worden und lassen sich nicht immer an anderen Arten bestätigen; das gilt sogar für die Wachstumswirkung selbst, denn z. B. beim Meerschweinchen bewirkt das STH nach einer vorübergehenden Stimulierung des Wachstums einen vorzeitigen Stillstand desselben infolge einer Verknöcherung der Gelenkepiphysen. Auch die proteinanabole Wirkung des STH konnte bei anderen Arten, vor allem beim Menschen, nicht aufgezeigt werden. Die positive Beobachtung von SHORR wurde unter Verwendung eines nach WILHELMI hergestellten Präparats gemacht, während das hochgereinigte Präparat von LI, das an der Ratte stärker wirksam ist, beim Menschen wirkungslos blieb. — Hinsichtlich des LTH haben wir zeigen können, daß es beim Triton den Übergang zum Wasserleben auch außerhalb der Fortpflanzungsperiode und auch beim kastrierten Tier auslöst, also direkt und nicht über die Gonaden wirkt. — Noch eine Bemerkung zum Thyreotropin (TSH). Unter der Wirkung von Cortison wird die Aufnahme von J^{131} bei Ratten stark herabgesetzt, aber die histologische Struktur der Schilddrüse ändert sich nicht, selbst bei hohen Cortisondosen (10 mg, 15 Tage lang): das legt die Frage nahe, ob der HVL vielleicht zwei unterschiedliche TSH-Faktoren bildet, von denen der eine das Wachstum und der andere die Stoffwechseltätigkeit der Schilddrüse beeinflussen würde.

HELMREICH (München): Sie haben erwähnt, daß bei Wachstum und Lactation die diabetogene Wirkung des STH fehlt, weil in diesen Fällen „Extrainsulin" ausgeschüttet wird. Das bedeutet aber, daß die Insulinsekretion bei bestimmten physiologischen Stoffwechselsituationen, z. B. bei Wachstum und Lactation, erhöht sein kann. Gibt es Beobachtungen, welche die Annahme erlauben, daß vorübergehend Insulin vermehrt abgegeben wird, ohne daß der Inselapparat erkrankt ist, etwa bei der Lactation? Das interessiert im Zusammenhang mit den Befunden von Frau GLOCK, nach denen die Fermente, die den oxydativen Umsatz der Glucose katalysieren, in der lactierenden Milchdrüse besonders aktiv sind und nach Beendigung der Lactation in ihrer Aktivität wieder deutlich abnehmen.

VOSS (Mannheim): Versuche, die zur Beantwortung Ihrer Frage dienen könnten, sind mir unbekannt.

SCHAUMANN (Innsbruck): Die Fieberwirkung pyrogener Stoffe kann durch Schilddrüsenhormon gesteigert werden, wenn man es mindestens 24 Std. vorher gibt. Denselben Effekt erzielt man mit thyreotropem Hormon, jedoch sofort ohne Latenzzeit. — An chronisch alloxandiabetischen Kaninchen kann man durch Oestrogene (Cyren) den Diabetes bessern. Diese Wirkung überdauert zunächst die Oestrogengabe nur wenige Tage, hält bei Wiederholung der Oestrogengaben immer länger an, um schließlich nach etwa einem Jahr zu einem Zustand eines rein alimentären Diabetes zu führen. Bei freier Diät scheiden die Kaninchen pro Tag bis zu 1000 cm^3 Harn und bis zu 50 g Glucose aus; bei Fasten verschwindet der Zucker aus dem Harn, und Harnmenge und Blutzucker sinken auf normale Werte ab. Gluconeogenese und Ausnutzung der Glucose sind also voneinander unabhängig.

Propriétés physiologiques et mécanisme de régulation de la sécrétion corticotrope (ACTH).

Par

H. Tuchmann-Duplessis.

Avant d'examiner les propriétés biologiques de l'ACTH et le mécanisme qui règle sa sécrétion, je voudrais vous rappeler que l'ACTH joue un rôle primordial dans un des principaux phénomènes de la vie de l'organisme: le maintien et la régulation de l'homéostasie. Cette substance étonnante nous permet de supporter le froid et la chaleur, la faim et la suralimentation, de vivre malgré les conditions changeantes du milieu extérieur et de survivre aux agressions.

Lorsque Claude Bernard établit la notion de sécrétion interne, deux faits s'imposèrent aux physiologistes: a) les cellules vivent dans un milieu liquide dont la composition est maintenue constante; b) l'organisme résiste à tous les facteurs qui tendent à modifier la constance du milieu intérieur.

L'équilibre du milieu intérieur est non seulement menacé par des atteintes pathologiques mais également par des facteurs permanents tels que l'alimentation, l'exercice physique et les changements du milieu extérieur.

L'organisme se défend contre les changements du milieu intérieur et s'adapte aux conditions variables du milieu ambiant en mettant en oeuvre des mécanismes spéciaux dits de «compensation», par exemple, en augmentant la ventilation pulmonaire et la vaso-dilatation cutanée pour lutter contre la chaleur. Ces mécanismes relativement simples sont complétés par des systèmes de régulation plus précis de nature endocrine.

Le rôle des glandes endocrines est double: elles modifient l'activité des organes excréteurs et elles agissent directement sur l'élément cellulaire, stimulant ou freinant selon les circonstances, son activité fonctionnelle. Tout en étant douées d'activités spécifiques, les glandes endocrines n'interviennent pas comme des entités indépendantes mais comme des systèmes de corrélation et d'intégration adaptés aux besoins variables de l'organisme.

Ceci est particulièrement évident pour le système hypophyso-surrénalien dont l'intervention se fait d'une façon rigoureusement précise et remarquablement adaptée aux nécessités de l'organisme.

Nous rappellerons ici rapidement les propriétés chimiques et biologiques de l'ACTH pour analyser avec plus de détails le problème encore controversé du mécanisme qui règle sa sécrétion.

Extraction.

L'ACTH a pu être décelé dans l'hypophyse de la plupart des Mammifères: Boeuf, Cheval, Mouton, Porc, Baleine etc. L'hypophyse la plus riche en ACTH est celle du Porc; aussi est-elle couramment utilisée pour la préparation industrielle de l'hormone. L'hypophyse humaine a également une forte teneur corticotrope: 0,2 unité par mg. de poudre lyophylisée.

L'ACTH est relativement difficile à séparer des autres hormones antéhypophysaires; mais sa plus grande stabilité permet d'utiliser des procédés chimiques énergiques qui détruisent les autres hormones.

L'extraction hormonale se fait en deux stades; pendant un premier stade on traite l'hypophyse par l'acétone et on élimine les hormones gonadotrope, somatotrope et thyréotrope; pendant la deuxième phase on sépare l'ACTH de son principal contaminant, l'hormone lactogène, en mettant à profit le fait que ces deux hormones ont leur plus faible solubilité à leur point isoélectrique. Le rendement est de l'ordre de 5 à 7 g. d'ACTH par kilo d'hypophyse.

Propriétés chimiques.

L'hormone isolée par Li, à partir de l'hypophyse du Mouton, est une protéine de P. M. 20.000, dépourvue de groupement prosthétique.

L'ACTH ne renferme pas de glucides ni de P et contient 2.30% de soufre provenant de la méthionine et de la cystine.

Soluble dans l'eau, son activité biologique est liée à la présence de groupes amines et thyrosyl libres.

L'ACTH est thermostable; en solution alcaline elle résiste 2 heures à l'ébullition; en solution acide sa résistance à l'ébullition est de 1 heure. Elle résiste à l'action de la pepsine, les produits de la digestion pepsique, appelés peptides corticotropes conservent une haute activité biologique.

Le problème chimique de l'ACTH a été à nouveau examiné en 1952 par LI, ASTWOOD, LESH et MORRIS. On pense maintenant que l'ACTH est une protéine de faible poids moléculaire et ne représente qu'un contaminant mineur de la molécule protéique isolée par LI et SAYERS.

Les peptides corticotropes de LI et DE LESH ont une activité biologique très grande tout en n'ayant qu'un P. M. de 2000.

Le standard international est égal à 1 mg. d'ACTH du lot La 1 A des Laboratoires Armour dont l'activité biologique est évaluée par le test ascorbique.

Actions biologiques.

L'ACTH est un stimulant spécifique du cortex surrénal. Son administration provoque une sécrétion accrue d'hormones corticales qui se traduit par des modifications morphologiques, métaboliques et générales.

a) Modifications morphologiques.

1° — Hypertrophie du cortex surrénal avec hyperfonctionnement et déplétion des enclaves soudanophiles.

2° — Accélération de la vitesse de régénération du cortex surrénal après son ablation partielle.

3° — Involution du thymus et des ganglions lymphatiques.

4° — Diminution transitoire des leucocytes et des éosinophiles.

5° — Ralentissement de la croissance somatique, viscérale et squelettique.

6° — Ralentissement ou inhibition de la cicatrisation cutanée par défaut de formation de tissus à granulation.

7° — Amincissement de l'épiderme et atrophie des glandes sébacées.

8° — Hypertrophie hépatique avec accumulation de lipides.

b) Modifications métaboliques.

1° — Diminution de l'assimilation protéique avec bilan azoté négatif.

2° — Augmentation du taux des acides aminés libres du plasma sanguin.

3° — Augmentation de l'élimination urinaire de l'azote et de l'acide urique.

4° — Diminution du taux de la phosphatase alcaline du plasma sanguin.

5° — Augmentation de la glycémie et de la glucosurie.

6° — Augmentation du glycogène hépatique.

7° — Augmentation de l'excrétion urinaire de K et rétention de Na et Cl entrainant de l'oedème.

8° — Augmentation des lipides hépatiques, de l'acétonémie et de l'acétonurie.

c) Modifications générales.

1° — Augmentation de l'excrétion urinaire des 17 céto-stéroïdes.

2° — Augmentation de la résistance musculaire.

3° — Augmentation de la résistance générale aux agressions.

Dosage.

En l'absence d'un critère direct, l'activité biologique de l'ACTH est évaluée par son pouvoir cortico-stimulant. Aucun des critères employés ne répond aux exigences de simplicité, de sensibilité et de spécificité requises.

Dans la pratique, on se base sur les modifications pondérales, structurales et histo-chimiques du cortex surrénal ou sur des modifications métaboliques.

a) Critère pondéral.

Il existe généralement une corrélation entre le poids de la surrénale et son activité fonctionnelle. L'augmentation pondérale donne une première approximation de l'activité accrue du cortex. En raison de sa simplicité technique, ce critère est couramment employé. Il manque cependant de sensibilité et n'est nullement spécifique. Aussi les dosages doivent-ils être faits sur l'animal hypophysectomisé. On utilise deux techniques: le «test de maintien» ou le «test de réparation» proposés par l'Ecole de Evans.

Ces deux tests, et plus particulièrement le test de réparation sont utilement complétés par l'étude histologique et histo-chimique du cortex surrénal.

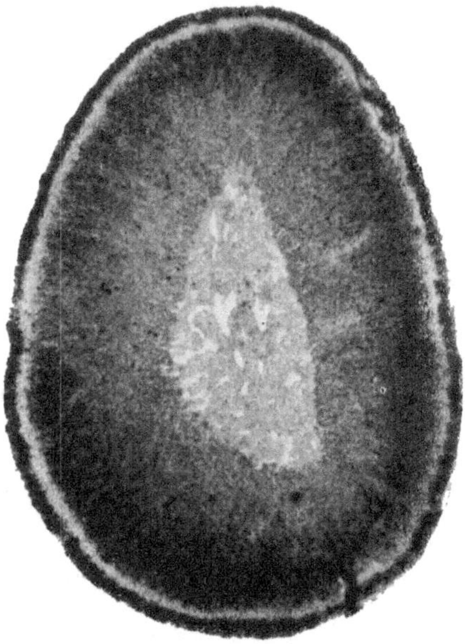

Fig. 1. Surrénale d'un rat intact. Remarquer l'épaisseur du cortex et l'abondance des enclaves soudanophiles particulièrement au niveau de la zone fasciculée.

Rappelons qu'après l'ablation de l'hypophyse, la surrénale s'atrophie; chez le Rat le poids de la surrénale passe en 15 jours de 30 à 12 mg. Parallèlement à l'atrophie du cortex les enclaves soudanophiles deviennent coalescentes et une large zone soudanophobe apparait sous la glomérulaire. L'épaisseur de cette bande soudanophobe donne une indication très précieuse sur le degré d'involution et d'inactivation du cortex et constitue un repère trés commode pour le dosage hormonal. On obtient une diminution d'autant plus marquée de l'épaisseur de cette bande que les extraits administrés contiennent plus d'hormone corticotrope. Du point de vue morphologique,

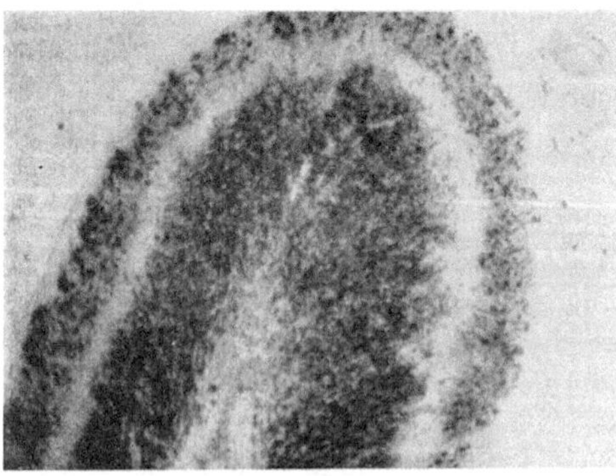

Fig. 2. Surrénale d'un rat hypophysectomisé. Forte atrophie du cortex, diminution des lipides et apparition d'une large zone soudanophobe.

l'atrophie post-hypophysaire du cortex porte surtout sur la zone fasciculée; la glomérulaire est peu ou pas modifiée chez le Rat. Fig. 1 et 2.

Ce fait, ainsi que d'autres arguments d'ordre histo-physiologique comme la déplétion des lipides de la glomérulaire après administration de DOCA, ont conduit Deane et Greep à considérer cette zone comme chargée de l'élaboration des minéralo-corticoïdes. L'hypothèse des auteurs américains qui rencontre de nombreuses objections nous paraît peu vraisemblable. L'ACTH corrige toutes les modifications morphologiques et histo-chimiques du cortex de l'animal hypophysectomisé. Le degré de réparation est proportionnel aux doses administrées.

b) Cholestérol.

Depuis les observations de Sayers, on sait que la concentration des lipides cellulaires est proportionnelle au taux du cholestérol surrénalien décelable par dosage chimique. Les variations quantitatives du cholestérol surrénalien donnent une indication très précise de l'état fonctionnel du cortex et permettent d'apprécier le pouvoir corticotrope des extraits hypophysaires. L'ACTH de même que les agressions, provoque une chute rapide du cholestérol. Trois heures après une agression le taux du cholestérol baisse de 50%, il remonte après la 12ème heure et redevient normal après 24 heures. Il est actuellement établi qu'il existe une corrélation inverse entre le taux du cholestérol et l'activité sécrétrice du cortex. La chute du taux du cholestérol sous l'effet des agressions est due à la libération d'ACTH endogène. Après l'hypophysectomie les agressions ne modifient plus le cholestérol surrénalien; seul, l'ACTH provoque encore chez le Rat hypophysectomisé une chute de cholestérol proportionnelle à la dose injectée.

c) Acide ascorbique.

Sous l'effet des agressions et de l'ACTH, l'acide ascorbique présente les mêmes variations quantitatives que le cholestérol. Ces modifications sont encore plus rapides et plus intenses que celles du cholestérol. Le test ascorbique est un des plus sensibles et est couramment employé pour la détection de petites quantités d'ACTH.

La valeur exacte de ce test est encore discutée. Il y a lieu de rappeler qu'il n'existe pas obligatoirement une concordance entre le degré de déplétion ascorbique et le pouvoir de «maintien» des préparations corticotropes.

d) Détermination directe.

Depuis les observations de VOGT, on sait que l'activité corticotrope peut être directement déterminée par le dosage des corticostéroïdes dans le sang de la veine surrénale. La concentration plasmatique des corticostéroïdes s'avère environ 10 fois plus élevée que dans le parenchyme cortical. Les corticostéroïdes sont rapidement inactivés dans la circulation tant chez l'animal intact que chez l'animal éviscéré. La technique de VOGT répond le mieux à toutes les exigences de sensibilité et de spécificité; malheureusement elle n'est applicable qu'à un nombre restreint de cas et à des expériences de très courte durée.

e) Critères cliniques.

En clinique humaine l'appréciation de l'activité des préparations corticotropes de même que l'exploration fonctionnelle du système hypophyso-surrénalien est basée sur des tests qui prennent pour critère des modifications métaboliques.

Le test le plus utilisé est celui des éosinophiles; il est commode mais pas absolument spécifique. Il en est de même du dosage des 17 céto-stéroïdes qui est couramment fait en clinique. La valeur de ce test nous paraît très douteuse en raison de l'absence de concordance avec les autres critères. En effet si l'ACTH de même que les agressions augmente l'élimination urinaire des 17 céto-stéroïdes, on constate un certain temps après l'agression une chute des 17 céto-stéroïdes qui devance de beaucoup celle des autres corticoïdes. De plus, beaucoup de facteurs tels que: l'alimentation, les affections hépatiques, etc., peuvent modifier le taux d'élimination des 17 céto-stéroïdes.

Pour des observations plus précises, on dose par des méthodes chimiques ou biologiques le taux des bio- et des chimio-corticoïdes des urines et du sang. On sait depuis les expériences de NELSON que le sang renferme surtout de la 17 hydrocorticostérone.

Propriétés biologiques.

a) Modifications morphologiques.

L'action la plus caractéristique de l'ACTH réside, comme nous l'avons déjà vu à propos des tests de détection, dans l'hypertrophie du cortex surrénal. Fig. 3. Avec de fortes doses on peut observer une augmentation de l'activité mitotique des cellules corticales et des divisions des cellules de la capsule qui sont à l'origine de nouvelles cellules glandulaires.

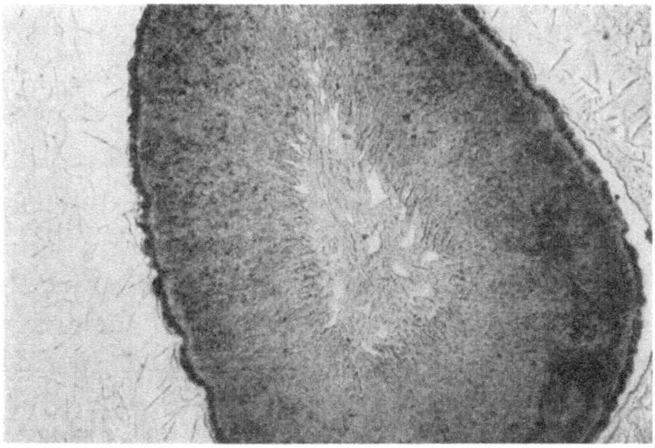

Fig. 3. Surrénale d'un rat traité par l'ACTH. Remarquer l'intence déplétion de la substance soudanophile, à comparer avec la fig. 1.

b) Tissu conjonctif.

L'ACTH exerce une action très nette sur tous les dérivés du mésoderme; elle inhibe le développement du tissu conjonctif et retarde les processus de fibrose.

La variété la plus primitive de tissu conjonctif est représentée par les ganglions lymphatiques et la moelle osseuse qui conservent des potentialités embryonnaires chez l'adulte. Par leurs fonctions lymphopoïétique et hématopoïétique ces deux tissus interviennent directement dans l'homéostasie. L'ACTH a une action lympholytique marquée qui se traduit par l'atrophie des ganglions lymphatiques et du thymus. Les lymphocytes circulants atteignent leur taux le plus bas 6 à 9 heures après l'injection d'ACTH et remontent à leur taux normal 24 heures plus tard.

La chute des lymphocytes est due à leur destruction accélérée, à la diminution des mitoses et au ralentissement de leur passage dans la circulation.

Au niveau de la moelle osseuse, on constate des lésions régressives; la moelle rouge du fémur peut devenir adipeuse.

L'action très spectaculaire de l'ACTH sur les tissus lymphoïdes a suscité un très grand intérêt parce que l'on croyait qu'elle entrainait une augmentation des gamma globulines sériques. Les gamma globulines étant considérées comme le support des anticorps, Dougherty et White émirent l'hypothèse que la résistance aux agressions induite par l'ACTH pourrait être liée à l'augmentation d'anticorps. Cette hypothèse n'a pas été vérifiée et après des traitements par la cortisone on constate même une baisse du taux des anticorps du Lapin sensibilisé.

c) Système réticulo-endothélial.

Le SRE qui constitue la partie la plus dynamique du tissu conjonctif a été surtout exploré depuis les quatre dernières années. Ayant constaté que la surrénalectomie diminue l'activité du SRE, Katsch et Gordon attribuent l'augmentation de la résistance aux agressions à la stimulation du SRE. D'autres biologistes sont arrivés à des conclusions opposées. Une étude très intéressante a été faite récemment au Laboratoire du Professeur Selye par Madame Timiras. Examinant le comportement du SRE au cours des agressions, l'auteur a pu mettre en évidence que les éléments du système réticulo-endothélial sont activés au cours du stress. Le rôle du SRE devient particulièrement évident si on examine le comportement de l'animal hypophysectomisé ou surrénalectomisé soumis à des agressions. En l'absence de l'une de ces deux glandes, l'animal ne peut plus se défendre par une réaction de phagocytose. L'administration d'ACTH rétablit cette capacité de défense chez l'animal hypophysectomisé.

d) Cicatrisation cutanée.

L'action de l'ACTH sur le tissu conjonctif est également illustrée par son influence sur la cicatrisation des plaies cutanées. Chez la majorité des espèces, Lapin, Rat, Souris, Homme, la cicatrisation est retardée ou inhibée. Cette inhibition est due à une moindre prolifération des fibroblastes, à la diminution de l'afflux leucocytaire et au retard de la constitution du tissu à granulation.

La repousse des poils et la réparation des fractures sont également ralenties.

L'ACTH possède aussi une action anti-fibrineuse et anti-inflammatoire très nette qui peut être mise en évidence par l'injection de poussières dans la cavité péritoniale. Cependant la formation du tissu fibreux n'est pas supprimée mais seulement retardée.

L'ACTH de même que la cortisone s'opposent à la fibrose et suppriment les phénomènes inflammatoires, actions qui sont largement mises à profit en thérapeutique, mais elles ne modifient pas les formations fibreuses déjà constituées.

e) Allergie.

L'action anti-allergique de l'ACTH est bien connue par les cliniciens qui ont obtenu des résultats très brillants dans le traitement de l'asthme, de l'urticaire et d'autres irritations allergiques.

Le mode d'action de l'ACTH dans l'allergie reste cependant encore controversé. On a pensé qu'il pourrait s'agir d'une action anti-histaminique ou d'une modification de la réaction anticorps — antigène. Ces deux hypothèses ont été infirmées par l'expérience. Il est probable que l'ACTH diminue les manifestations allergiques par son action anti-inflammatoire. Elle inhiberait également le transfert des toxines nées des altérations cellulaires et diminuerait les lésions des capillaires.

f) Croissance.

L'ACTH inhibe la croissance squelettique et viscérale et s'oppose à l'action de l'hormone somatotrope. Cet effet peut-être mis en évidence sur le Rat hypophysectomisé traité par l'hormone somatotrope. Si l'ACTH est administré simultanément avec la somatotrope, l'effet stimulant de la somatotrope est toujours inférieur à celui obtenu par la somatotrope seule. L'accroissement du cartilage du tibia par exemple, est la résultante des deux actions contraires l'une activante (somatotrope), l'autre inhibitrice (ACTH). L'inhibition de la croissance viscérale et squelettique est proportionnelle à la dose d'hormone administrée. Voir Fig. 4, p. 88.

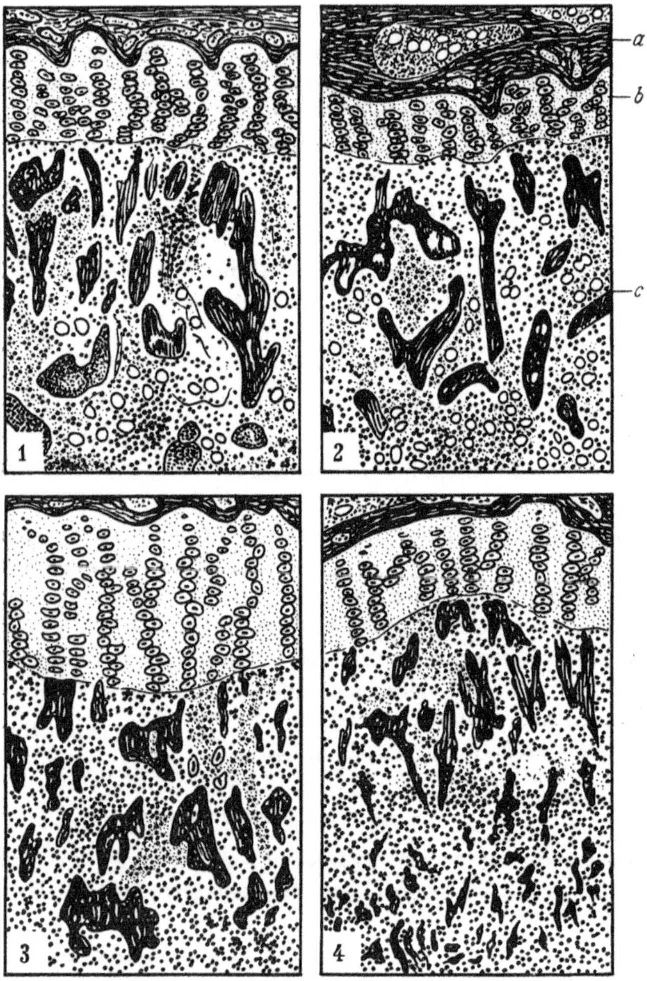

Fig. 4. Extrémité supérieure du tibia du rat. *a* = épiphyse; *b* = cartilage de conjugaison; *c* = diaphyse, zone ostéoïde en foncé, espaces médullaires clairs. 1 = Rat normal; 2 = Rat hypophysectomisé avec cartilage de conjugaison rétréci; 3 = Rat injecté d'hormone somatotrope, élargissement du cartilage de conjugaison; 4 = Rat injecté simultanément d'hormone somatotrope et corticotrope élargissement moindre du cartilage de conjugaison par action antagoniste de l'hormone corticotrope.

Actions métaboliques.

a) Métabolisme de l'eau et des électrolytes.

Après une certaine confusion initiale due à des erreurs d'interprétation, tous les auteurs s'accordent maintenant pour admettre que l'ACTH et la cortisone déterminent une rétention de Na et de Cl et une accumulation d'eau. Avec des doses de 50 mg d'ACTH on observe chez l'homme une augmentation de poids par rétention d'eau. La rétention d'eau et du Na, ainsi que l'oedème qui en résulte, n'est que passagère. Elles cessent avec l'arrêt du traitement; au cours des traitements prolongés on peut même observer des crises de diurèse qui rétablissent l'équilibre hydrique.

La rétention d'eau n'est pas due uniquement à une perturbation de la filtration rénale mais traduit une modification générale de l'équilibre hydro-minéral. La preuve en est fournie par les observations de CONN, qui a montré que la teneur en Cl de la sueur est également abaissée sous l'influence de la cortisone et de l'ACTH.

A l'intensité près, ces deux hormones ont donc la même action que la désoxycorticostérone sur la fixation de NaCl.

b) Potassium.

L'action sur le métabolisme du potassium est très nette et caractéristique. Deux à trois heures après l'injection d'ACTH on observe une forte excrétion de K. Celle-ci est proportionnelle à la dose d'hormone administrée; elle peut atteindre deux fois la quantité de K ingéré. Il s'agit d'un effet spécifique et indépendant de la déperdition de K, inhérent au catabolisme protéique.

Au cours de traitements prolongés, on peut observer une forte déperdition de K avec hypokaliémie associée à des troubles cardiaques et à une hypotonie musculaire. Chez quelques malades, SPRAGUE a constaté un déséquilibre électrolytique semblable à celui décrit dans le syndrome de CUSHING; hypokaliémie, hypernatrémie et augmentation de la réserve alcaline. Il semble que l'augmentation de la réserve alcaline est en rapport avec la fuite du potassium cellulaire.

c) Protéines.

Depuis les travaux de EVANS, on sait que l'ACTH s'oppose à l'action de l'hormone somatotrope et se comporte comme son antagoniste tant en ce qui concerne la croissance somatique que le métabolisme des protéines.

Sous l'influence de l'ACTH l'assimilation protéique diminue, le bilan azoté devient négatif et des quantités accrues d'azoté sont excrétées. La déperdition azotée débute immédiatement après l'administration d'ACTH et persiste pendant toute la durée du traitement. Le bilan azoté redevient positif si on arrête le traitement.

L'importance de la déperdition azotée a pu être calculée chez le Rat; pour maintenir un animal traité à la cortisone ou à l'ACTH au même poids qu'un animal non traité, il faut lui fournir 47% plus de nourriture. Il résulte des expériences effectuées au moyen d'acides aminés marqués, que l'ACTH diminue la synthèse protéique en exerçant une action anti-anabolique. A cet égard aussi l'ACTH se comporte comme un antagoniste de l'hormone somatotrope.

Les protéines ingérées sont en partie déviées de leur utilisation normale et transformées en glucose avec, comme stade intermédiaire, l'acide pyruvique. Il en résulte chez le sujet jeune un ralentissement ou un arrêt de la croissance et chez l'adulte des atteintes squelettiques d'ostéoporose. Des lésions semblables se retrouvent dans le syndrome de CUSHING.

La perturbation du métabolisme azoté se traduit également par une excrétion accrue de l'acide urique urinaire et de la créatine. Il y aurait également des modifications quantitatives et qualitatives des acides aminés urinaires.

d) Hydrates de carbone.

L'ACTH et la cortisone ont une action diabétogène. L'injection d'ACTH provoque chez l'animal intact, démédullé et partiellement pancréatomisé une hyperglycémie avec glucosurie.

L'action hyperglycémiante de la surrénale est également attestée par le fait que la surrénalectomie supprime le diabète des animaux intoxiqués par la phloridzine. L'administration de cortisone a un effet inverse et aggrave le diabète phloridzinique.

La pathogénie du diabète surrénalien a été récemment analysée par MIROUZE dans un travail très complet; la surrénale intervient par l'intermédiaire de ses hormones ayant un oxygène en C_{11}, dans la glycogénèse, dans la néoglycogénèse et dans l'utilisation périphérique des glucides.

Glycogénèse. Les oxystéroïdes favorisent la glycogénèse. Cette propriété qui est commune aux oxystéroides et à l'insuline peut être mise en évidence en ajoutant des extraits corticaux à des liquides de perfusion hépatique.

Néoglycogénèse. Les oxystéroïdes, de même que la stimulation hypophysaire du cortex par l'ACTH, favorisent la néoglycogénèse, c'est-à-dire la synthèse de sucres à partir de sources non hydrocarbonées protéiques ou lipidiques. En l'absence des surrénales, l'organisme est incapable de fabriquer du sucre une fois les réserves glycogéniques épuisées. Un animal surrénalectomisé est pratiquement incapable de jeûner plus de 10 à 12 heures, car pendant ce laps de temps il épuise ses réserves de glycogène hépatique et musculaire. N'étant plus capable de fabriquer des glucides à partir de sources protéiques ou lipidiques endogènes, il succombe par hypoglycémie. L'administration de cortisone corrige ce défaut et permet la survie de l'animal surrénalectomisé maintenu à jeûn.

Ce fait se vérifie aussi chez l'homme.

L'action hyperglycémiante de la surrénale a été mise en évidence par Long qui a montré que l'ACTH corrige l'hypoglycémie du Rat hypophysectomisé et augmente la charge glycogénique de son foie.

Rappelons que l'hypophyse antérieure possède d'autres facteurs hyperglycémiants que l'ACTH, notamment la somatotrope qui agit directement sur le métabolisme hydro-carboné.

L'intensification de la néoglycogénèse qui se fait surtout à partir de sources protéiques, entraîne une déperdition d'azot et un bilan azoté négatif. Ce tableau biochimique est réalisé en clinique au cours de l'hypercorticisme expérimental et dans le syndrome de Cushing.

Utilisation périphérique des glucides. L'ACTH, de même que les glucocorticoïdes diminuent l'utilisation périphérique des glucides. Cette action qui s'oppose à celle de l'insuline peut-être démontrée sur le Rat partiellement pancréatomisé. Lorsque l'on maintient à un régime constant des Rats partiellement pancréatomisés, ils peuvent rester pendant des périodes prolongées sans présenter de glycosurie. A partir du moment où on leur injecte de l'ACTH ou de la cortisone, ils deviennent glycosuriques. Cette glycosurie est due au fait qu'ils ne peuvent plus utiliser d'une façon normale les hydrates de carbone qui leur sont fournis par l'alimentation.

Ainsi, les hormones corticales ont la même action que l'insuline sur la glycogénèse, tandis qu'elles s'opposent à l'insuline par leur action sur la néoglycogénèse et l'utilisation périphérique des glucides.

En clinique humaine, on constate que l'ACTH provoque plutôt une diminution de la tolérance aux sucres qu'un état diabétique. Exception faite des sujets prédisposés, tels que: les obèses, les prédiabétiques, les goutteux etc., on n'observe pas de glycosurie aux doses thérapeutiques. Des glycosuries parfois accompagnées d'acidose ont été signalées chez l'enfant et chez quelques malades ayant reçu de très fortes doses d'ACTH. Les diabétiques voient au contraire leur état aggravé et les doses d'insuline doivent être augmentées pour maintenir en équilibre ces malades lorsqu'ils sont traités par l'ACTH.

e) Lipides.

La surrénale intervient certainement dans le contrôle humoral du métabolisme des graisses; son mode d'action est encore mal connu.

Dans l'hypercorticisme on observe une obésité particulière, dite de Cushing, qui est caractérisée par l'aspect lunaire du faciès, l'épaississement de la nuque et l'embonpoint à prédominance abdominal. L'acné à petits éléments, prédominant au visage et sur la partie antérieure du thorax, traduit également un trouble de l'assimilation des lipides. Sur le plan expérimental, on constate que l'ACTH, et à un moindre degré la cortisone, favorise l'accumulation des lipides dans le foie et l'apparition des corps cétoniques dans le sang.

Mode d'action.

Par l'intermédiaire de la surrénale, l'ACTH, règle le métabolisme des électrolytes, des hydrates de carbone et des protéines. Elle contrôle les mouvements et les échanges des électrolytes entre les différents compartiments de l'organisme en influençant l'excrétion rénale et en modifiant le métabolisme général. L'ACTH accélère la conversion des protéines tissulaires en glucose — néoglycogène — et inhibe l'utilisation tissulaire des glucides. Il en résulte une désintégration des protéines tissulaires qui freine la croissance et une accumulation de glycogène dans le foie. L'hypophyse tient ainsi sous sa dépendance les phases cataboliques (ACTH) et anaboliques (somatotrope) du métabolisme protéique.

Bien que les effets métaboliques de l'ACTH donnent un reflet de ses multiples actions, ils n'expliquent pas toutes les modifications que l'on observe. La complexité du mode d'action des hormones corticales est le mieux illustrée par les répercussions de la surrénalectomie. L'animal surrénalectomisé peut-être maintenu en vie pendant des périodes prolongées si on corrige les troubles métaboliques qui résultent de l'opération. Seule cependant l'administration d'hormones corticales lui permet de résister aux agressions. Ce fait montre qu'il existe d'autres mécanismes fondamentaux dans l'action de l'ACTH que ceux qui découlent de ses effets métaboliques.

Dans l'insuffisance surrénale, le fonctionnement de la majorité des organes est perturbé, chaque organe exprime sa déficience selon sa propre potentialité: fatigue du muscle, déficience de l'absorption intestinale, capacité réduite du rein de séparer le K du Na, déficience hépatique, etc. Malgré l'hétérogénéité des symptomes, il est vraisemblable que le mode d'action de l'hormone est partout le même. Il est probable que l'ACTH facilite certaines activités cellulaires, sans que nous sachions lesquelles.

Mécanisme de régulation de la sécrétion corticotrope.

La sécrétion corticotrope présente trois caractéristiques: elle est rapide, elle peut se prolonger pendant plusieurs jours et elle peut être stimulée par des causes les plus diverses. Ces particularités et notamment la diversité des facteurs capables de stimuler l'hypophyse, compliquent considérablement l'étude expérimentale de cette question. En effet la sécrétion de l'ACTH peut-être augmentée par des facteurs aussi divers que les hémorragies, les brûlures, les traumatismes, les toxiques ou les émotions.

La première question qui se pose dès lors est de savoir comment ces facteurs affectent l'activité hypophysaire: est-ce par un mécanisme direct ou par un mécanisme indirect?

Selye a suggéré que toute modification de la composition chimique ou physique du sang était capable d'activer l'hypophyse et d'augmenter la libération d'ACTH. Cette conception qui implique l'existence d'une modification humorale, commune à toutes les agressions, n'a pu être vérifiée. Aussi, Long a-t-il suggéré une hypothèse plus nuancée pour expliquer la spécifité de la réponse hypophysaire. L'auteur américain pense que les agressions ne stimuleraient pas directement l'hypophyse mais activeraient un système commun humoral ou neural d'où partirait une excitation spécifique vers l'hypophyse. Cette explication qui pose le problème sur une base plus large a conduit à envisager trois possibilités de régulation: une régulation humorale, une régulation nerveuse et une régulation neuro-humorale.

a) La régulation humorale.

L'existence d'un mécanisme de régulation humorale est conforme à la conception classique des corrélations endocrines.

Partant de cette notion, Sayers et coll. (1948—1950) ont formulé une théorie humorale qui a été surtout destinée à expliquer les réactions du système hypophyso-surrénalien au cours des agressions.

Les travaux de H. Selye, sur le syndrome général d'adaption, ont révélé le rôle primordial de la surrénale dans le maintien de l'équilibre normal du milieu intérieur et dans le processus de défense aux agressions non spécifiques. Dans toutes les circonstances qui imposent à l'organisme un effort supplémentaire soit pour maintenir, soit pour rétablir l'équilibre du milieu intérieur, l'activité du cortex surrénal augmente. L'hyperactivité corticale est généralement interprétée comme ayant la valeur d'une réaction de défense destinée à accroître la résistance générale de l'organisme.

Sayers interprète ces faits en admettant qu'au cours de toutes les agressions, les tissus périphériques utiliseraient des quantités accrues de corticoïdes pour soutenir l'effort supplémentaire imposé à l'organisme. Cette consommation excessive de corticoïdes aurait pour conséquence de faire baisser leur concentration dans le sang et de déclencher une réaction hypophysaire spécifique. De même que la baisse des stéroïdes sexuels réalisée par la castration augmente l'activité gonadotrope de l'hypophyse celle des corticoïdes stimulerait la fonction corticotrope.

Raisonnant ainsi par analogie, Sayers considère que la sécrétion corticotrope est directement conditionnée par le taux des corticoïdes sanguins et propose l'explication suivante des corrélations hypophyso-surrénaliennes. A l'état normal, le sujet étant dans les meilleures conditions, les tissus périphériques ne consommeraient que de faibles quantités de corticoïdes, leur taux sanguin serait de ce fait peu élevé mais suffisant pour freiner l'hypophyse et pour s'opposer à une libération exagérée d'ACTH. Fig. 5. Au cours des agressions les relations hypophyso-surrénaliennes

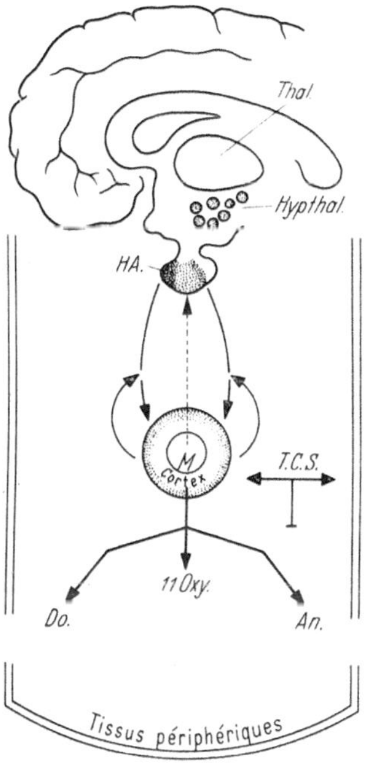

Fig. 5.

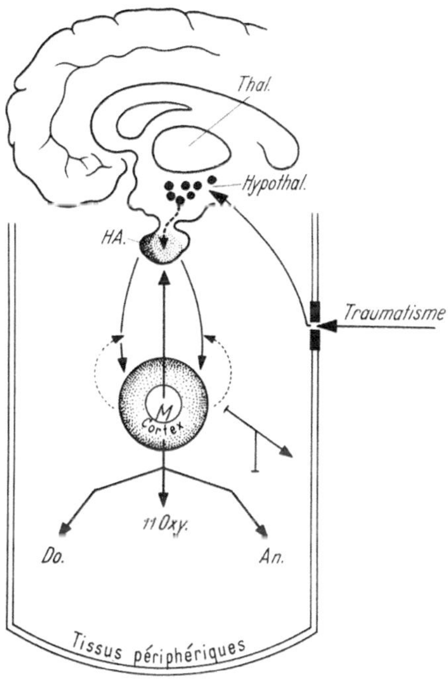

Fig. 6.

Fig. 5. *Les relations hypophyso-surrénaliennes selon la conception humorale: état normal.* Le taux des corticoïdes sanguins T.C.S. est maintenu en équilibre par les sécrétions ajustées de l'antéhypophyse HA. et du cortex. Do. = Désoxycorticostérone; 11-Oxy. = 11-Oxy-stéroïdes; An. = Corticoïdes androgènes.

Fig. 6. *Les relations hypophyso-surrénaliennes selon la conception humorale au cours d'une agression non spécifique.* L'agression déclenche deux ordres de réactions: la première est immédiate et se traduit par une décharge d'adrénaline et peut-être aussi par une stimulation portant sur l'hypothalamus; la seconde réside dans l'augmentation de l'utilisation tissulaire des corticoïdes. La baisse du taux sanguin des corticoïdes supprime l'inhibition qui pèse normalement sur l'hypophyse et déclenche une hypersécrétion corticotrope. Stimulé par la corticotrope endogène, le cortex s'hypertrophie et peut faire face aux besoins accrus de l'organisme.

seraient toutes différentes. Pour faire face à l'agression et lutter contre les phénomènes de choc l'organisme utiliserait des quantités accrues de corticoïdes. La consommation excédentaire des corticoïdes ferait baisser leur taux dans le sang et lèverait de ce fait le frein qui s'oppose, à l'état normal, à l'hypersécrétion hypophysaire. Cet état, c'est-à-dire la libération accrue d'ACTH se prolongerait aussi longtemps que le taux sanguin des corticoïdes resterait en dessous des valeurs normales. Lorsque la résistance à l'agression est acquise, l'utilisation tissulaire des corticoïdes diminue à nouveau et l'équilibre entre la sécrétion hypophysaire et corticale se rétablit. Fig. 6.

L'hypothèse de SAYERS parait étayée par de nombreuses données expérimentales bien établies; elle rend compte des modifications structurales et histochimiques du cortex au cours des agressions, de l'action inhibitrice des extraits corticaux, de l'hypertrophie corticale qui suit la surrénalectomie unilatérale et de la libération accrue d'ACTH des sujets surrénalectomisés ou atteints de la maladie d'ADDISON.

Un des meilleurs arguments en faveur de la conception humorale nous est fourni par le comportement du cortex surrénal au cours des agressions. SAYERS a en effet montré qu'au cours des agressions le cortex se vide de ses réserves de cholestérol et d'acide ascorbique et que cette déplétion est proportionnelle à l'intensité de l'agression.

Un autre fait en faveur de la conception humorale nous est fourni par les répercussions hypophysaires de la surrénalectomie et de l'administration des hormones corticales. En effet, si on admet que l'activité corticotrope de l'hypophyse est réglée par la concentration sanguine des hormones corticales il devrait être possible de la modifier en faisant varier cette concentration soit par l'apport d'extraits corticaux, soit par l'ablation des surrénales.

Nous avons essayé de vérifier cette hypothèse en traitant un groupe d'animaux par des extraits corticaux et en surrénalectomisant l'autre. Le contenu corticotrope de l'hypophyse a été déterminé par le «test de réparation» de SIMPSON. Tableaux 1 et 2.

Comme le montrent nos tableaux, les extraits corticaux et notamment la cortisone, augmentent la valeur corticotrope de l'hypophyse et provoquent une atrophie du cortex surrénal tandis que la surrénalectomie diminue le contenu corticotrope de l'hypophyse. SAYERS a obtenu des résultats semblables. En dosant le contenu corticotrope de l'hypophyse par la déplétion de l'acide ascorbique surrénalien, l'auteur constate que l'administration d'hormones corticales augmente la valeur corticotrope de l'hypophyse tandis que la surrénalectomie la fait baisser de 60 à 80%.

Tableau 1. — *Détermination biologique de la valeur corticotrope de l'hypophyse (rat mâle). Test de réparation.*

Groupe	*Poids* de la surrénale en mg pour 100 g d'animal	*Augmentation* pour 100 par rapport aux témoins	*Variations pour 100* par rapport aux traités par hyp. normale
Hypophysect. (Témoins)	8,8		
Hypophysect. + H normale	12,0	+36,3	
Hypophysectomie + H Sur. (Groupe I) .	10,2	+15,9	—17,6
Hypophysectomie + H Sur. (Groupe II) .	9,8	+11,3	22,4
Hypophysect. + H désoxy. (Groupe I) .	14,8	+68,1	+23,3
Hypophysect. + H désoxy. (Groupe II) .	13,5	+53,5	+12,5

N. B. — Hypophysect. + H normale : Rat hypophysectomisé traité par l'hypophyse d'un donneur intact; + Surr.: traité par l'hypophyse d'un donneur surrénalectomisé; + désoxy.: traité par l'hypophyse d'un donneur ayant préalablement reçu de l'acétate de désoxycorticostérone.

Tableau 2. — *Détermination de la valeur corticotrope de l'hypophyse (rat femelle). Test de réparation.*

Groupe	*Poids* de la surrénale en mg pour 100 g d'animal	*Augmentation* pour 100 par rapport aux témoins	*Variations pour 100* par rapport aux traités par hyp. normale
Hypophysect. (Témoins)	9,0		
Hypophysect. + H normale	11,2	+24,4	
Hypophysect. + H (Cort.) (Groupe I) . .	16,1	+78,8	+43,7
Hypophysect. + H (Cort.) (Groupe II) .	17	+88,8	+51,7

N. B. — Hypophysect. + H normale: donneur intact; + H (Cort.): donneur préalablement traité par la cortisone.

Ces résultats sont aisément explicables si on admet que l'administration des hormones corticales en augmentant la concentration sanguine des corticoïdes s'oppose à la libération de l'ACTH et conduit à son accumulation au niveau de l'hypophyse. La surrénalectomie, par contre, en faisant baisser le taux hormonal, lèverait le frein qui à l'état normal s'oppose à une libération exagérée de l'ACTH et conduirait à l'épuisement corticotrope de l'hypophyse.

S'il paraît certain que les hormones surrénales sont capables d'inhiber l'activité corticotrope de l'hypophyse, l'importance de cette inhibition est diversement appréciée. Une des meilleures preuves de l'action inhibitrice des extraits corticaux nous est fournie par l'atrophie de la surrénale des sujets traités par la cortisone. Sayers pensait avoir démontré que la chute de l'ascorbie surrénale, c'est-à-dire la décharge corticotrope d'animaux soumis à des agressions, pouvait être prévenue par l'administration préalable de cortisone. Ce fait qui constituerait un argument très important en faveur de la conception humorale n'a pu être entièrement confirmé. Les auteurs qui ont répété l'expérience de Sayers s'accordent à penser que la cortisone n'empêche la chute de l'ascorbie surrénale que si l'agression est de faible intensité. Par contre, lorsque l'agression est plus intense, l'acide ascorbique baisse même si l'animal a été au préalable traité par la cortisone. Au cours d'expériences différentes mais également destinées à étudier l'action des hormones corticales, il nous a été impossible d'obtenir une inhibition complète de l'hypophyse même en administrant des doses énormes de cortisone.

Ainsi, si certains faits comme ceux qui découlent des expériences de surrénalectomie et de l'hormonothérapie paraissent conformes aux prévisions de la conception humorale, l'impossibilité de bloquer l'hypophyse par des extraits corticaux nous a conduit dès 1950 à conclure que la surrénale n'était pas le seul facteur de régulation de l'activité corticotrope.

Lorsque l'on examine de près la théorie humorale on constate que ses bases expérimentales restent encore fragiles. Selon Sayers, le taux sanguin des corticoïdes serait le facteur responsable de l'activité corticotrope de l'hypophyse; les variations seraient directement conditionnées par l'utilisation tissulaire des hormones corticales. Les variations quantitatives des corticoïdes sanguins et les différences de l'utilisation tissulaire des hormones corticales, points cruciaux de la théorie humorale, n'ont pu être expérimentalement vérifiés. Même si on admet l'existence de variations de la consommation tissulaire des corticoïdes, la théorie humorale n'explique pas la rapidité de la décharge corticotrope. La réponse hypophysaire à certaines stimulations, comme par exemple à l'injection d'histamine, est en effet de l'ordre de quelques secondes. Il est difficile de supposer que l'augmentation de la consommation tissulaire puisse être suffisamment brusque pour déterminer dans ce court intervalle une baisse suffisante du taux sanguin des corticoïdes pour stimuler l'hypophyse.

b) La théorie nerveuse.

La promptitude de la décharge corticotrope qui survient après des émotions, des stimulations sensorielles ou après excitation des noyaux hypothalamiques dont les fibres afférentes aboutissent à l'éminence médiane du tuber cinereum, évoquent plutôt l'intervention d'un mécanisme réflexe que d'un mécanisme humoral. Aussi depuis plusieurs années de nombreux physiologistes ont essayé de préciser le rôle du système nerveux central et périphérique dans la régulation de la sécrétion corticotrope. Ces travaux se sont concrétisés par deux nouvelles théories: nerveuse et adrénalinique. Dans ce domaine HARRIS, HUME et LONG ont apporté une contribution particulièrement importante.

Les premières recherches ont porté sur la fonction gonadotrope car on avait remarqué que les facteurs externes et psychiques étaient susceptibles de modifier l'activité génitale. Le développement du tractus génital des oiseaux sous l'influence de la lumière, la ponte provoquée de la lapine par le rapprochement sexuel et les décharges gonadotropes obtenues par des stimulations sensorielles, constituent des exemples particulièrement suggestifs de l'intervention du système nerveux dans les régulations hormonales. Aussi HARRIS s'est-il attaché à étudier la régulation corticotrope chez la lapine, animal très émotif, chez lequel des agressions peuvent être réalisées par des stimulations sonores, lumineuses et psychiques.

Faisant des stimulations et des destructions localisées à différents niveaux de l'hypothalamus, de l'hypophyse et de la tige hypophysaire, HARRIS constate que la décharge corticotrope est particulièrement importante lorsque l'excitation électrique est faite au niveau du tuber cinereum, au niveau de la pars tuberalis ou des tubercules mammilaires.. Des stimulations portant sur l'hypophyse et la tige hypophysaire sont par contre inefficaces.

Les expériences de destruction donnent des résultats superposables. Ces deux ordres d'expériences conduisent à localiser le substratum anatomique de la régulation corticotrope au niveau du tuber cinereum. C'est précisément dans cette région que l'hypophyse (dont la partie antérieure dérive de la poche de Rathke et la partie nerveuse du diencéphale) contracte les connexions les plus étroites avec le système nerveux.

Les résultats de Harris ont été en grande partie confirmés par Hume et Wittenstein, qui ont réalisé un remarquable travail technique sur le chien. Procédant également par des techniques de stimulation et de destruction, les auteurs trouvent que les zones les plus actives siègent au niveau du tuber cinereum et des tubercules mammilaires.

Les auteurs anglo-saxons déduisent de leurs expériences que le centre de contrôle de la fonction corticotrope siège au niveau de l'hypothalamus. On peut dès lors se demander comment des stimulations périphériques sont intégrées et transmises à l'hypophyse

Les voies de transmission.

La première question qui se pose est de savoir quelles voies les stimulations hypothalamiques empruntent pour parvenir aux cellules antéhypophysaires. Cette question est une des plus complexes de la théorie nerveuse et reste encore controversée.

Théoriquement la connexion entre l'antéhypophyse et le système nerveux peut être assurée par des voies nerveuses ou humorales. La première modalité paraît peu probable en raison de la faible innervation du lobe antérieur de l'hypophyse.

La majorité des neuro-physiologistes admet que les connexions entre l'antéhypophyse et l'hypothalamus s'effectuent par voie humorale. Leur opinion diffère cependant considérablement en ce qui concerne la nature et les modalités de cette transmission. Harris assigne un rôle primordial au système porte hypophysaire dans les corrélations hypophyso-thalamiques.

Ce système, qui nait à partir du réseau capillaire de l'éminence médiane et s'étend au sinus veineux de l'antéhypophyse, ne peut évidemment assurer une liaison entre l'hypothalamus et l'hypophyse que s'il transporte une substance élaborée par l'hypothalamus ou par la neurohypophyse. Cette hypothèse soulève deux questions

Existe-t-il un intermédiaire chimique et quel est son lieu d'élaboration ? Il est difficile de répondre à la première question car aucune substance douée de propriétés spécifiques n'a pu être isolée à partir de l'hypothalamus. Néanmoins, même si une telle substance est élaborée par l'hypothalamus, il resterait à expliquer pourquoi elle ne passe pas dans la circulation générale avant d'atteindre l'éminence médiane.

La nature de l'intermédiaire chimique constitue également un point délicat de la théorie de Harris. S'agit-il d'une substance unique, dont seul le taux de sécrétion varierait avec les exigences physiologiques ou de plusieurs substances distinctes agissant sur des fonctions particulières de l'hypophyse ? La question reste en suspens.

Malgré de nombreuses lacunes, la théorie nerveuse fournit une explication satisfaisante de la rapidité de l'activation hypophysaire et de l'intensité des décharges corticotropes produites par des stimulations sensorielles et psychiques. Fig. 7.

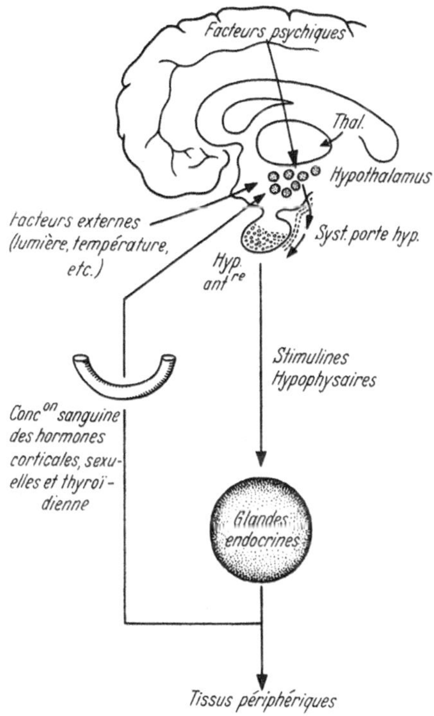

Fig. 7. *Les rapports neuro-endocriniens selon la conception de* Harris. Toutes les stimulations internes et externes sont intégrées par l'hypothalamus. La libération d'un médiateur chimique d'origine hypothalamique, transporté par le système porte hypophysaire, règle l'activité hypophysaire.

La conception nerveuse qui ne repose que sur un petit nombre d'expériences rencontre de nombreuses objections dont la plus importante découle des expériences de greffe hypophysaire.

Plusieurs auteurs ont analysé les réactions de Rats hypophysectomisés porteurs de greffes oculaires d'hypophyse. Lorsque l'on soumet des animaux ainsi préparés à une agression non spécifique, on constate une chute des éosinophiles et de l'ascorbie surrénale. Des expériences complémentaires ont permis de démontrer que l'éosinopénie était bien due à une libération d'ACTH par le greffon. En faisant des instillations locales d'adrénaline on constate en effet que la chute des éosinophiles ne se produit que si l'hormone médullo-surrénalienne est introduite dans l'oeil porte greffon; l'instillation adrénalinique dans l'oeil opposé, par contre, ne modifie pas le taux des éosinophiles.

Fortier a d'autre part montré que lorsque l'on soumet des Rats hypophysectomisés porteurs de greffes intra oculaires d'hypophyse à différents types d'agression tels que: le froid, des traumatismes, des excitations lumineuses ou sonores et à des injections d'histamine et d'adrénaline ils réagissent d'une manière différente selon la nature de l'agent stimulant. Tandis que les stimulations générales comme les traumatismes, le froid, l'adrénaline et l'histamine provoquent chez les Rats porte greffon une décharge corticotrope indiscutable, les excitations lumineuses, sonores et émotionnelles sont inefficaces.

Ces expériences montrent que la suppression des connexions nerveuses n'abolit pas la capacité réactionnelle de l'hypophyse mais modifie sa sensibilité.

c) La théorie adrénalinique.

Depuis plusieurs années, Long, de l'Université de Yale, défend une conception qui subordonne la sécrétion corticotrope à la libération réflexe d'adrénaline. Analysant les conditions dans lesquelles l'ACTH est sécrété, l'auteur remarque qu'elles coïncident toutes avec une libération concomittante d'adrénaline résultant de l'activation du système végétatif. Deux autres considérations: la diversité des agents capables de provoquer des décharges corticotropes et la rapidité de la réponse hypophysaire conduisent Long à penser à l'intervention d'un mécanisme réflexe. L'agent de ce mécanisme serait l'adrénaline qui pourrait être le chaînon intermédiaire entre les stimulations non spécifiques nées des agressions et la réponse hypophysaire spécifique.

L'adrénaline est un des agents cortico-stimulants les plus actifs. L'injection de doses minimes et que l'on peut considérer comme physiologiques, provoquent chez de nombreuses espèces (Chien, Rat, Homme) une rapide augmentation du taux sanguin des corticoïdes. Chez le Chien, par exemple, il a été possible de déceler peu de temps après l'injection intraveineuse d'adrénaline une augmentation des corticoïdes dans le plasma sanguin de la veine surrénalienne. Les tests indirects montrent qu'il en est de même chez le Rat et chez l'Homme. L'augmentation du taux sanguin des corticoïdes se traduit chez l'Homme par une baisse des éosinophiles périphériques et sert de test pour l'exploration fonctionnelle du système hypophyso-surrénalien.

S'il est certain que l'adrénaline est un des plus puissants agents cortico-stimulants, son importance réelle dans la régulation corticotrope reste encore controversée. Deux questions se posent: quel est son mécanisme d'action et l'adrénaline représente-t-elle le seul agent de régulation corticotrope ?

Plusieurs auteurs considèrent que l'adrénaline agit comme un agent d'agression non spécifique qui perturbe l'équilibre intérieur en augmentant le métabolisme général. Conformément à la conception de SAYERS, la consommation tissulaire des corticoïdes se trouverait de ce fait accrue et serait responsable de la libération d'ACTH. LONG, par contre, considère que l'adrénaline dont les propriétés physiologiques complètent celle de l'ACTH est un facteur de stimulation et de régulation spécifique. Les agressions, quelle que soit leur nature, détermineraient toujours une décharge réflexe d'adrénaline qui serait responsable dans toutes les conditions de la réponse hypophysaire spécifique.

La théorie adrénalinique paraît d'autant plus suggestive qu'elle explique à la fois la rapidité de la décharge corticotrope et la continuité de l'hypersécrétion hypophysaire. Malheureusement les expériences entreprises pour vérifier cette conception n'ont pas donné des résultats très probants.

Il est évident que si l'adrénaline est le facteur responsable de la décharge corticotrope qui survient après les agressions, cette réaction devrait être abolie en l'absence de l'hormone médullo-surrénalienne. L'expérience montre qu'il n'en est pas ainsi. Lorsque l'on soumet un animal démédullé ou à surrénales énervées, c'est-à-dire incapables de sécréter de l'adrénaline, on constate encore une décharge corticotrope qui se traduit par la baisse du taux des éosinophiles et de l'ascorbie surrénale. La décharge corticotrope est cependant moins intense et plus tardive que chez un animal intact soumis à une agression identique.

Les résultats des expériences de démédullation ont donné lieu à différentes interprétations. Si les neuro-physiologistes y voient une objection formelle à la théorie adrénalinique, LONG considère que le retard et l'atténuation de la décharge corticotrope prouvent que l'adrénaline joue un rôle très important dans la régulation corticotrope même si elle ne représente pas le facteur exclusif de ce mécanisme de contrôle.

L'auteur cite à l'appui de cette opinion l'action locale de l'adrénaline dont nous avons déjà parlé à propos des résultats des greffes oculaires d'hypophyse, et les propriétés métaboliques de l'adrénaline qui a beaucoup de points de vue complètent celles de l'ACTH.

Les différentes expériences entreprises pour vérifier la conception adrénalinique ayant montré que l'hormone médullo-surrénale n'était pas le seul facteur de la régulation corticotrope LONG admet actuellement l'intervention de deux mécanismes: l'un autonome, l'autre métabolique; le mécanisme autonome comporterait l'activation du système végétatif et la décharge réflexe d'adrénaline responsable de l'hypersécrétion corticotrope de l'hypophyse. Le mécanisme métabolique ou humoral dépendrait de l'utilisation tissulaire des corticoïdes et assurerait la continuité de la sécrétion corticotrope. Ces deux mécanismes pourraient être indépendants ou consécutifs selon les conditions d'agression auxquelles l'organisme est soumis.

Conclusion.

Malgré les progrès réalisés au cours des dernières années, le mécanisme de contrôle de la sécrétion corticotrope n'est que partiellement élucidé.

Les actions morphologiques et métaboliques de l'ACTH que nous venons d'analyser n'expliquent que partiellement les différentes manifestations observées sous l'effet de l'ACTH et ses remarquables propriétés thérapeutiques. Leur connaissance a cependant largement favorisé l'utilisation de l'ACTH et permis de prévenir ou de guérir les troubles qui surviennent au cours des traitements hormonaux.

La régulation de la sécrétion corticotrope a été successivement attribuée aux variations du taux sanguin des hormones corticales, à l'activation du système sympathico-surrénalien et à un mécanisme réflexe intégré par l'hypothalamus. Bien que chacune de ces théories semble étayée par des données expérimentales bien établies, aucune d'elles ne répond à tous les faits connus. Aucun des facteurs tenus pour responsables de la décharge corticotrope n'est absolument indispensable. L'hypersécrétion corticotrope est compatible avec les interventions suivantes: a) l'augmentation du taux sanguin des corticoïdes réalisée par l'administration d'hormones corticales, b) la suppression de la décharge adrénalinique consécutive à la sympathectomie, la démédullation et l'injection de sympatholytiques, comme la dibnamine, c) l'interruption des voies nerveuses après section de la tige hypophysaire, d) l'exclusion des voies hypothalamo-hypophysaires réalisée par la greffe intraoculaire d'hypophyse. Néanmoins si ces interventions n'abolissent pas la décharge corticotrope elles la modifient considérablement.

Il est probable que le mécanisme de contrôle de la sécrétion corticotrope est différent selon la nature de l'agression. Les centres nerveux jouent probablement un rôle prépondérant dans l'activation hypophysaire produite par des stimulations psychiques, lumineuses ou sonores tandis que les agressions générales agissent surtout par l'intermédiaire de changements métaboliques ou humoraux.

On peut admettre provisoirement que chez un sujet soumis à une agression, la libération de l'hormone corticotrope ne dépend pas d'un facteur unique mais de l'intervention d'au moins deux mécanismes: l'un réflexe, l'autre humoral. L'importance relative de ces deux mécanismes dépend de la nature et de la phase de l'agression. L'initiation de l'hypersécrétion corticotrope paraît sous contrôle nerveux tandis que son maintien est probablement assuré par un mécanisme d'auto-régulation de nature humorale.

Bibliographie.

Astwood, E. B., M. S. Raben, R. W. Payne et A. B. Grady: J. Amer. Chem. Soc. **73**, 2960 (1951).
Bargmann, W.: Klin. Wschr. **1949**, 617.
Berblinger, W.: Endokrinol. **23**, 251 (1941).
Cheng, C. P., et G. Sayers: Proc. Exper. Biol. et Med. **74**, 674 (1950).
Courrier, R.: Ann. d'Endocrin. **15**, 1 (1954).
Courrier, R., M. Baclesse et M. Marois: J. de Physiol. **45**, 327 (1953).
Fortier, C.: Rev. Canad. Biol. **10**, 67 (1951).

Fortier, C.: Ciba Colloquia **4**, 124 (1952).
Green, J. D.: Anat. Rec. **109**, 99 (1951).
Green, J. D.: Ciba Colloquia **4**, 72 (1952).
de Groot, J., et G. W. Harris: J. of Physiol. **111**, 335 (1950).
Harris, G. W.: Physiol. Rev. **28**, 139 (1948).
Harris, G. W.: J. of Physiol. **111**, 347 (1950).
Harris, G. W.: Ciba Colloquia **4**, 106 (1952).
Hume, D. H.: Ciba Colloquia **4**, 87 (1952).
Hume, D. H., et G. Y. Wittenstein: Proc. Clin. A. C. T. H. Conf. Blakiston, Philadelphia 1950.
Jores, A., H. Nowakowski et F. Rausch: Ciba Colloquia **4**, 362 (1952).
Lesh, J. B., J. D. Fisher, J. M. Bunding, J. J. Koosis, L. J. Walaszek, W. F. White et E. E. Hays: Science (Lancaster, Pa.) **112**, 43 (1950).
Li, C. H., H. M. Evans and M. E. Simpson: J. of Biol. Chem. **149**, 413 (1943).
Li, C. H., C. Kalman et H. M. Evans: Arch. of Biochem. **22**, 357 (1949).
Li, C. H.: Ciba Colloquia **4**, 325 (1952).
Li, C. H.: Concours Médical **18**, 1677 (1952).
Long, C. N. H.: Federat. Proc. **6**, 461 (1946) .
Long, C. N. H.: Amer. Assoc. Adv. Sci. **1950**, 24.
Long, C. N. H.: Ciba Colloquia **4**, 139 (1952).
Long, C. N. H., et E. G. Fry: Proc. Exper. Biol. a. Med. **59**, 67 (1945).
Mach, R. S.: Exposés de Biochimie Médicale. Paris: Masson 1951.
Mercier-Parot, L., et H. Tuchmann-Duplessis: C. r. Soc. Biol. (Paris) **145**, 657 (1951).
Nowakowski, H.: Dtsch. Z. Nervenheilk. **165**, 261 (1951).
Nowakowski, H.: Ciba Colloquia **4**, 65 (1952).
Recant, L., D. M. Hume, P. H. Forsham et G. W. Thorn: J. Clin. Endocrin. **10**, 187 (1950).
Rominger, E.: Ciba Colloquia **4**, 356 (1952).
Sayers, G.: Physiol. Rev. **30**, 241 (1950).
Sayers, G., et C. P. Cheng: Proc. Exper. Biol. a. Med. **70**, 61 (1949).
Seyle, H.: Stress Montreal Acta Inc. 1950.
Simpson, M. E., H. M. Evans et C. H. Li: Endocrinology (Springfield, Ill.) **33**, 261 (1943).
Taylor, A. B., A. Albert et R. G. Sprague: Endocrinology (Springfield, Ill.) **45**, 333 (1949).
Timiras, P. S.: Acta endocrinol. (Copenh.) **12**, 11 (1953).
Tuchmann-Duplessis, H.: Bull. Hist. appl. **6**, 89 (1950).
Tuchmann-Duplessis, H.: C. r. Soc. Biol. (Paris) **144**, 509 (1950).
Tuchmann-Duplessis, H.: C. r. Soc. Biol. (Paris) **145**, 170 (1951).
Tuchmann-Duplessis, H.: C. r. Acad. Sci. (Paris) **222**, 1610 (1951).
Tuchmann-Duplessis, H.: Presse méd. **1951**, 82, 1749.
Tuchmann-Duplessis, H.: Ciba Colloquia **4**, 33 (1952).
Tuchmann-Duplessis, H.: Presse méd. **66**, 1335 (1953).
Tuchmann-Duplessis, H.: Presse méd. **83**, 1801 (1953).
Vogt, M.: J. of Physiol. **107**, 239 (1948).

VOGT, M.: J. of Physiol. **114**, 465 (1951).
VOGT, M.: Ciba Colloquia **4**, 154 (1952).

Diskussion.

DEUTICKE (Göttingen): Sie haben uns in sehr anregender Weise über ein nicht ganz leichtes Thema referiert. Es bestätigt sich wieder, daß die Konzeption von CLAUDE BERNARD heute noch maßgebend ist.

STAUDINGER (Mannheim): Die Wirkungen des ACTH sind im Grunde Wirkungen der Nebennierenrindenhormone. In der Literatur tauchen hier und da Beobachtungen auf, nach denen das ACTH auch direkt auf die Peripherie wirken könne.

TUCHMANN-DUPLESSIS: Ich kenne kein verläßliches Experiment, das bewiese, daß ACTH in nebennierenlosen Tieren einen spezifischen Effekt habe.

AMMON (Homburg): Gibt es neben der Beziehung des ACTH zum Adrenalin noch eine zu Arterenol?

TUCHMANN-DUPLESSIS: Die vergleichenden Wirkungen von Adrenalin und Noradrenalin auf die ACTH-Ausschüttung wurden nicht systematisch studiert. Das Adrenalin wirkt nur sehr kurz, und nach einer kurzen Stimulation wird die ACTH-Sekretion der Hypophyse gehemmt.

Le mode d'action de l'insuline.

Par

Christian de Duve.

Laboratoire de Chimie Physiologique. Université de Louvain, Belgique.

I. Introduction.

Malgré d'innombrables recherches, le mode d'action précis de l'insuline n'est pas encore connu actuellement. L'hypothèse la plus en vogue fait de l'hormone pancréatique un activateur du processus glucokinasique. Cette hypothèse s'est considérablement renforcée au cours des dernières années, mais ne semble cependant pas fournir une explication satisfaisante de tous les résultats expérimentaux. Cette question sera discutée dans la première partie de ce rapport. Un second aspect du problème qui sera examiné dans la seconde partie, concerne la manière dont l'insuline active le processus glucokinasique.

L'action de l'insuline a fait l'objet de plusieurs revues d'ensemble. Citons à côté d'un article tout récent et très complet de Stadie[91], les ouvrages de Soskin et Levine[90], Cori[25], de Duve[28], Bouckaert et de Duve[12], Krahl[61], Stetten[99], ainsi que les comptes-rendus de plusieurs symposia[33, 54, 70]. Nous nous bornerons à citer les publications les plus récentes, renvoyant aux travaux mentionnés plus haut, pour une revue plus complète de la littérature.

II. Relation entre les effets de l'insuline et l'activation du processus glucokinasique.

D'après de nombreux auteurs, l'insuline aurait comme effet essentiel de favoriser *la transformation du glucose extracellulaire en hexose-phosphate intracellulaire.* Cette théorie comporte comme corollaire que le taux de renouvellement des hexoses-phosphates exerce un effet déterminant sur le cours des réactions métaboliques à l'intérieur de la cellule. Cet effet est résumé d'une manière schématique à la Fig. 1. Les flèches pleines montrent l'orientation des phénomènes biochimiques sous l'influence d'un apport exogène abondant d'hexoses-phosphates (état 1). Les oxydations cellulaires sont couvertes essentiellement par le glucose exogène, avec épargne des réserves de glycogène, de graisses et de protéines. Un excès d'hexoses-phosphates conduit à un enrichissement de ces réserves, par des processus synthétiques qui utilisent l'énergie (électrons et ATP) fournie par les oxydations. La suppression de l'apport exogène d'hexoses-phosphates conduit,

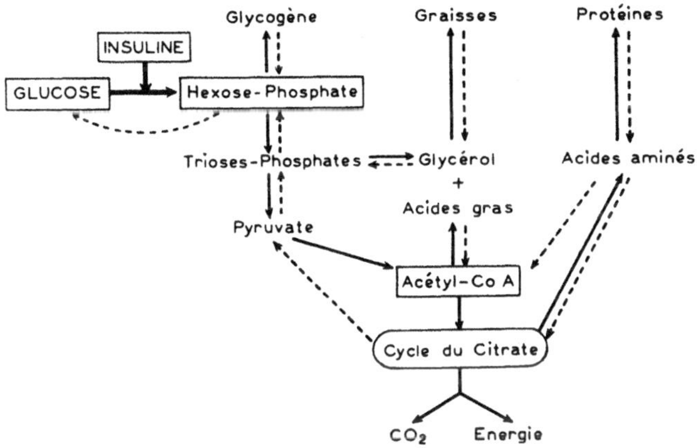

Fig. 1. *Régulation du métabolisme intracellulaire par la réaction glucokinasique. Flèches pleines*: Etat 1, réaction glucokinasique très active. *Flèches interrompues*: Etat 2, réaction glucokinasique peu active.

après une période de transition au cours de laquelle les réserves de glycogène s'épuisent, à un état inverse (état 2, flèches interrompues), dans lequel les graisses et les protéines couvrent les besoins énergétiques, fournissant en outre, dans le foie et les reins, l'énergie et les moëllons carbonés nécessaires à une néoformation de glucose.

Comme nous l'avons fait remarquer dans des publications antérieures[12, 28], l'état 1 peut être réalisé de deux manières différentes, soit par une injection d'insuline, compensée par du glucose de manière à maintenir la glycémie constante, soit par une injection de glucose créant une hyperglycémie, l'apport d'insuline étant nul ou restant constant. Ces faits s'expliquent si l'on admet que l'hyperglycémie accélère la réaction glucokinasique par effet de masse et que l'insuline exerce le même effet d'une autre manière.

Au cours des dernières années, de très nombreux arguments expérimentaux ont été apportés en faveur de cette conception.

a) Disparition du glucose.

L'effet le mieux connu de l'insuline est son action sur la disparition du glucose, que l'on peut aisément mettre en évidence «in vivo» et « in vitro». En soi, ce fait indique déjà que la réaction glucokinasique est accélérée dans le tissu insulinisé. Il se pourrait cependant qu'il s'agisse d'un effet secondaire.

On obtient des renseignements plus précis en dosant les hexoses-phosphates. Ceux-ci sont augmentés dans les muscles d'animaux recevant du glucose et de l'insuline[31] et dans le diaphragme isolé, incubé en présence de glucose et d'insuline[49]. Dans ce dernier, l'élévation du taux d'esters phosphorés va de pair avec une diminution de l'ATP[49].

Dans des expériences célèbres, COLOWICK, CORI et SLEIN[24] ont essayé d'étudier directement la réaction glucokinasique dans des extraits tissulaires. Ces auteurs parvinrent à démontrer dans un certain nombre de cas une inhibition de la glucokinase par une fraction labile extraite du lobe antérieur de l'hypophyse. Cette inhibition était renforcée par l'addition d'un extrait cortico-surrénal et levée par l'insuline. Ils observèrent des phénomènes analogues sur des extraits de muscles de rats rendus diabétiques à l'alloxane. Ceux-ci, contrairement aux préparations normales étaient sensibles à l'insuline, même en l'absence d'extrait anté-hypophysaire.

Ces importantes recherches n'ont pas été unanimement acceptées. Plusieurs chercheurs essayèrent en vain de les reproduire et on a objecté en outre à la théorie proposée par les auteurs que les tissus d'animaux hypophysectomisés restent sensibles à l'insuline et sont même particulièrement sensibles à cette hormone[16, 77, 87, 92, 93]. Cette objection n'est cependant que partiellement fondée, car l'hypersensibilité à l'insuline des animaux hypophysectomisés peut être interprétée comme étant due à la suppression de l'inhibiteur hypophysaire, si, comme le pense KRAHL[61], les effets de cet inhibiteur et de l'insuline sont compétitifs. L'existence d'une inhibition résiduelle pourrait être due à l'action de facteurs extra-hypophysaires.

Les études sur diaphragme isolé ont fourni des résultats qui cadrent avec cette manière de voir. Ces études ont été résumées par KRAHL[61]. Fait particulièrement intéressant, l'injection d'hormone de croissance au rat hypophysectomisé supprime, si elle est faite 24 heures avant l'expérience, la consommation de glucose anormalement élevée qui caractérise le diaphragme d'animaux hypophysoprives. PARK et DAUGHADAY[74] réussirent à extraire de l'hypophyse un principe actif 3 heures après in-

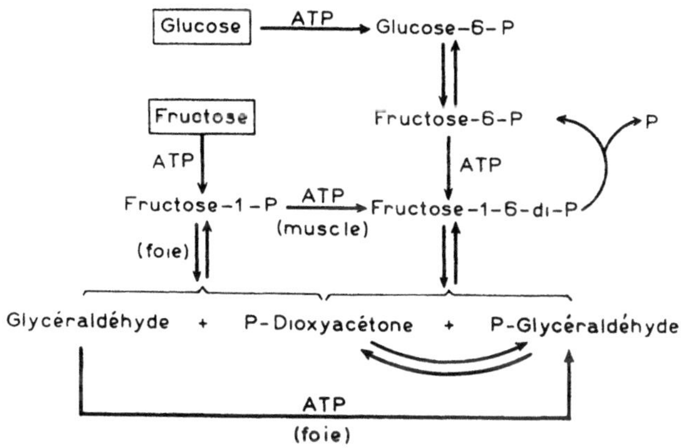

Fig. 2. *Métabolisme du fructose.* (D'après HERS, 50, HERS et KUSAKA, 52.)

jection et, récemment, BORNSTEIN et PARK[11] ont montré la présence d'un inhibiteur agissant directement sur le diaphragme isolé, dans le sérum d'animaux diabétiques. Cet inhibiteur, que BORNSTEIN[10] a séparé avec les β-lipoprotéines plasmatiques, semble être d'origine adréno-hypophysaire, car il est absent dans le sérum d'animaux diabétiques hypophysectomisés et surrénalectomisés et réapparaît après injection d'hormone de croissance et de cortisone[11].

Un autre argument en faveur de la localisation d'un effet de l'insuline au niveau de la réaction glucokinasique est fourni par la spécificité de cet effet. La comparaison entre le glucose et le fructose est très suggestive à cet égard. A une exception près[47], tous les auteurs sont d'accord pour affirmer que la consommation du fructose par les tissus échappe au contrôle par l'insuline. La Fig. 2, qui résume les données établies par HERS et KUSAKA[52] montre qu'il existe fort peu de réactions qui ne soient pas communes au métabolisme des deux sucres. Dans le cas du foie, CHERNICK, CHAIKOFF et ABRAHAM[22] ont pu éliminer comme siège de l'action de l'insuline les réactions autres que les réactions glucokinasique et phosphofructokinasique en montrant que le foie diabétique transforme le fructose en glucose à un rythme normal.

b) Synthèse de glycogène.

Si l'hypothèse glucokinasique est correcte, l'influence favorable de l'insuline sur la synthèse de glycogène devrait se manifester uniquement lorsque le précurseur est le glucose. C'est effectivement ce que l'on observe. Sur diaphragme isolé, TENG et coll.[102] trouvent que l'alloxanisation associée à la surrénalectomie abaisse significativement la capacité du tissu à former du glycogène aux dépens du glucose, sans affecter son pouvoir de transformer le pyruvate en glycogène. D'autre part, HASTINGS et coll.[48] ont signalé brièvement que l'alloxanisation diminue le taux d'incorporation de glucose radioactif dans le glycogène de tranches de foie de rat. L'insuline ajoutée «in vitro» corrige ce défaut et stimule, en outre, la synthèse de glycogène radioactif par des tranches de foie d'animaux normaux, si l'incubation a lieu dans un milieu relativement carencé en potassium. Travaillant sur des tranches de foie de lapins nourris, incubées dans le milieu recommandé par HASTINGS et coll.[48], nous avons étudié la formation

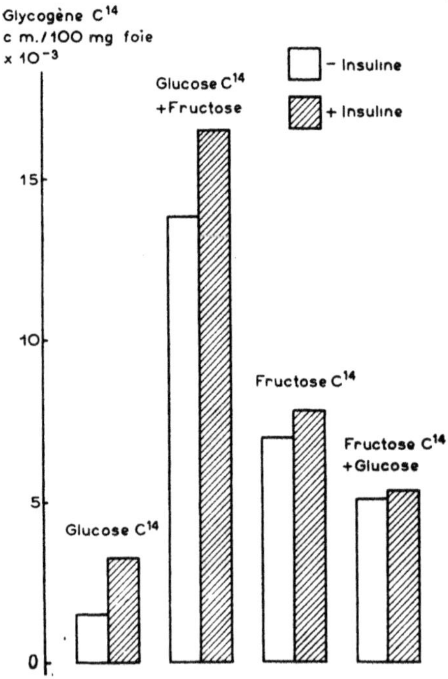

Fig. 3. *Influence de l'insuline sur la synthèse de glycogène par des tranchesd e foie.* (D'aprèsBERTHET, JACQUES, HENNEMANNE et DE DUVE, 7.)

de glycogène radioactif aux dépens de glucose-C^{14} et de fructose-C^{14} [7]. La Fig. 3 résume les résultats d'une expérience de ce genre. On constate que l'insuline stimule l'incorporation de glucose radioactif dans le glycogène, mais non celle du fructose (les augmentations observées en présence de fructose ne sont pas significatives). On note en outre que le fructose est un meilleur formateur de glycogène que le glucose et que la présence de fructose non marqué favorise considérablement la synthèse de glycogène radioactif aux dépens de glucose-C^{14}, alors que le glucose non marqué inhibe l'incorporation du fructose-C^{14} dans le glycogène. Le schéma de la Fig. 2 explique parfaitement ces résultats, qui imposent la conclusion que l'étape glucokinasique est le facteur limitant de la transformation du glucose en glycogène dans le foie et que cette étape est sélectivement influencée par l'insuline.

c) Formation de pyruvate.

BUEDING et coll.[17] ont montré que l'insuline associée au glucose augmente le taux d'acide pyruvique du sang. Il est probable qu'il s'agit là d'une augmentation de la production d'acide pyruvique aux dépens du glucose, car VILLEE et coll.[105] ont pu observer ce phénomène directement sur le diaphragme isolé incubé en présence de glucose radioactif.

d) Phénomènes oxydants.

On sait que l'insuline ne modifie pas sensiblement la consommation d'oxygène des tissus, mais élève leur Q. R. Ce fait a été interprété comme indiquant une participation plus importante des hydrates de carbone au métabolisme oxydatif (associée à une augmentation de la synthèse d'acides gras). Les recherches effectuées à l'aide de précurseurs radioactifs confirment cette opinion. C'est ainsi que les travaux de WICK et coll.[109], FELLER et coll.[31], STETTEN et coll.[100], sur animaux éviscérés, ont démontré que la proportion de CO_2 respiratoire provenant de l'oxydation du glucose est considérablement diminuée chez les animaux diabétiques et augmentée par l'insuline. VILLEE et coll.[103, 105] ont effectué des observations analogues sur le diaphragme isolé, tandis que les travaux de l'école de CHAIKOFF[2, 20, 21, 22, 23] montrent que l'oxydation du glucose par des tranches de foie isolées est diminuée dans le diabète et augmentée par un traitement préalable à l'insuline. Fait significatif, l'oxydation du fructose et de nombreux autres intermédiaires métaboliques n'est ni diminuée dans le foie diabétique ni stimulée par l'insuline[2, 14, 19, 21, 22, 35, 36, 55, 71, 72, 101], ce qui suggère une fois de plus que l'effet primaire a lieu au niveau de la réaction glucokinasique. Comme nous l'avons fait remarquer plus haut, ces expériences ne permettent pas d'écarter un effet de l'insuline sur la réaction phosphofructokinasique, mais un tel effet ne peut rendre compte des résultats obtenus sur la synthèse de glycogène et est d'ailleurs rendu improbable par ces résultats (Fig. 3).

Cependant, certaines données ne s'expliquent pas par l'hypothèse glucokinasique, notamment l'effet stimulant de l'insuline sur l'oxydation du pyruvate et d'autres intermédiaires du cycle de l'acide citrique, observé par divers auteurs. Il est vrai que cet effet a été obtenu le plus souvent avec le muscle pectoral de pigeon[63, 78, 94] et non avec le muscle de mammifère[83, 97, 98]. Mais récemment les chercheurs de l'école de HASTINGS[75, 104, 105] ont observé un trouble de l'oxydation du pyruvate et de l'acétate dans les muscles d'animaux diabétiques. Sans action sur le muscle normal, l'insuline stimule l'oxydation du pyruvate, mais non celle de l'acétate, par le diaphragme isolé de rat diabétique[75, 104, 105]. Le ventricule isolé, qui montre le même trouble que le diaphragme, ne répond pas à l'insuline[75]. FROHMAN et coll.[40] ont signalé une diminution du taux des intermédiaires du cycle de l'acide citrique dans le foie et le rein d'animaux diabétiques.

Comme nous l'indiquerons encore plus loin, on ne peut pas, sans raison, attribuer directement au manque d'insuline les modifications métaboliques qui caractérisent l'état diabétique, si ces modifications ne sont pas réversibles par l'addition d'insuline «in vitro». Etant donné les caractères de l'état diabétique (état 2, Fig. 1), on doit s'attendre à une participation moins grande du cycle de l'acide citrique aux oxydations, du moins dans un tissu comme le foie, qui libère une quantité importante d'énergie par l'oxydation d'acides gras et d'acides aminés. L'effet de l'insuline sur l'oxydation du pyruvate, observé dans certaines conditions et en l'absence de glucose, reste néanmoins un fait dont l'hypothèse glucokinasique ne peut rendre compte et qui suggère un autre point d'action de l'hormone pancréatique. Il est possible que cet effet soit lié à l'influence favorable exercée par l'insuline sur le taux de diphosphothiamine[37, 38, 84].

e) Synthèse d'acides gras.

De nombreux travaux récents ont permis de mettre en évidence le rôle primordial de l'insuline dans la synthèse de graisses. Ces travaux ont été passés en revue par GURIN et BRADY[46]. Un examen attentif des résultats expérimentaux montre que ceux-ci peuvent se ranger en deux groupes distincts.

Dans le premier entrent toutes les données montrant que l'état diabétique provoque une réduction considérable de la capacité de synthèse d'acides gras par le tissu hépatique isolé, quel que soit le précurseur fourni, glucose[2, 20, 21, 22, 23], fructose[21, 22], pyruvate[71, 72], lactate[2, 35], acétate[2, 14, 15, 21, 35, 68], octanoate[11], acétoacétate[19], formiate[36]. L'insuline ajoutée «in vitro» est *sans influence* sur ce phénomène, qu'elle soit fournie seule, avec du glucose ou avec un autre intermédiaire glucidique[14, 15]. L'addition de fructose au milieu est également sans effet[21]. Au contraire, la capacité de synthèse d'acides gras par le foie isolé de l'animal diabétique est rétablie par un traitement insulinique durant 1 à 3 jours[19, 20, 23, 35, 36, 68, 71, 72], par l'hypophysectomie et la surrénalectomie[15].

Il importe de noter que l'insuline doit être fournie au moins 24 heures avant l'expérience pour être active[20, 23] et qu'elle exerce son effet maximum après 48 heures seulement[71, 72]. Le défaut de lipogénèse qui caractérise le diabète est donc une conséquence relativement éloignée du manque d'insuline et exige un certain temps pour se réparer. CHAIKOFF et ses collaborateurs ont obtenu des renseignements très intéressants au sujet du déterminisme de ce phénomène. Ils ont constaté, en effet, que le pouvoir lipogénique du foie diabétique peut être rétabli par l'administration à l'animal d'un régime riche en fructose, mais non par un régime riche en glucose[2]. Encore convient-il d'ajouter que le régime au fructose n'exerce un effet favorable que si le précurseur étudié est une substance autre que le glucose[2]. Dans un travail récent, HOTTA et coll.[56] ont encore montré que le taux de transformation de l'acétate en cholestérol varie en sens *inverse* de la lipogénèse. Anormalement élevé dans le foie d'animaux diabétiques recevant un régime riche en glucose, il est ramené à sa valeur normale par un régime au fructose.

Ces expériences très élégantes confirment que le trouble essentiel produit par le manque d'insuline affecte spécifiquement l'utilisation du glucose. Elles indiquent en outre que le défaut d'utilisation des hydrates de carbone qui en résulte entraîne des modifications secondaires de la destinée des fragments à deux carbones (acétyl-coenzyme A). Ceux-ci ne peuvent plus servir à la synthèse d'acides gras et sont dérivés en plus grande quantité vers la formation d'acétoacétate et de cholestérol. Cette interprétation est encore renforcée par les résultats obtenus sur des animaux à jeûn. CHAIKOFF et ses collaborateurs[68, 69] ont constaté qu'un jeûne de 12 à 18 heures réduit considérablement la capacité lipogénique du foie et que l'administration de glucose 6 à 12 heures avant l'expérience exerce une influence très favorable sur cette capacité.

Dans le second groupe, il faut ranger les expériences effectuées sur le foie normal, montrant que l'insuline ajoutée «in vitro» stimule l'incorporation d'acétate radioactif dans les acides gras[9, 13, 15, 69]. La nature de l'action de l'insuline sur ce phénomène n'est pas encore entièrement éclaircie. D'après BLOCH et KRAMER[9], l'effet de l'insuline s'observerait en présence de pyruvate et non en présence de glucose. BRADY et GURIN[13] n'ont cependant pas pu confirmer ce fait et BLOCH[8] a reconnu qu'il n'avait pu le reproduire avec d'autres races d'animaux. Plus récemment, CHAIKOFF et ses collaborateurs ont montré que l'addition de glucose ou de fructose au milieu d'incubation favorise la synthèse d'acides gras aux dépens d'acétate par des tranches de foie de rats normaux nourris[21] et à jeûn[69]. L'insuline, qui, ajoutée seule, est sans effet sur le foie d'animaux à jeûn depuis 18 heures, y stimule significativement la lipogénèse aux dépens d'acétate *en présence de glucose*[69]. Ces derniers résultats suggèrent fortement, à l'encontre de ceux de BLOCH et KRAMER[9], que l'action de l'insuline s'exerce ici aussi par l'intermédiaire de la réaction glucokinasique.

Cette conclusion émerge encore plus clairement des données expérimentales de FOLLEY et collaborateurs[3, 4, 5, 6, 39]. Ces auteurs ont constaté que l'insuline stimule simultanément la formation d'acides gras aux dépens d'acétate et de glucose dans des tranches de glande mammaire de rates allaitantes. La présence de glucose est essentielle à la mise en évidence de cet effet. D'autre part, l'insuline est sans action, même en présence de glucose, sur la glande mammaire de brebis, qui n'utilise pratiquement pas le glucose à la synthèse d'acides gras. Finalement, BALMAIN et coll.[4]

ont trouvé que l'addition de glycérol au milieu d'incubation stimule la lipogénèse au même titre que l'insuline. Ce fait suggère l'hypothèse que l'insuline exerce une partie de ses effets sur l'incorporation d'acétate en favorisant la formation de glycérol aux dépens de glucose, et, ainsi, la synthèse de glycérides à partir des acides gras néoformés[4]. Les résultats de BRADY et GURIN[13], qui observent un effet de l'insuline sur le foie d'animaux nourris en l'absence de glucose ajouté, ne contredisent pas nécessairement les données de FOLLEY et de CHAIKOFF, étant donné que ce tissu produit spontanément des quantités importantes de glucose.

On peut se demander finalement pourquoi la lipogénèse dans le foie d'animaux diabétiques ne répond pas à l'insuline, même en présence de glucose. Il est peu probable que le tissu soit totalement insensible à l'insuline, car HASTINGS et coll.[48] ont observé un effet favorable de cette hormone sur la formation de glycogène dans le foie diabétique. D'autre part, il est manifeste que ni l'oxydation des acides gras, ni la capacité d'utiliser l'acétate ne sont déficientes chez l'animal diabétique. Sur la base de ces données, BRADY et GURIN[14] ont supposé que la synthèse d'acides gras ne se fait pas par une simple inversion de la β-oxydation et que l'insuline agit sur un système intervenant exclusivement dans le phénomène anabolique. Ces auteurs, de même que BAKER et coll.[2] envisagent la possibilité d'une formation adaptative d'enzymes lipogéniques, expliquant ainsi l'absence de réparation immédiate du défaut métabolique par l'insuline.

Les données recueillies récemment sur les systèmes enzymatiques intervenant dans le métabolisme lipidique[67] ne plaident pas en faveur de cette manière de voir. Il est possible que le retard observé dans l'action de l'insuline sur le foie diabétique soit tout simplement la conséquence d'une certaine inertie des systèmes biochimiques intracellulaires. Si l'on songe qu'au moment où l'expérience débute, tous les équilibres intracellulaires sont favorables à la dégradation des acides gras et à la néoformation de glucose, on peut imaginer aisément qu'il faille un certain temps pour inverser complètement l'orientation des processus par un simple apport accru d'hydrates de carbone exogènes. Ce retard pourrait ne pas se manifester en ce qui concerne la synthèse de glycogène, qui dépend d'une manière beaucoup plus directe du taux d'hexoses-phosphates. Il est possible également que des phénomènes hormonaux soient responsables de l'insensibilité à l'insuline du processus lipogénique dans le foie diabétique, car BRADY et coll.[15] ont constaté que l'addition d'hormone de croissance au milieu d'incubation supprime l'effet stimulant de l'insuline sur la synthèse d'acides gras par le foie normal, et que l'hypophysectomie restaure la sensibilité à l'insuline du foie diabétique.

f) Synthèses peptidiques.

KRAHL[62] a étudié la capacité de synthèse peptidique du foie en mesurant l'incorporation de glycocolle radioactif dans la glutathion et les protéines, ainsi que celle de phénylalanine radioactive dans les protéines de tranches de foie isolées. Les trois méthodes donnent des résultats concordants et indiquent que la capacité de synthèse peptidique est fortement réduite au cours du jeûne et dans le diabète. Dans les deux cas, l'addition de glucose au milieu d'incubation corrige le défaut dans une large mesure. L'insuline est sans effet sur le foie normal en présence ou en l'absence de glucose, mais double la synthèse peptidique dans le foie diabétique incubé avec du glucose. Un traitement préliminaire à l'insuline rétablit également la capacité du foie diabétique de former des peptides en l'absence de glucose et d'insuline. KRAHL[62] conclut de ces résultats que les synthèses peptidiques du foie exigent un apport normal de dérivés glucidiques et que l'effet favorable de l'insuline sur ces processus s'exerce en grande partie par l'intermédiaire de son action sur l'utilisation du glucose. Cette interprétation est renforcée par les résultats de BORNSTEIN[10] qui observe que la β-lipoprotéine de plasma diabétique, qui produit une inhibition insulino-réversible de l'utilisation de glucose par le diaphragme isolé (voir plus haut), exerce un effet analogue, insulino-réversible également, sur la synthèse de glutathion aux dépens de glycocolle radioactif dans le *foie normal.*

Les expériences similaires effectuées sur le diaphragme isolé ont donné des résultats divergents. SINEX et coll.[85], travaillant avec l'alanine marquée comme traceur, constatent une stimulation nette par l'insuline de la formation de protéines radioactives en l'absence de glucose. En présence de glucose, l'incorporation de l'alanine est inhibée et l'insuline accentue encore cette inhibition. Le pyruvate produit une inhibition nettement plus marquée, qui est légèrement contrecarrée par l'insuline. KRAHL[62], tout en confirmant l'action favorable de l'insuline sur le diaphragme normal, note que l'addition de glucose stimule la protéosynthèse aux dépens de glycocolle dans le diaphragme d'animaux normaux et diabétiques à *jeûn*. L'insuline est sans action en présence de glucose sur le diaphragme diabétique. Ces résultats sont difficilement conciliables et indiquent en tout cas une certaine indépendance entre l'action de l'insuline sur la synthèse protéique musculaire et son effet sur la consommation glucosée.

g) Conclusion.

Il nous paraît que l'on peut légitimement conclure de l'ensemble des résultats examinés que la plupart d'entre eux s'expliquent d'une manière satisfaisante par une action spécifique de l'insuline sur la réaction glucokinasique. De nombreuses données sont même difficilement compatibles avec une autre interprétation. Le mécanisme exact par lequel la stimulation du processus glucokinasique exerce un effet favorable sur des phénomènes tels que la lipogénèse et la protéosynthèse reste matière à spéculation. Un regard sur la Fig. 1 suggère certaines interprétations simples, fondées sur des considérations cinétiques. Mais il est très vraisemblable que des processus régulateurs intracellulaires plus complexes entrent en jeu.

On doit reconnaître, cependant, que l'hypothèse glucokinasique ne rend pas compte de toutes les données expérimentales et que l'on doit envisager la possibilité que l'insuline influence d'autres processus biochimiques, intervenant notamment dans le métabolisme musculaire de l'acide pyruvique et des acides aminés. Il est juste de signaler également que, dans le cas du foie, une inhibition par l'insuline de la glucose-6-phosphatase et de la déacylase de l'acéto-acétyl-coenzyme A pourrait expliquer aussi bien la plupart des résultats obtenus. Cette explication n'est évidemment pas valable pour le muscle.

III. Mode d'action de l'insuline sur la réaction glucokinasique.

La Fig. 4 montre que le processus glucokinasique peut être théoriquement accéléré de quatre manières différentes:

a) Par une augmentation de la perméabilité cellulaire au glucose.

b) Par une activation de la glucokinase.

c) Par une stimulation des phosphorylations oxydatives, susceptibles de déterminer un apport accru d'ATP, nécessaire à la réaction, et un enlèvement plus rapide de l'ADP, qui l'inhibe[88].

d) Par une accélération de la disparition du glucose-6-phosphate, un inhibiteur puissant de la glucokinase[26, 107], ou par une action qui diminuerait l'inhibition du ferment par cet ester.

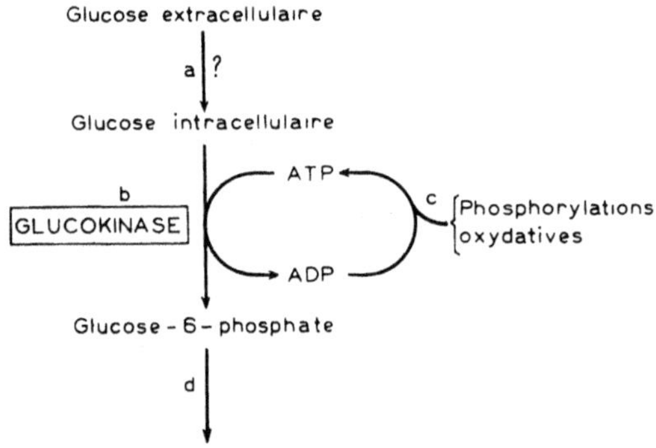

Fig. 4. *Facteurs susceptibles d'influencer la vitesse du processus glucokinasique.*

Quel que soit le mécanisme en cause, on doit admettre l'existence d'une interaction entre l'insuline et certains récepteurs cellulaires sensibles à cette hormone. Les importantes recherches de l'école de STADIE ont montré que les tissus fixent effectivement une certaine quantité d'insuline et que l'activité physiologique de l'hormone est directement proportionnelle à la quantité fixée. Ces travaux ont été passés en revue par STADIE[91]. Bien qu'ils ne renseignent pas sur la nature du processus influencé par l'hormone pancréatique, ils ont permis d'établir une donnée très importante. Etudiant le déterminisme de l'hypersensibilité à l'insuline du diaphragme de rat hypophysectomisé, STADIE, HAUGAARD et VAUGHAN[95] ont montré que l'hypophysectomie ne modifie pas l'aptitude du tissu à fixer l'insuline, mais augmente l'activité métabolique par molécule d'insuline fixée.

a) La perméabilité cellulaire au glucose.

Déjà en 1914, HÖBER[53] faisait du diabète un trouble essentiel de la perméabilité cellulaire au glucose et ARNOLDI[1] émit en 1924 l'hypothèse que l'action de l'insuline pourrait s'expliquer par un effet favorable sur cette pénétration. La théorie de perméabilité fut défendue ultérieurement par divers auteurs (WIECHMANN, LOEWI), mais leurs résultats n'emportèrent pas la conviction.

Cette théorie a été remise en honneur au cours des dernières années par LEVINE et son école. Ces auteurs ont constaté sur des préparations éviscérées que l'insuline augmente significativement le volume occupé par le galactose et un certain nombre d'autres sucres non métabolisables[41, 64]. Cet effet paraît être spécifique des substances possédant la configuration

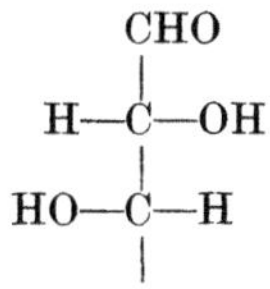

Comme le glucose présente la même configuration, LEVINE conclut que l'insuline agit sur l'utilisation de ce sucre en favorisant sa pénétration dans les tissus. WICK et DRURY[108], utilisant du galactose radioactif ont publié des résultats similaires et HAFT, MIRSKY et PERISUTTI[47] ont retrouvé sur le diaphragme isolé un effet favorable de l'insuline sur l'accumulation intracellulaire du galactose. Ces derniers auteurs n'ont cependant pas pu reproduire cet effet avec certains des autres sucres utilisés par LEVINE. ROSS[81] a observé un effet favorable de l'insuline sur la pénétration du galactose dans le cristallin isolé.

Des données plus directes ont été obtenues avec le glucose. DRURY et WICK[32] ont déterminé l'espace de glucose par une méthode isotopique. Cet espace n'est pas modifié par l'insuline, mais les auteurs font remarquer que leurs résultats ne contredisent pas ceux de LEVINE, étant donné que l'utilisation subséquente du glucose par les tissus peut empêcher son accumulation locale. Cette interprétation est renforcée par les expériences de PARK[73] sur diaphragme isolé. Cet auteur a pu démontrer une accumulation significative de glucose libre à l'intérieur du tissu sous l'influence de l'insuline, en opérant soit avec des concentrations de glucose suffisamment élevées pour que la vitesse de pénétration dépasse le taux d'utilisation, soit à basse température, de manière à ralentir considérablement le processus d'utilisation. PARK[73] a pu reproduire des résultats analogues «in vivo», contrairement aux données de LUNDSGAARD[65], qui n'a pas réussi à mettre en évidence la présence de glucose libre dans les muscles de préparations éviscérées ou perfusées, même en présence de concentrations élevées de glucose et d'insuline.

Les résultats obtenus par ROSS[79, 80] plaident également en faveur de la théorie de perméabilité. Etudiant la vitesse de transfert du glucose sanguin dans l'humeur aqueuse de l'oeil, ce chercheur conclut à l'existence d'un mécanisme actif, qui serait influencé par l'insuline.

Si attrayante qu'elle puisse paraître, la théorie de perméabilité se heurte néanmoins à plusieurs objections. En premier lieu, comme le fait remarquer STADIE[91], les résultats de LEVINE suggèrent que l'espace supplémentaire envahi par le galactose en présence d'insuline est totalement inaccessible à ce sucre en l'absence de l'hormone. Un tel processus de «tout ou rien» est difficile à imaginer et ne se produit guère dans le cas du glucose, puisque l'utilisation de ce sucre par les muscles est simplement ralentie par le défaut d'insuline[30, 66, 89]. D'autre part, la cortisone, qui provoque de l'insulino-résistance, n'influence pas l'effet de l'insuline sur la pénétration du galactose[42]. Fait plus troublant, un effet analogue à celui de l'insuline peut être obtenu par une stimulation de l'activité musculaire[43]. On ne peut donc négliger le rôle éventuel de facteurs circulatoires dans l'interprétation de ces phénomènes. Leur spécificité soulève d'autres difficultés, car elle suggère l'intervention d'un mécanisme enzymatique. WICK et DRURY[108] admettent d'ailleurs l'intervention d'un processus actif dans le transfert de galactose à l'intérieur des tissus. Au contraire, les expériences de PARK[73], citées plus haut, suggèrent que la pénétration du glucose libre dans le muscle sous l'influence de l'insuline présente un coefficient thermique faible, peu compatible avec l'intervention d'un mécanisme actif. Notons que les expériences de ROSS[79], montrant l'intervention d'un processus actif dans le passage du glucose sanguin à l'intérieur de l'oeil, ne prouvent pas nécessairement qu'un phénomène similaire intervient dans le muscle, car la formation de l'humeur aqueuse est due en partie à de véritables phénomènes de sécrétion cellulaire[27]. Une dernière difficulté apparaît lorsque l'on envisage d'étendre la théorie de perméabilité au foie. La cellule hépatique contient certainement de grandes quantités de glucose libre et l'on a peine à croire que l'effet de l'insuline sur cet organe puisse s'expliquer par une action sur la perméabilité de la membrane cellulaire.

Malgré ces difficultés, il est évident qu'une théorie satisfaisante du mode d'action de l'insuline doit tenir compte des phénomènes de transfert observés dans certaines conditions. En particulier, les observations portant directement sur la pénétration du glucose peuvent difficilement être écartées au titre d'artefacts.

b) L'activation de la glucokinase.

Nous avons examiné plus haut les données expérimentales qui plaident en faveur d'une action directe de l'insuline sur la glucokinase. Ces données découlent essentiellement des expériences de l'école de CORI. Malgré les critiques qui ont été faites à ces expériences, nous ne croyons cependant pas que l'on puisse leur dénier toute signification, étant donné, notamment, le parallélisme frappant qui existe entre les phénomènes observés «in vitro» et «in vivo». A notre avis, le renseignement le plus important fourni par ces recherches est que l'enzyme doit être *préalablement inhibé* pour devenir sensible à l'effet de l'insuline.

Avant d'examiner la signification de cette donnée, il nous paraît utile d'attirer l'attention sur un autre aspect des phénomènes qui gouvernent l'utilisation tissulaire du glucose. Il est bien connu que la concentration en glucose du milieu extracellulaire influence le taux d'utilisation de ce sucre par les tissus, aussi bien dans l'animal entier que dans des préparations isolées. Il est difficile d'apprécier la relation quantitative exacte entre ces deux variables, mais les données expérimentales, telles que celles de WIERZUCHOWSKI[110], LUNDSGAARD, NIELSEN et ORSKOV[66], SOSKIN et LEVINE[89], DE DUVE et BOUCKAERT[29], STADIE et ZAPP[96] et d'autres, permettent d'estimer qu'il faut une concentration en glucose d'au moins 200 mg-% pour atteindre une utilisation demi-maximale. Il n'est pas douteux que les hexokinases animales — à l'exception de la fructokinase musculaire[50, 86] — sont pratiquement saturées à des concentrations en glucose beaucoup plus faibles. Aucune détermination précise n'a été faite jusqu'à présent, mais les résultats dont on dispose[51, 86] permettent d'affirmer que la constante de MICHAELIS pour le glucose des glucokinases animales doit être du même ordre de grandeur que celle de l'hexokinase de levure (1,3 à 1,6 $\times$ 10^{-4} M, d'après SLEIN et coll.[86]). La Fig. 5 représente d'une manière schématique la différence approximative qui doit exister entre les courbes de saturation par le glucose des tissus intacts et des hexokinases. Il est clair que l'accessibilité au glucose de l'hexokinase «in vivo» doit être très faible comparativement à celle du ferment libre.

A première vue, le fait illustré par la Fig. 5 semble apporter un argument supplémentaire en faveur de la théorie de perméabilité. En effet, la différence entre les courbes de saturation du ferment isolé et des tissus intacts pourrait s'expliquer par l'existence d'une barrière de perméabilité, interposée entre le glucose extracellulaire et l'enzyme intracellulaire. Si l'on suppose qu'il s'agit d'une simple barrière de diffusion, on doit admettre que la concentration intracellulaire en glucose est toujours très faible, de l'ordre de grandeur du K_m de la glucokinase, ce qui est en accord avec les données expérimentales qui indiquent l'absence quasi-totale de glucose libre dans le tissu musculaire[65]. S'il en est ainsi, on comprend qu'une augmentation de la concentration extracellulaire en glucose détermine une augmentation de la vitesse de diffusion de ce sucre, à laquelle la réaction glucokinasique répondra par une accélération correspondante. Dans le nouvel état de «steady state» qui s'établira, la concentration intracellulaire en glucose sera augmentée, mais cette augmentation ne sera pas décelable. Pour que le glucose s'accumule dans la cellule, il faut que la vitesse de diffusion dépasse la vitesse maxima de la glucokinase, ce qui pourra se produire à des concentrations en glucose très élevées ou à basse température, comme le trouve effectivement PARK[73]. Le

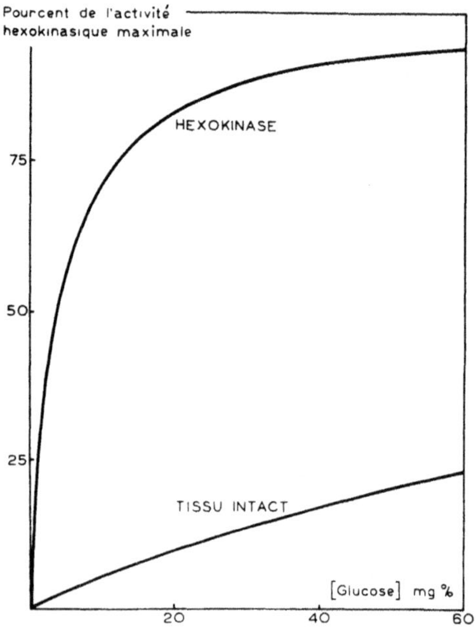

Fig. 5. *Influence de la concentration en glucose sur la vitesse du processus glucokinasique «in vitro» et «in vivo».* (Représentation schématique.)

même effet pourra être produit par une augmentation de la perméabilité au glucose, *mais non par une action directe sur l'activité du ferment.* En effet, une telle action tendrait à réduire encore la concentration intracellulaire en glucose, mais comme celle-ci est déjà très faible, sa diminution sera sans influence sur la vitesse de diffusion. LUNDSGAARD[65] a fait valoir des arguments similaires pour démontrer que l'effet de l'insuline doit s'exercer à la surface du muscle.

Ajoutées aux données expérimentales discutées au paragraphe précédent, ces faits semblent devoir imposer la théorie de perméabilité, n'étaient les résultats de l'école de CORI et le problème particulier que pose la nature de l'action de l'insuline sur le foie. Actuellement, il n'existe pas de solution satisfaisante à ce dilemme, mais il nous semble que la découverte par BORNSTEIN[10, 11] d'un inhibiteur plasmatique de nature *lipoprotéique*, agissant aussi bien sur le foie que sur le muscle apporte au problème une donnée nouvelle d'importance fondamentale. Il se pourrait en effet que le facteur qui limite l'accessibilité de la glucokinase au glucose soit, dans *tous les tissus*, l'association de l'enzyme avec certaines lipoprotéines, présentes localement ou apportées par la circulation. La présence de certains corticostéroïdes dans le complexe augmenterait encore sa cohésion, tandis que l'insuline la diminuerait.

Une théorie de ce genre peut rendre compte de l'action hépatique de l'insuline et des résultats de l'école de CORI. D'un autre côté, elle reste compatible avec la théorie de perméabilité, si l'on suppose que dans le muscle *la glucokinase fait partie de la membrane cellulaire.* En effet, on peut imaginer qu'une action spécifique, portant sur l'état physico-chimique de cette membrane et favorisant l'accessibilité au glucose de certains de ses constituants, puisse avoir en même temps pour effet de la rendre plus perméable au glucose et à certaines substances voisines.

c) Stimulation des phosphorylations oxydatives.

Ici encore, l'examen des faits expérimentaux conduit à un dilemme que l'on peut énoncer de la manière suivante: 1. Une action favorable de l'insuline sur les phosphorylations oxydatives a été observée par divers auteurs; 2. Une telle action ne peut expliquer la stimulation du processus glucokinasique par l'insuline.

STADIE[91] a résumé les données qui plaident en faveur d'un effet de l'insuline sur les phosphorylations oxydatives. Viennent d'abord les résultats de KAPLAN et GREENBERG[57, 58, 59, 60], de SACKS[82] et de GORANSON, HAMILTON et HAIST[45], montrant que l'insuline augmente le turnover de l'ATP dans le foie et dans les muscles. L'interprétation de ces résultats se heurte néanmoins à plusieurs difficultés. En premier lieu, il est bien admis actuellement que les méthodes de séparation des composés phosphorés ne sont pas suffisamment sélectives pour autoriser des conclusions certaines dans des expériences effectuées à l'aide de P^{32}. En effet, la présence de contaminants à haute activité spécifique, décelables seulement par des méthodes chromatographiques, peut fausser considérablement les résultats expérimentaux. De plus, l'interprétation de ceux-ci est toujours fort délicate. Finalement, on peut faire remarquer que rien ne prouve que l'insuline stimule directement le turnover de l'ATP et que l'activation du processus glucokinasique est la conséquence de cette stimulation. En effet, l'inverse est également possible et il est évident qu'une activation de la réaction glucokinasique doit entrainer nécessairement un renouvellement plus rapide de l'ATP.

D'autres données plaident cependant plus directement en faveur d'une action de l'insuline sur les phosphorylations oxydatives. Citons les résultats de CHARALAMPOUS et HEGSTED[18], montrant que l'acétylation de l'acide p-amino-benzoïque est déficiente chez l'animal diabétique et que ce défaut peut être corrigé par l'insuline ou par des donneurs de phosphate à énergie élevée; ceux de FOA et coll.[37, 38] et de SILIPRANDI et SILIPRANDI[84], indiquant un effet favorable de l'insuline sur la phosphorylation de la thiamine, observable même «in vitro»[38]; ceux de GORANSON et ERULKAR[44], qui trouvent que la phosphorylation de la créatine par des homogénats tissulaires est inhibée par l'alloxanisation et que l'insuline stimule ce processus, aussi bien fournie «in vivo» qu'ajoutée au système «in vitro»; enfin ceux de POLIS et coll.[76] qui observent une augmentation par l'insuline du rapport P/O dans des préparations de mitochondries isolées, incubées aérobiquement dans certains conditions bien déterminées.

Comme le montrent de nombreux travaux récents, le rapport P/O dépend de multiples facteurs, encore mal connus, et l'interprétation des données expérimentales obtenues dans ce domaine est extrêmement délicate. Néanmoins, l'impression qui se dégage des investigations citées est que l'insuline peut exercer un effet sur les phosphorylations oxydatives et augmenter, notamment, l'efficacité de ces phénomènes. HAUGAARD, MARSH et STADIE[49] aboutissent à une conclusion similaire, en constatant que l'augmentation du taux de glycogène produite par l'insuline dans le diaphragme isolé ne s'explique que très incomplètement par la diminution correspondante du taux d'ATP et ne s'accompagne ni d'une modification du Q. R., ni d'une augmentation de la consommation d'oxygène. Ces auteurs ne tiennent pas compte du fait que les phosphorylations non oxydatives *(substrate-level phosphorylations)* peuvent être plus importantes lorsque le glucose remplace certains substrats endogènes dans l'alimentation des phénomènes métaboliques.

Quoi qu'il en soit, un effet de l'insuline sur les phosphorylations peut difficilement expliquer, à lui seul, la stimulation du processus glucokinasique. A de rares exceptions près, les données expérimentales paraissent indiquer que les besoins énergétiques de l'animal diabétique sont couverts d'une manière satisfaisante par l'oxydation des graisses et des acides aminés. Faits plus significatifs, WALAAS et WALAAS[106] ont montré que le diaphragme de rat reste sensible à l'insuline dans des conditions *entièrement anaérobies*, et HAUGAARD et coll.[49] observent une *diminution* du taux d'ATP dans le diaphragme isolé incubé en présence d'insuline. Il est manifeste que l'ATP ne peut pas être le facteur limitant de la réaction glucokinasique. Nos résultats sur la synthèse hépatique du glycogène (Fig. 3) plaident dans le même sens.

d) Action sur le glucose-6-phosphate.

La découverte par WEIL-MALHERBE et BONE[107], et par CRANE et SOLS[26] de l'effet inhibiteur considérable exercé par le glucose-6-phosphate sur les hexokinases animales soulève de nouvelles possibilités au sujet du mode d'action de l'insuline. En premier lieu, l'hormone pourrait agir en favorisant la disparition du glucose-6-phosphate, par exemple en stimulant la phospho-fructokinase, dont l'effet a été mis en évidence par CRANE et SOLS[20]. Cette hypothèse est contredite par l'observation que les esters phosphorés augmentent sous l'influence de l'insuline[31, 49] et n'explique pas l'effet sélectif de celle-ci sur la synthèse de glycogène aux dépens de glucose (Fig. 3).

D'un autre côté, si l'inhibition par le glucose-6-phosphate peut être contrecarrée par un excès de glucose, l'ester pourrait devenir un élément important du processus par lequel l'accessibilité des glucokinases tissulaires au glucose sanguin est diminuée (Fig. 5) et un effet de l'insuline à ce niveau ne peut être exclu. Ces possibilités n'ont pas été explorées jusqu'à présent.

e) Conclusion.

Aucune des théories proposées pour expliquer la stimulation du processus glucokinasique par l'insuline ne rend parfaitement compte des résultats expérimentaux. Un compromis entre la théorie de perméabilité et la théorie enzymatique, basé sur l'existence d'associations complexes entre la glucokinase, certaines lipoprotéines particulières et des corticostéroïdes (peut-être aussi le glucose-6-phosphate), dont l'état physico-chimique serait modifié par l'insuline, pourrait à la rigueur concilier les données apparemment contradictoires de la littérature. D'autres processus superficiels pourraient encore être influencés de la même manière, ce qui expliquerait éventuellement les effets de l'insuline qui ne s'interprètent pas par la théorie glucokinasique. Ce ne sont là cependant que des hypothèses et la nécessité de recherches plus poussées continue à s'imposer.

IV. Résumé.

1. L'examen des données de la littérature montre clairement que la plupart des effets métaboliques de l'insuline sont attribuables à une stimulation par cette hormone du processus par lequel le *glucose extracellulaire est transformé en hexoses-phosphates intracellulaires*. En effet:

a) *Toutes* les voies métaboliques d'utilisation du glucose étudiées jusqu'à présent, qu'elles mènent aux hexoses-phosphates, au glycogène, à l'acide pyruvique, au CO_2 ou aux acides gras, sont *également* influencées par l'insuline, et ce dans de nombreux tissus différents.

b) Ces effets sont le plus souvent *spécifiques* du glucose et absents lorsque le fructose ou d'autres métabolites servent de précurseurs.

c) Certaines actions de l'insuline qui n'entrent pas dans la première catégorie, telles que ses effets favorables sur la synthèse d'acides gras à partir de précurseurs autres que le glucose et sur la synthèse peptidique dans le foie, semblent pouvoir être rattachées d'une manière satisfaisante à la stimulation primaire de la réaction glucokinasique.

Les données expérimentales n'autorisent cependant pas la conclusion que cette réaction constitue le seul processus biochimique influencé par l'insuline. En particulier, les études portant sur l'utilisation du pyruvate par le muscle, sur la protéosynthèse musculaire, et sur des processus de phosphorylation indépendants de la glucokinase, ont fourni des résultats difficilement conciliables avec la théorie glucokinasique. Le déterminisme exact de ces phénomènes exige néanmoins une étude plus poussée et il est légitime de conclure, au stade actuel de nos connaissances, que la seule action spécifique de l'insuline qui soit établie avec des garanties suffisantes est la stimulation du processus glucokinasique.

2. Parmi les quatre hypothèses qui se présentent à l'esprit pour expliquer le mode d'action de l'insuline sur ce processus, celles qui font intervenir une stimulation de l'apport d'ATP ou un enlèvement plus rapide des produits de réaction, ADP et glucose-6-phosphate, qui inhibent l'hexokinase, ne paraissent pas résister à un examen critique des données expérimentales. Restent en présence la *théorie de perméabilité*, qui fait de l'insuline un activateur de la pénétration du glucose libre à l'intérieur de la cellule, et la *théorie enzymatique*, selon laquelle l'hormone pancréatique serait un anti-inhibiteur du ferment. Ni l'une ni l'autre ne paraît pouvoir rendre compte de tous les faits expérimentaux:

a) Une influence de l'insuline sur la perméabilité de la membrane *musculaire* au glucose et à certaines substances voisines paraît difficilement contestable. En outre, le fait que les tissus intacts répondent à des modifications glycémiques par des variations correspondantes de leur utilisation glucosée impose la conclusion que l'accessibilité de la glucokinase au glucose y est fortement inhibée. Cependant, certains aspects des phénomènes de transfert observés éveillent des doutes quant à leur signification. De plus, il semble que l'on puisse difficilement étendre la théorie de perméabilité au tissu hépatique.

b) Plaident en faveur de la théorie enzymatique les expériences de l'école de Cori et le parallélisme frappant entre les résultats obtenus par ces auteurs sur des extraits tissulaires et sur des préparations intactes. Toutefois, l'absence de reproductibilité de leurs résultats et les faits qui militent en faveur de la théorie de perméabilité constituent autant d'objections à la théorie enzymatique.

C'est aux recherches futures qu'il appartiendra de résoudre le dilemme devant lequel on se trouve actuellement. Il nous semble qu'un compromis qui *identifierait au même facteur* la barrière de perméabilité et les antihexokinases pourrait fournir une hypothèse acceptable. A ce point de vue, la nature *lipoprotéique* de l'inhibiteur découvert par BORNSTEIN pourrait avoir une signification fondamentale.

Summary.

1. An examination of the data of the literature shows clearly that most of the metabolic effects of insulin may be attributed to a stimulation by this hormone of the process through which *extracellular glucose is converted to intracellular hexose-phosphate.* The following facts argue in favour of this statement:

a) *All* the metabolic pathways of glucose utilisation so far studied, whether leading to hexose-phosphate, glycogen, pyruvate, CO_2 or fatty acids, are *equally* influenced by insulin in a variety of different tissues.

b) These effects are often *specific* for glucose and absent when the precursor studied is fructose or another metabolic intermediate.

c) Certain actions of insulin which do not enter into the above category, for example the favourable effect of this hormone on the synthesis of fatty acids from precursors other than glucose and on peptide formation in the liver, have been linked in what appears to be a satisfactory manner with a primary stimulation of the glucokinase reaction.

The experimental data do not however authorize the conclusion that this reaction is the only biochemical process to be influenced by insulin. In particular, studies of pyruvate utilization and protein formation in muscle, and of phosphorylation processes not dependent on glucokinase, have furnished results which are not easily reconciled with the glucokinase theory. However the precise determinism of these phenomena requires closer investigation and it appears legitimate, at the present stage of our knowledge, to conclude that the only specific effect of insulin to be established satisfactorily is the stimulation of the glucokinase process.

2. Of the four hypotheses which come to mind to explain the mode of action of insulin on this process, those involving an enhanced supply of ATP or an accelerated removal of the inhibitory products of reaction, ADP and glucose-6-phosphate, seem not to resist a critical examination of the experimental data. The possibilities remain that insulin either favours the penetration of free glucose within the cell *(permeability theory)* or acts as an anti-inhibitor of glucokinase *(enzymatic theory)*.

a) That insulin may influence the permeability of the *muscle* membrane to glucose and certain related substances seems hardly to be denied. Moreover, the fact that intact tissues respond to changes in the blood-sugar level by corresponding variations of the rate at which they utilize glucose, forces the conclusion that their glucokinase is not freely accessible to glucose. On the other hand, certain aspects of the observed transfer phenomena raise some doubts as to their significance. In addition, an extension of the permeability theory to liver is difficult to visualize.

b) The enzyme theory is supported by the experiments of the CORI school and by the striking parallelism between the results obtained by these authors on tissue extracts and on intact preparations. Arguing against it are the lack of reproducibility of the results of "in vitro" studies and the various facts which support the permeability theory.

The investigations of the future will have to provide a solution to this dilemma. It is suggested that a compromise, *identifying with the same group of factors* the permeability barrier and the antihexokinases, might furnish an acceptable hypothesis. The *lipoprotein* nature of the inhibitor discovered by BORNSTEIN could be of fundamental importance in this respect.

Zusammenfassung.

1. Eine Prüfung der Literaturangaben zeigt deutlich, daß die Stoffwechselwirkungen des Insulins in der Hauptsache auf eine Anregung desjenigen Prozesses zurückzuführen sind, wodurch *extracelluläre Glucose in intracelluläres Hexosephosphat umgewandelt wird*. Die folgenden Tatsachen sprechen dafür:

a) *Alle* bisher untersuchten Stoffwechselwege der Glucoseverwertung, ob sie zu Hexosephosphaten, zu Glykogen, zu

Brenztraubensäure, zu CO_2 oder Fettsäuren führen, werden *gleichermaßen* durch Insulin in zahlreichen verschiedenen Geweben beeinflußt.

b) Die Wirkungen sind meistens *spezifisch* für Glucose und fallen aus, wenn Fructose oder andere Zwischenprodukte als Vorstufen geprüft werden.

c) Gewisse Einflüsse des Insulins fallen nicht unter diese Kategorie, aber können wahrscheinlich durch eine primäre Anregung der Glucokinasereaktion erklärt werden. Hierher gehört die Förderung der Synthese von Fettsäuren aus Essigsäure und anderen Vorstufen, aber nicht aus Glucose; ferner gehört hierher die Begünstigung der Peptidsynthese in der Leber.

Die experimentellen Daten berechtigen jedoch nicht zu dem Schluß, daß die Glucokinasereaktion der einzige biochemische Prozeß ist, der durch Insulin beeinflußt wird. Insbesondere haben Untersuchungen über die Phosphorylierungsprozesse, die alle nicht an Glucokinase gebunden sind, zu Resultaten geführt, die schwerlich mit der Glucokinasetheorie zu vereinbaren sind. Doch verlangt eine genaue Erklärung dieser Erscheinungen eine eingehendere Untersuchung, und so scheint es vom gegenwärtigen Stand unseres Wissens aus berechtigt, daraus zu schließen, daß die einzige spezifische Wirkung des Insulins, die befriedigend gesichert ist, die Anregung der Glucokinasereaktion ist.

2. Von den vier Hypothesen, die in Frage kommen, die Wirkungsweise des Insulins bei diesem Prozeß zu erklären, scheinen diejenigen, welche für eine Versorgung mit ATP oder eine beschleunigte Entfernung der Hemmstoffe dieser Reaktion, nämlich ADP und Glucose-6-phosphat, sprechen, einer kritischen Prüfung der experimentellen Befunde nicht standzuhalten.

Es bleiben die Möglichkeiten, daß Insulin entweder das Eindringen freier Glucose in die Zelle begünstigt *(Permeabilitätstheorie)* oder als ein Antihemmstoff der Glucokinase wirkt *(Enzymatische Theorie)*. Weder die eine noch die andere Theorie wird allen experimentellen Befunden gerecht.

a) Ein Einfluß des Insulins auf die Permeabilität der *muskulären* Membran gegenüber Glucose und bestimmten verwandten Substanzen ist schwerlich abzustreiten. Außerdem führt die Tatsache, daß die Gewebe entsprechend dem Blutzuckergehalt mehr oder weniger Glucose verwerten, zu dem Schluß, daß ihre

Hexokinase für die Glucose nicht frei zugänglich ist. Indessen erwecken gewisse Beobachtungen bei der Aufnahme von Hexosen Zweifel an ihrer Stichhaltigkeit. Weiterhin läßt sich die Permeabilitätstheorie schwer auf das Lebergewebe ausdehnen.

b) Die Enzymtheorie wird durch die Untersuchungen der Cori-Schule und durch überraschend gute Übereinstimmungen zwischen den Ergebnissen, welche diese Autoren an Gewebsextrakten und an intakten Präparaten erhielten, gestützt. Der Umstand, daß ihre Ergebnisse in vitro nicht reproduzierbar sind und die Tatsachen, welche die Permeabilitätstheorie stützen, sprechen allerdings dagegen.

Ich möchte einen Kompromiß annehmen, nach dem die Permeabilität und die Glucokinase durch *dieselben Faktoren* beeinflußt werden. Von diesem Gesichtspunkt aus könnte die *Lipoproteinnatur* des Hemmstoffs, der von Bornstein entdeckt wurde, grundlegende Bedeutung gewinnen.

Bibliographie.

1 Arnoldi, W.: Erg. inn. Med. **5**, 429 (1924).
2 Baker, N., I. L. Chaikoff et A. Schusdek: J. of Biol. Chem. **194**, 435 (1952).
3 Balmain, J. H., et S. J. Folley: Biochemic. J. **49**, 663 (1951).
4 Balmain, J. H., S. J. Folley et R. F. Glascock: Biochemic. J. **52**, 301 (1952).
5 Balmain, J. H., S. J. Folley et R. F. Glascock: Nature (Lond.) **169**, 447 (1952).
6 Balmain, J. H., T. H. French et S. J. Folley: Nature (Lond.) **165**, 807 (1950).
7 Berthet, J., P. Jacques, G. Hennemanne et C. de Duve: Arch. int. Physiol. **62**, 282 (1954).
8 Bloch, K.: Cold Spring Harbor Symp. Quant. Biol. **13**, 29 (1948).
9 Bloch, K., et W. Kramer: J. of Biol. Chem. **173**, 811 (1948).
10 Bornstein, J.: J. of Biol. Chem. **205**, 513 (1953).
11 Bornstein, J., et C. R. Park: J. of Biol. Chem. **205**, 503 (1953).
12 Bouckaert, J. P., et C. de Duve: Physiol. Rev. **27**, 39 (1947).
13 Brady, R. O., et S. Gurin: J. of Biol. Chem. **186**, 461 (1950).
14 Brady, R. O., et S. Gurin: J. of Biol. Chem. **187**, 589 (1950).
15 Brady, R. O., F. D. W. Lukens et S. Gurin: J. of Biol. Chem. **193**, 459 (1951).
16 Broh-Kahn, R. H., et I. A. Mirsky: Science (Lancaster, Pa.) **106**, 148 (1947).
17 Bueding, E., J. E. Fazekas, H. Herrlich et H. E. Himwich: J. of Biol. Chem. **148**, 97 (1943).

[18] CHARALAMPOUS, F. C., et D. M. HEGSTED: J. of Biol. Chem. **180**, 623 (1949).
[19] CHEN, R. W., D. D. CHAPMAN et I. L. CHAIKOFF: J. of Biol. Chem. **205**, 383 (1953).
[20] CHERNICK, S. S., et I. L. CHAIKOFF: J. of Biol. Chem. **186**, 535 (1950).
[21] CHERNICK, S. S., et I. L. CHAIKOFF: J. of Biol. Chem. **188**, 389 (1951).
[22] CHERNICK, S. S., I. L. CHAIKOFF et S. ABRAHAM: J. of Biol. Chem. **193**, 793 (1951).
[23] CHERNICK, S. S., I. L. CHAIKOFF, E. J. MASORO et E. ISAEFF: J. of Biol. Chem. **186**, 527 (1950).
[24] COLOWICK, S. P., G. T. CORI et M. W. SLEIN: J. of Biol. Chem. **168**, 583 (1947).
[25] CORI, C. F.: Harv. Lect. **41**, 253 (1945—46).
[26] CRANE, R. K., et A. SOLS: J. of Biol. Chem. **203**, 273 (1953).
[27] DAVSON, H., et P. A. MATCHETT: J. of Physiol. **122**, 11 (1953).
[28] DE DUVE, C.: Glucose, Insuline et Diabète. Bruxelles: Goemaere, Paris: Masson 1945.
[29] DE DUVE, C., et J. P. BOUCKAERT: Arch. Int. Pharm. Thér. **69**, 485 (1944).
[30] DE DUVE, C., P. P. DE NAYER, M. VAN OOSTVELDT et J. P. BOUCKAERT: Arch. Int. Pharm. Thér. **70**, 78 (1944).
[31] DE DUVE, C., H. G. HERS et J. P. BOUCKAERT: Arch. Int. Pharm. Thér. **72**, 13 (1946).
[32] DRURY, D. R., et A. N. WICK: Amer. J. Physiol. **166**, 159 (1951).
[33] Experimental Diabetes. Oxford: Blackwell 1954.
[34] FELLER, D. D., I. L. CHAIKOFF, E. H. STRISOWER et G. L. SEARLE: J. of Biol. Chem. **188**, 865 (1951).
[35] FELTS, J. M., I. L. CHAIKOFF et M. J. OSBORN: J. of Biol. Chem. **191**, 683 (1951).
[36] FELTS, J. M., I. L. CHAIKOFF et M. J. OSBORN: J. of Biol. Chem. **193**, 557 (1951).
[37] FOA, P. P., J. A. SMITH et H. R. WEINSTEIN: Arch. of Biochem. **13**, 449 (1947).
[38] FOA, P. P., H. R. WEINSTEIN, J. A. SMITH et M. GREENBERG: Arch. of Biochem. **40**, 323 (1952).
[39] FOLLEY, S. J.: Ciba Foundation Colloquia on Endocrinology, Vol. 6, p. 83. Londres: Churchill 1953.
[40] FROHMAN, C. E., J. M. ORTEN et A. H. SMITH: J. of Biol. Chem. **193**, 803 (1951).
[41] GOLDSTEIN, M. S., W. L. HENRY, B. HUDDLESTUN et R. LEVINE: Amer. J. Physiol. **173**, 207 (1953).
[42] GOLDSTEIN, M. S., B. MENDEL et R. LEVINE: Amer. J. Physiol. **163**, 714 (1950).
[43] GOLDSTEIN, M. S., V. MULLICK, B. HUDDLESTUN et R. LEVINE: Amer. J. Physiol. **173**, 219 (1953).
[44] GORANSON, E. S., et S. D. ERULKAR: Arch. of Biochem. **23—24**, 40 (1949).
[45] GORANSON, E. S., J. E. HAMILTON et R. E. HAIST: J. of Biol. Chem. **174**, 1 (1948).
[46] GURIN, S., et R. O. BRADY: Rec. Progr. in Hormon Res. **8**, 571 (1953).

[47] HAFT, D. I., I. A. MIRSKY et G. PERISUTTI: Proc. Soc. Exper. Biol. a. Med. **82**, 60 (1953).
[48] HASTINGS, A. B., C. T. TENG, F. B. NESBETT et A. E. RENOLD: Federat. Proc. **11**, 227 (1952).
[49] HAUGAARD, N., J. B. MARSH et W. C. STADIE: J. of Biol. Chem. **189**, 59 (1951).
[50] HERS, H. G.: Arch. internat. Physiol. **61**, 426 (1953).
[51] HERS, H. G.: Expériences non publiées.
[52] HERS, H. G., et T. KUSAKA: Biochim. et Biophysica Acta **11**, 427 (1953).
[53] HÖBER, R.: Biochem. Z. **60**, 253 (1914).
[54] Hormonal Factors in Carbohydrate Metabolism. Ciba Foundation Colloquia on Endocrinology, Vol. 6. Londres: Churchill 1953.
[55] HOTTA, S., et I. L. CHAIKOFF: J. of Biol. Chem. **198**, 895 (1952).
[56] HOTTA, S., R. HILL et I. L. CHAIKOFF: J. of Biol. Chem. **206**, 835 (1954).
[57] KAPLAN, N. O., et D. M. GREENBERG: Amer. J. Physiol. **140**, 598 (1944).
[58] KAPLAN, N. O., et D. M. GREENBERG: J. of Biol. Chem. **156**, 511 (1944).
[59] KAPLAN, N. O., et D. M. GREENBERG: J. of Biol. Chem. **156**, 525 (1944).
[60] KAPLAN, N. O., et D. M. GREENBERG: J. of Biol. Chem. **156**, 553 (1944).
[61] KRAHL, M. E.: Ann. New-York Acad. Sci. **54**, 649 (1951).
[62] KRAHL, M. E.: J. of Biol. Chem. **200**, 99 (1953).
[63] KREBS, H. A., et P. EGGLESTON: Biochemic. J. **32**, 913 (1938).
[64] LEVINE, R., M. S. GOLDSTEIN, B. HUDDLESTUN et S. KLEIN: Amer. J. Physiol. **163**, 70 (1950).
[65] LUNDSGAARD, E.: Upsala Läk.för. Förh. **45**, 143 (1939).
[66] LUNDSGAARD, E., N. A. NIELSEN et S. L. ORSKOV: Skand. Arch. Physiol. **81**, 20 (1939).
[67] LYNEN, F., et S. OCHOA: Biochim. et Biophysica Acta **12**, 299 (1953).
[68] LYON, I., M. S. MASRI et I. L. CHAIKOFF: J. of Biol. Chem. **196**, 25 (1952).
[69] MASRI, M. S., I. LYON et I. L. CHAIKOFF: J. of Biol. Chem. **197**, 621 (1952).
[70] Metabolic Influence of Insulin, XIX. International Physiological Congress. Montreal: Abstracts of Communications 1953.
[71] OSBORN, M. J., I. L. CHAIKOFF et J. M. FELTS: J. of Biol. Chem. **193**, 549 (1951).
[72] OSBORN, M. J., J. M. FELTS et I. L. CHAIKOFF: J. of Biol. Chem. **203**, 173 (1953).
[73] PARK, C. R.: J. Clin. Invest. **32**, 593 (1953).
[74] PARK, C. R., et W. H. DAUGHADAY: Federat. Proc. **9**, 212 (1949).
[75] PEARSON, O. H., C. K. HSIEN, C. H. DUTOIT et A. B. HASTINGS: Amer. J. Physiol. **158**, 261 (1949).
[76] POLIS, B. D., E. POLIS, M. KERRIGAN et L. JEDEIKIN: Arch. of Biochem. **23**, 505 (1949).
[77] REID, E., R. H. SMITH et F. G. YOUNG: Biochemic. J. **42**, 19 (1948).
[78] RICE, L., et E. A. EVANS: Science (Lancaster, Pa.) **97**, 470 (1943).
[79] ROSS, E. J.: J. of Physiol. **112**, 229 (1951).
[80] ROSS, E. J.: J. of Physiol. **116**, 414 (1952).
[81] ROSS, E. J.: Nature (Lond.) **171**, 125 (1953).
[82] SACKS, J.: Amer. J. Physiol. **172**, 93 (1953).
[83] SHORR, E., et S. B. BARKER: Biochemic. J. **33**, 1798 (1939).

[84] SILIPRANDI, D., et N. SILIPRANDI: Boll. Soc. ital. Biol. sper. **26**, 1510 (1950).
[85] SINEX, F. M., J. MACMULLEN et A. B. HASTINGS: J. of Biol. Chem. **198**, 615 (1952).
[86] SLEIN, M. W., G. T. CORI et C. F. CORI: J. of Biol. Chem. **186**, 763 (1950).
[87] SMITH, R. H.: Biochemic. J. **44**, 17 (1949).
[88] SOLS, A., et R. K. CRANE: J. of Biol. Chem. **206**, 925 (1954).
[89] SOSKIN, S., et R. LEVINE: Amer. J. Physiol. **120**, 761 (1937).
[90] SOSKIN, S., et R. LEVINE: Carbohydrate Metabolism, 2nd. ed. Chicago: Univ. Chicago Press 1952.
[91] STADIE, W. C.: Physiol. Rev. **34**, 52 (1954).
[92] STADIE, W. C., et N. HAUGAARD: J. of Biol. Chem. **177**, 311 (1949).
[93] STADIE, W. C., N. HAUGAARD et A. G. HILLS: J. of Biol. Chem. **184**, 617 (1950).
[94] STADIE, W. C., N. HAUGAARD et M. PERLMUTTER: J. of Biol. Chem. **172**, 567 (1948).
[95] STADIE, W. C., N. HAUGAARD et M. VAUGHAN: J. of Biol. Chem. **200**, 745 (1953).
[96] STADIE, W. C., et J. A. ZAPP, jr.: J. of Biol. Chem. **170**, 55 (1947).
[97] STADIE, W. C., J. A. ZAPP et F. D. W. LUKENS: J. of Biol. Chem. **132**, 411 (1940).
[98] STARE, F. J., et C. A. BAUMAN: J. of Biol. Chem. **133**, 453 (1940).
[99] STETTEN, D., jr.: Recent Progr. in Hormone Res. **4**, 189 (1949).
[100] STETTEN, D., jr., I. D. WELT, D. J. INGLE et E. H. MORLEY: J. of Biol. Chem. **192**, 817 (1951).
[101] STRISOWER, E. H., G. D. KOHLER et I. L. CHAIKOFF: J. of Biol. Chem. **198**, 115 (1952).
[102] TENG, C. F., M. SINEX, H. W. DEANE et A. B. HASTINGS: J. Cellul. a. Comp. Physiol. **39**, 73 (1952).
[103] VILLEE, C. A., et A. B. HASTINGS: J. of Biol. Chem. **179**, 673 (1949).
[104] VILLEE, C. A., et A. B. HASTINGS: J. of Biol. Chem. **181**, 131 (1949).
[105] VILLEE, C. A., V. K. WHITE et A. B. HASTINGS: J. of Biol. Chem. **195**, 287 (1952).
[106] WALAAS, E., et O. WALAAS: J. of Biol. Chem. **195**, 367 (1952).
[107] WEIL-MALHERBE, H., et A. D. BONE: Biochemic. J. **49**, 339 (1951).
[108] WICK, A. N., et D. R. DRURY: Amer. J. Physiol. **173**, 229 (1953).
[109] WICK, A. N., D. R. DRURY, R. W. BANCROFT et E. M. MACKAY: J. of Biol. Chem. **188**, 241 (1951).
[110] WIERZUCHOWSKI, M.: J. of Physiol. **87**, 311 (1936).

Diskussion.

AMMON: Wir danken Herrn DE DUVE sehr herzlich für den schönen Überblick über die neuen Vorstellungen auf dem Gebiete des Wirkungsmechanismus des Insulins. Er hat ja selber an dieser Entwicklung teilgenommen. Zweifellos werden die geschilderten Versuche eine Diskussion anregen.

BÜCHER (Marburg/L.): Wenn wir annehmen, daß das Insulin direkt auf die Hexokinase wirkt, dann müssen stöchiometrische Beziehungen herrschen. Insulin- und Fermentmoleküle müssen sich irgendwie entsprechen, und man müßte aus der Wirkung einer Insulineinheit zu einer Minimalzahl für den "turnover" der Hexokinase gelangen. Ein Überschlag ohne die Kenntnis genauer Daten führt mich zu einem Wert von 10^6 Mol Glucose/Mol Hexokinase auf der Basis dieser Überlegungen.

DE DUVE: Dr. BÜCHER has raised an interesting problem. Using insulin sulphate labeled with ^{35}S, STADIE, HAUGAARD and VAUGHAN [J. of Biol. Chem. **200**, 745 (1953)] have been able to measure simultaneously on isolated diaphragms the amount of insulin bound by the tissue and the extra glycogen formed "in vitro" under the influence of the hormone. They have found a linear relationship between these two variables. The diaphragm forms between 3 and 4 mg. extra glycogen per hour and per microgram of insulin bound by 1 gram of tissue. The same value is obtained whether the diaphragm is equilibrated with insulin "in vitro" or whether the insulin is given subcutaneously to the living animal 30 to 45 minutes before removing the diaphragm.

Taking a mean value of 3.6 mg. of glycogen per microgram of bound insulin and assuming a) a 1:1 combination of insulin and glucokinase, b) SANGER's minimum value of 6000 for the molecular weight of insulin, c) a 50 percent conversion to glycogen of the glucose phosphorylated by glucokinase, we calculate for muscle glucokinase a turnover number of 4000 mol. glucose/mol. enzyme/min. This value is of course minimal, since the insulin sulphate could have lost some activity and also be bound to other sites than glucokinase. However, even a value 20 times higher would still be acceptable. The experimental data are therefore compatible with the hypothesis of a stoechiometric combination of insulin with glucokinase.

LYNEN: Es würde mich interessieren, ob Sie außer dem Einbau des Zuckers in das Glykogen auch die Radioaktivität des gebildeten Kohlendioxyds bestimmt haben?

DE DUVE: No, we have not measured the amount of radioactive CO_2 formed, but we intend to verify this interesting point.

LYNEN: Zur Frage, wie die Fettsynthese beeinflußt wird, glaube ich auch, daß man die Möglichkeit in Betracht ziehen muß, daß die Zwischenprodukte (Glycerin) des Zuckerstoffwechsels als Acceptoren für die auf dem Wege der Synthese gebildeten höheren Fettsäurereste dienen. Diese Vermutung hat auch GURIN geäußert.

DE DUVE: Dr. LYNEN is right in pointing out that the esterification of glycerol could be the irreversible step postulated by BRADY and GURIN. An effect of insulin on carbohydrate metabolism, leading to an increased supply of glycerol for esterification, could displace the equilibrium of the fatty acid oxidizing chain in the direction of fat synthesis.

BÜCHER: Hier wäre das reduzierte DPN entscheidend, denn das Baranowskiferment reduziert Phosphotriose nur dann zu Phosphoglycerin, wenn genügend reduziertes DPN zugegen ist.

STRACK: Wir haben kürzlich gleichzeitig Hunden Glucose und Galaktose infundiert. Die Galaktose drückt den Glucosespiegel erheblich herunter, nicht aber andere Zucker. Vielleicht ist der von LEVINE beobachtete Effekt des Insulins lediglich ein Glucoseeffekt und hat nichts mit der Galaktose zu tun.

DE DUVE: I believe the methods used by the LEVINE group were sufficiently specific to show that the level of galactose was truly affected by insulin. Apparently this hormone increases the amount of body water in which the galactose is distributed. The preparation did not utilize galactose and the new blood level of this sugar remained constant after the drop caused by insulin.

STRACK: Sie hatten die Frage nach dem Inhibitor angeschnitten. Wenn man einen pankreasdiabetischen Hund mit Insulin auf einen normalen Blutzucker von 90 einstellt, und jetzt austestet, wieviel Insulin man für eine bestimmte zusätzliche Menge Zucker braucht, fanden wir, daß eine Einheit Insulin 11 g Zucker stündlich zum Umsatz bringen konnte. Bei Infusion von Zucker zusammen mit Zusatzinsulin blieb der Blutzucker auf 90. Läßt man Zucker weg und reduziert die Infusion einen Tag lang so weit, daß nur die Menge Insulin verabreicht wird, die das Nüchterntier gerade auf 90 hält, und setzt dann die anfängliche Infusion fort, nämlich 1 g Zucker und die entsprechende Insulinmenge, die vorher den Blutzucker auf dem Niveau gehalten hatte, dann steigt der Blutzucker bis auf 360 und 400 mg-% an und kehrt erst nach drei Tagen zur Norm zurück. Das widerspricht der Annahme, daß die Hexokinase durch den Hypophysenvorderlappen beeinflußt wird.

DE DUVE: These results are very interesting. I am afraid I have no explanation to offer for them.

HOLZER: Zu den Bemerkungen von BÜCHER und LYNEN möchte ich ergänzen, daß HELMREICH, LAMBRECHT und ich die stationäre DPN-H-Konzentrationen in der Leber von diabetischen und normalen Ratten bestimmt und gefunden haben, daß sie beim Diabetes erniedrigt ist. Hierin sehen wir das Bindeglied zwischen Kohlenhydratstoffwechsel und Fettsynthese. Denn den Versuchen von LYNEN zufolge ist DPN-H notwendig, um den C_2-Körper zu Fettsäuren zu reduzieren. Dieses DPN-H fehlt bei blockierter Hexokinase. Auch die ATP-Konzentration scheint erniedrigt zu sein, wie aus Versuchen hervorgeht, die noch bestätigt werden müssen. Und darin sehe ich eine Erklärung zu Ihrem Fructoseversuch. Wenn Sie zu 14-C markierter Glucose Fructose zusetzen, finden Sie mehr 14-C im Glykogen, ich würde sagen, die Fructose liefert bei ihrem Abbau ATP. Normalerweise ist die Hexokinase nicht mit ATP gesättigt. Durch den Abbau der Fructose wird sie mit ATP gesättigt, so daß nun mehr Glucose für die Glykogensynthese phosphoryliert werden kann. Dieser ATP-Befund erklärt vielleicht auch die Latenz bei der Wirkung von Insulin. Erst muß das ATP auf eine erhöhte stationäre Konzentration heraufgeschaukelt werden, wodurch Coenzym A, DPN und andere Faktoren soweit erhöht werden, daß eine Insulinwirkung festzustellen ist.

DE DUVE: The results mentioned by Dr. HOLZER on the level of DPNH in diabetic tissues are of great interest. As I mentioned in my report, we must make a distinction between two groups of facts. In the first place, there is the effect of insulin on the synthesis of fatty acids in normal liver slices. There is good evidence that insulin exerts this effect indirectly by stimulating the metabolism of glucose and I believe I am right in stating that we all agree on this point. The precise nature of the link is not known. As Dr. LYNEN has suggested, insulin could act by activating the supply of glycerol for the esterification of fatty acids. Alternatively, as Dr. HOLZER now points out, it could cause the levels of DPNH and ATP to increase, thereby favouring the reductive condensation of C_2-fragments. Both these effects, and perhaps others, may actually combine to bring about the observed stimulation, and I think Dr. HOLZER's suggestion is a very interesting one.

Another problem is that raised by the lack of sensitivity to insulin of diabetic liver slices. Here we have a defect of fatty acid synthesis, apparently also caused by a deficient metabolism of carbohydrates, but which is not *immediately* corrected by insulin. No explanation has yet been given for these facts. The possibility that an adaptive enzyme may be lacking in diabetic liver has been suggested, but this explanation appears to be unlikely, unless the adaptive enzyme is one involved in the actual link referred to above, for instance the enzyme catalyzing the esterification of glycerol. As I pointed out in my report, the new dynamic equilibrium established in diabetic liver may require some time in order to get reversed. There is also some evidence that hormonal factors are involved. Dr. HOLZER now suggests that the latent phase may reflect the time necessary to bring ATP and DPNH to the required levels. This is also a possibility, but does he believe that several hours may be necessary to reach this point? In the experiments of CHAIKOFF, one to three days of treatment with insulin or fructose were necessary in order to bring back the ability of the liver to synthesize fatty acids.

Fructose is active when added "in vitro" only with normal liver slices, but not with diabetic liver. In this case, the fructose has to be given in the diet during several days.

Now the second point. Our experiments show that more radioactive glycogen is formed from ^{14}C-fructose than from an equivalent amount of ^{14}C-glucose. This fact clearly shows that the glucokinase reaction proceeds more slowly than the complex chain of reactions, involving fructokinase, aldolase, triokinase, triose-phosphate-isomerase, hexose-diphosphatase and phosphohexose-isomerase (see ref.: 52) whereby fructose is converted to glucose-6-phosphate. Now if the two sugars are present together, we find that more radioactive glycogen is formed from labeled glucose, less from labeled fructose, than was observed with the isolated sugars. In our opinion, these changes are not necessarily due to changes in the rate of phosphorylation of the two sugars but may simply reflect the fact that the presence of the second unlabeled sugar alters the fate of the radioactive intermediates formed from the first. Fructose enters glycolysis at the triose-phosphate stage and glucose at the glucose-6-phosphate stage. Obviously if triose-phosphates are fed into the glycolytic chain from another source such as fructose, more radioactive glucose-6-phosphate originating from ^{14}C-glucose will be available for the synthesis of glycogen. On the other hand, if unlabeled glucose-6-phosphate is fed into the chain from glucose, this will tend to depress the conversion to glycogen of radioactive triose-phosphates formed from labeled fructose.

Dr. HOLZER suggests that the results with glucose may actually be due to an increased rate of phosphorylation of this sugar in the presence of fructose, which he considers as a better ATP-former than glucose. We cannot eliminate this possibility, since we have only measured the amount of glycogen formed and not the total amount of glucose taken up. However, I am not sure that there is any evidence that fructose is a better ATP-former than glucose.

HOLZER: Aber Fructose wird über den Citronensäurecyclus in weit größerem Umfange abgebaut und liefert dabei pro Mol 36 Mol ATP.

DE DUVE: I agree, but there is no evidence that ATP is the limiting factor. Theoretically, the oxidative yield of ATP per molecule of hexose should be the same with glucose and fructose if they are both oxidized by way of glycolysis and the citric acid cycle. Therefore, we believe that the low rate of utilization of glucose is due to the low activity of liver glucokinase. We have actually confirmed on homogenates that there is much more fructokinase than glucokinase in liver tissue. It must also be pointed out that the formation of glycogen from glucose requires only one molecule of ATP per molecule of hexose when the precursor is glucose, and two when the precursor is fructose. Therefore the yield of ATP with glucose should be less than half that with fructose to account for our results.

It seems to me that this fact indicates that our explanation based on the mutual exclusion of the intermediates between glucose-6-phosphate and triose-phosphates must be at least partially true.

FISCHER: Kann denn Insulin überhaupt in die Zelle eintreten? Oder sitzt die Hexokinase in der Zellmembran? Man diskutiert immer über die Permeabilität der Glucose, aber nicht über die des Insulins.

DE DUVE: Many people have argued in the same manner and come to the conclusion that insulin must act on the cell membrane, at least in muscle tissues. This would fit in with the permeability theory, but also with the glucokinase theory, if this enzyme is present in the membrane. In liver, the situation could be different and it is conceivable that the membrane of the liver-cell lets both glucose and insulin through quite easily.

FISCHER: Es sind aber noch keine Versuche gemacht, die eindeutig zeigen, daß Insulin in die Zelle hineingeht.

DE DUVE: This problem has been tackled lately by means of insulin labeled with radioactive sulphate or iodine. Large amounts of radioactive material are found in cytoplasmic elements such as mitochondria or microsomes. However, it is not known whether the label is still attached to intact insulin molecules or to degradation products.

FISCHER: Ich darf vielleicht zu dem Eindringen der Proteohormone in die Zelle noch folgendes bemerken. Wir haben im vergangenen Jahr zwar nicht mit Proteohormonen, aber mit basischen Eiweißkörpern Untersuchungen dazu angestellt. Protamine und Histone werden von Ascitestumorzellen, Leukocyten, Leberzellen usw. sehr stark akkumuliert; die Konzentration innerhalb der Zelle betrug nach kurzer Inkubation das 10-, 20- ja bis 40fache des Außenmediums. Eine solche Akkumulation geht mit einer starken Schwellung der Zelle einher. Verschiedene Fermentgifte hemmen den Prozeß. Charakteristisch ist die Elektrolytverschiebung während der Protaminspeicherung: es wird nämlich Kalium in dem Maße, wie gespeichert wird, aus der Zelle herausgedrängt. Solche extremen Verhältnisse haben wir bisher nur mit basischen Eiweißkörpern gefunden. Das Molekulargewicht scheint eine viel kleinere Rolle bei der Aufnahme durch die Zellen zu spielen als die Ladung. Histon ist nicht dialysierbar! Mit Insulin haben wir keine eigenen Erfahrungen. Nach meiner Kenntnis wurde das wirksame Mindestmolekulargewicht heute mit etwa 16000 angegeben; damit ist meiner Ansicht nach durchaus die Möglichkeit gegeben, daß Insulin in die Zelle eindringt.

DE DUVE: Insulin is also heat-stable and probably has a molecular weight of 6.000, according to SANGER's most recent findings. However, it forms dissociable aggregates with molecular weights of 30.000 to 40.000 at neutral p_H.

AMMON: Fe-markiertes Cytochrom, das ja auch ein Molekulargewicht von etwa 13000 hat, wird nach intravenöser Injektion nicht in den Zellen abgelagert. Diese relativ niedrig molekularen Eiweißkörper gehen offenbar nicht so leicht in die Zelle.

HELMREICH: Der Stoffwechsel der Fructose unterscheidet sich ja nicht nur bei Diabetes und Hunger, sondern auch in normalen Organen charakteristisch von der Glucose. Die neueren Ergebnisse über die Oxydation des Zuckers durch ein System, das nur ein einziges Coferment, nämlich TPN benötigt, kein Phosphat, kein Magnesium, und ohne den komplizierten Hilfsapparat an Cofermenten der Glykolyse auskommt, werfen die Frage auf, ob in der Leber die Glucose nicht vorwiegend auf diesem Weg abgebaut wird, die Fructose dagegen durch die Glykolyse. Störungen im Pyridin-Cofermentsystem würden dann vor allem den Abbau der Glucose treffen.

DE DUVE: I agree that if glucose were preferentially utilized in liver slices by the direct oxidative pathway (Warburg-Dickens-Lipmann scheme) — the recent data of BLOOM, STETTEN and STETTEN [J. of Biol. Chem. **204**, 681 (1953)] argue in favour of this hypothesis — we may have to change some of our concepts. In the first place, glucose metabolism could have a very special regulating influence, by controlling the TPN/TPNH ratio, as Dr. HELMREICH points out. On the other hand, if the yield of ATP by this pathway is low — and we know nothing as yet about that — the possibility raised by Dr. Holzer that the phosphorylation of glucose is limited by the availability of ATP would become of great importance, since this reaction would not be self-supporting, as we had supposed.

Bücher: Vielleicht sollte man mehr auf die Konzentration an ADP achten als auf die an ATP, da ADP die Hexokinase hemmt. Denn bei der Lage des Gleichgewichtes dürfte ATP nicht so weit sinken, daß die Glucosephosphorylierung merklich gehemmt ist, dagegen könnte das gleichzeitig ansteigende ADP hemmen.

Die Wirkungsweise des Schilddrüsenhormones.

Von

C. Martius (Würzburg).

Mit 2 Textabbildungen.

Die Frage nach dem Wirkungsmechanismus der Hormone, d. h. nach der Art, wie diese Wirkstoffe in das enzymatische Zellgeschehen eingreifen und es beeinflussen und steuern, gehört zu den schwierigsten Problemen der funktionellen Biochemie. Bekanntlich ist es bisher noch in keinem einzigen Falle gelungen, eine auch nur annähernd befriedigende und vollständige Lösung zu finden, insbesondere was den feineren Mechanismus des Eingreifens in bestimmte enzymatische Schlüsselreaktionen angeht. Das trifft auch für das Schilddrüsenhormon zu, doch glaube ich, Ihnen im folgenden zeigen zu können, daß man bei diesem Hormon vergleichsweise doch weiter in der Erforschung dieses Problemes gelangt ist als bei allen anderen.

Der Frage nach dem Wirkungsmechanismus eines Hormones muß stets die Frage nach der Art der Wirkung selbst vorausgehen, da Hormone häufig eine große Zahl scheinbar sehr verschiedenartiger physiologischer Wirkungen zeigen. Das gilt in hohem Maße auch für das Schilddrüsenhormon. Indessen wird man leicht eine große Zahl von Erscheinungen, die als Folge eines Zuviel oder Zuwenig des Wirkstoffes beobachtet werden, als durchaus sekundärer Art von vornherein ausscheiden können. Die Wirkung auf den Stoffwechsel steht doch wohl ganz eindeutig im Vordergrunde des Geschehens, Thyroxin gilt als das Stoffwechselhormon par excellence. Man wird deshalb versuchen müssen, zunächst diese Stoffwechselwirkung zu erklären und dann weiterhin alle anderen Folgeerscheinungen von dieser primären abzuleiten.

Nach äußerer Zufuhr von Thyroxin, bzw. als Folge einer über die Norm gesteigerten Hormonproduktion wird bekanntlich eine

Erhöhung des Grundumsatzes beobachtet, eine Steigerung aller Verbrennungsvorgänge, eine Luxuskonsumption der Nährstoffe. Dieser Erscheinung liegt offenbar eine Störung der Energieproduktion zugrunde, eine verschlechterte Energieausbeute bei der Verbrennung der Nährstoffe, bei welcher ein höherer Anteil der in diesen enthaltenen Energie in Wärme übergeht als in der Norm. Für das Myxödem würde das Umgekehrte gelten. Von größter Wichtigkeit für die Erforschung der Thyroxinwirkung war nun die bereits in den zwanziger Jahren gemachte Beobachtung, daß eine Reihe einfacher, der Gruppe der Polynitro- bzw. Halogenphenole angehörender Stoffe in relativ geringer Dosierung eine ganz analoge Wirkung auf den Stoffwechsel ausübt wie das Thyroxin. Der bekannteste Vertreter dieser Stoffklasse ist das 2,4 Dinitrophenol. Vor einigen Jahren konnte nun durch Arbeiten von LOOMIS und LIPMANN[1] sowie GREEN und Mitarbeitern[2] diese Wirkung auf den Stoffwechsel auf eine sog. „Entkopplung" von Atmung und oxydativer Phosphorylierung zurückgeführt werden. Zwischen der Atmung und der diese begleitenden sog. Atmungskettenphosphorylierung, die den Hauptteil der Energie in allen Zellen liefert, besteht in der normalen Zelle eine enge Kopplung. Durch Dinitrophenole wird diese Kopplung gelöst, d. h. die oxydative Phosphorylierung wird mehr oder weniger vollständig aufgehoben, während die Atmung unbeeinflußt weiterläuft. Unter bestimmten Versuchsbedingungen, insbesondere bei sehr niedrigen Phosphatkonzentrationen, wird die Atmung durch Entkopplung stark gesteigert. Der Mechanismus dieses Entkopplungseffektes ist z. Z. noch unbekannt. Bei der Ähnlichkeit der Wirkungen des Thyroxins und „entkoppelnder" Phenole auf den Stoffwechsel war es naheliegend, einen ähnlichen Wirkungsmechanismus auch für das Thyroxin anzunehmen. Dieses um so mehr, als rein chemisch gewisse Ähnlichkeiten in der Struktur bestehen, da ja auch Thyroxin ein halogensubstituiertes Phenol darstellt. Entsprechende Versuche, eine entkoppelnde Wirkung von Thyroxin nachzuweisen, wurden bereits von mehreren Seiten unternommen, doch waren die Versuche stets negativ ausgefallen. Mit Herrn Dr. HESS habe ich vor einigen Jahren begonnen diese Versuche trotzdem zu wiederholen[3], und wir sind zu anderen, positiven Ergebnissen gelangt, die dann auch von anderer Seite wiederholt bestätigt wurden[4, 5].

Zum Nachweis einer Wirkung des Thyroxins auf die oxydative Phosphorylierung haben wir 2 Methoden benutzt. Wir wandten zunächst die von LEHNINGER[6] angegebene Versuchsanordnung an, bei welcher man Mitochondrien bei Gegenwart von radioaktivem Phosphat atmen läßt. Die Lösung enthält weiterhin β-Oxybutyrat als Wasserstoffdonator und ATP neben den üblichen Kofermenten (DPN, Cytochrom C, Mg^{++}) und Puffer. Durch die in den Mitochondrien vorhandene ATP-ase wird ATP gespalten und das entstandene anorganische Phosphat durch Mischung mit dem radioaktiven Isotopen markiert. Läuft nun gleichzeitig eine oxydative Phosphorylierung ab, wird das markierte Phosphat wieder in ATP eingebaut. Nach kurzer Zeit stellt sich ein steady state ein, dessen Lage man durch Bestimmen der Aktivitäten des anorganischen und des — fälschlich so genannten — „veresterten" Phosphates leicht messen kann. Die Methode arbeitet schnell und einfach, hat jedoch den Nachteil, daß das Verhältnis Esterphosphat/anorganisches Phosphat nur einen halbquantitativen Maßstab für das Ausmaß der oxydativen Phosphorylierung liefert. Wir gingen daher später zu der heute wohl allgemein benutzten Methode der Bestimmung des P/O-Quotienten über, bei welcher die Abnahme des anorganischen Phosphates in einer atmenden, Glucose und Hefehexokinase enthaltenden Lösung bestimmt wird. Mit β-Oxybutyrat als Wasserstoffdonator liegt der maximale Wert des P/O-Quotienten bekanntlich bei 3.

Wir begannen unsere Versuche über den Einfluß des Thyroxins auf die oxydative Phosphorylierung damit, daß wir Ratten relativ große Mengen Thyroxin, 6—12 mg pro Tier, in einer einzigen Dosis oder über mehrere Tage verteilt, injizierten. Nach Ablauf von 2—7 Tagen wurde das Tier getötet und aus der Leber wurden die Mitochondrien präpariert. Ein Tier gleichen Alters und Gewichtes — zur Verwendung kamen männliche Tiere eines Inzuchtstamms — diente als Kontrolle. Die Präparation der Mitochondrien geschah unter möglichst gleich gehaltenen Bedingungen bei 0° im Kälteraum. Wie die Tab. 1 zeigt, weisen die Lebermitochondrien der mit Thyroxin vorbehandelten Tiere eine niedrigere Veresterungsquote auf als die Kontrollen. Als wir diese Versuche später nach der Methode der Bestimmung des P/O-Quotienten wiederholten, ergaben sich entsprechende Ergebnisse.

Es muß zugegeben werden, daß gelegentlich ein Versuch auch einmal ein negatives Ergebnis brachte, d. h. daß das Ausmaß der Phosphorylierung im Kontrolltier und Thyroxintier gleich gefunden wurde. An Hand eines umfangreichen Versuchsmateriales können wir jedoch sagen, daß sich diese in vitro-Versuche mit Ratten durchaus reproduzieren lassen.

Tabelle 1. *Einbaurate („Veresterungsrate") von* $P^{32}O_4^{---}$ *in Rattenlebermitochondrien ohne bzw. nach Injektion von Thyroxin.*

Dosis: mg	P^{32}: %	Hemmung: %
—	15,8	
6	6,8	57
—	21,6	
6	0,8	99
—	16,4	
6	11,3	31
—	16,7	
4	1,4	99
—	21,0	
6	6,8	68
—	12,7	
6	2,6	79
—	17,5	
6	4,2	76
—	27,1	
6	10,4	62
—	22,6	
10i.p.	17,0	25
—	19,4	
10i.p.	3,8	80,5

In den ersten 8 Versuchen wurden 2 mg 48 Std. und 4 mg 24 Std. vor Tötung der Tiere s.c. injiziert; in den beiden letzten Versuchen erfolgte die Injektion i.p. 12 Std. bzw. 43 Std. vor Tötung.

Nach diesen Versuchen gingen wir dazu über, zu prüfen, ob nicht auch in vitro Thyroxin in entsprechender Weise wirke. Die ersten Versuche brachten eine Enttäuschung: Thyroxin in Konzentrationen bis zu 10^{-4} m der Suspensionsflüssigkeit in den Warburg-Trögen zugesetzt war ohne Einfluß auf das Ausmaß der Phosphorylierung. Dieses negative Ergebnis konnte verschiedene Ursachen haben. Es mußte einmal daran gedacht werden, daß das Thyroxin als solches vielleicht gar nicht den eigentlichen Wirkstoff darstellt, sondern im Organismus erst in einen solchen umgewandelt wird, etwa durch Einbau in ein Peptid. Unter diesen Umständen konnte eine in vitro-Wirkung nicht erwartet werden. Die negativen Ergebnisse konnten aber noch eine andere Ursache haben, die möglicherweise in einem zu langsamen Eindringen des Thyroxins, das ja eine dreifache Ladung tragen kann, in die Mitochondrien zu suchen war. Denn es war bekannt, daß intakte Mitochondrien sich so verhalten, als ob sie eine nicht für beliebige Stoffe gleich permeable Membran besäßen. Durch neuere Untersuchungen besonders von Sjöstrand[7] dürfte die Frage, ob es sich dabei um eine echte Membran oder um eine Phasengrenzfläche mit den Eigenschaften einer solchen handelt, im Sinne der ersten Alternative entschieden sein. In jedem Falle konnte erwartet werden, daß bei längerem Verweilen der Mitochondrien in einer thyroxinhaltigen Lösung dieses doch allmählich in das Innere der Mitochondrien hereingelangen würde. Es wurden daher Versuche in der Weise unternommen, daß man Mitochondrien längere Zeit ($^3/_4$—1 Std.) bei 0° in einer isotonischen NaCl- oder Rohrzuckerlösung stehen ließ, die Thyroxin verschiedener Konzentrationen enthielt. Ein Parallelansatz wurde in gleicher Weise mit einer thyroxinfreien Lösung behandelt.

Nach Ablauf der Inkubationszeit wurden die Mitochondrien wieder abzentrifugiert und zum Versuch verwandt. Das Ergebnis zeigen die Tab. 2 und 3. Aus ihnen geht hervor, daß Thyroxin bei dieser Art der Applikation, bei Konzentrationen, die zwischen 10^{-5}

Tabelle 2. *Phosphorylierung nach Inkubation (etwa 1 Std. bei 0°) in d,l-thyroxinhaltiger Lösung.*

Konzentration Thyroxin mMol	$\frac{mm^3 O_2}{mg\ Trockengew.}$ (15 sec)	P^{32} %	Hemmung Phosphor %	Änderung der Atmung %
—	1,05	30,7		
0,1	1,0	22,7	26	— 4
—	1,16	31,5		
0,09	1,39	9,2	71	+16
—	0,9	25,7		
0,1	1,92	0,9	99,6	+53
—	0,8	28,5		
0,1	1,5	2,2	99,2	+47
—	1,4	28,3		
0,1	1,57	0,8	99,7	+11
—	1,19	30,3		
0,1	1,3	1,5	99,5	+ 8
—	0,84	33,2		
0,1	1,45	2,4	99,2	+42
—	1,17	29,2		
0,1	1,62	2,6	99,1	+28
—	1,41	17,9		
0,1	1,58	0,7	61,0	+11
—	1,14	33,5		
0,1	1,61	0,8	99,7	+29
—	1,25	24,8		
0,08	1,52	13,5	46	+18
—	1,12	30,8		
0,05	1,06	26,8	13	— 5
—	0,99	34,0		
0,01	0,99	32,1	6	± 0

und 10^{-4} liegen, das Ausmaß der Phosphorylierung beträchtlich herabzusetzen vermag. Niedrigere Konzentrationen sind im allgemeinen ohne Wirkung. Geht man zu Konzentrationen von 10^{-6} m oder noch weniger über, so kann man im Gegenteil eine Umkehr der Wirkung beobachten, wenn man die Inkubationsansätze längere Zeit (mehrere Stunden bis zu einem Tag) bei 0° stehen läßt. In diesem Falle verlieren die Mitochondrien in der reinen Rohrzuckerlösung allmählich ihre Fähigkeit zur oxydativen Phosphorylierung, wohingegen sie in der verdünnten Thyroxinlösung mehr oder weniger erhalten bleibt. Wir möchten uns mit der Deutung dieser Befunde zunächst noch zurückhalten. Die Frage, ob Thyroxin in niederer Konzentration für den Prozeß der oxydativen Phosphorylierung benötigt wird, den der gleiche Stoff in hoher Konzentration hemmt, ist zur Zeit noch offen.

Tabelle 3. *Konservierung der oxydativen Phosphorylierung durch Thyroxin.*

Zeitdauer Std.	Thyroxin Mol	P^{32} %
8	10^{-6}	30,2
8	—	3,7
14	10^{-6}	35,0
14	—	10,5
18,5	10^{-6}	5,0
18,5	—	1,6

Wie die Tab. 2 zeigt, weisen die mit Thyroxin vorbehandelten Mitochondrien fast durchweg eine höhere Atmung auf als die Kontrollen ohne Thyroxin. So demonstrieren auch diese Versuche eine typische Eigenschaft „entkoppelnd" wirkender Stoffe, die schon im Fall des Dinitrophenols beobachtet worden war. Durch die Trennung von Atmung und Phosphorylierung wird die erstere nach einem noch unbekannten Mechanismus enthemmt.

Gegen diese Versuche und ihre Interpretation, daß damit der Wirkungsmechanismus des Schilddrüsenhormones in bezug auf den Stoffwechsel aufgezeigt sei, konnte eine Reihe von Einwänden erhoben werden. Der naheliegendste war, daß die von uns sowohl in vitro wie in vivo angewandten Thyroxindosen unphysiologisch hoch seien. Hierzu möchte ich folgendes sagen:

1. Da die Fehlerbreite der Versuche relativ groß ist, mußten wir hohe Dosen anwenden, um in jedem Falle deutliche Ausschläge zu erhalten.

2. Das von uns verwendete Versuchstier, die Ratte, ist wegen ihrer hohen Resistenz gegen Thyroxin an sich ein denkbar ungeeignetes

Versuchsobjekt. Man kann Ratten sehr hohe Dosen des Hormons injizieren ohne das Tier zu töten; bis zu 50 mg i.p. werden von der Ratte vertragen. Es kommt offenbar zu einer schnellen Ausscheidung bzw. Inaktivierung des Wirkstoffes. Es konnte erwartet werden, daß man mit anderen Versuchstieren auch mit geringeren Hormondosen würde brauchbare Ergebnisse erzielen können. Die folgende Tab. 4 zeigt den Einfluß des Thyroxins in

Tabelle 4. *Einwirkung von Thyroxin auf die oxydative Phosphorylierung von Hühnerlebermitochondrien.*

Nr.	Molare Konzentration des Thyroxins	P/O	Änderung des P/O-Quotienten %	Inkubation 0° C min
1	—	1,44	—	10
	10^{-4}	1,07	—26	10
	10^{-5}	1,04	—28	10
2	—	2,07	—	15
	10^{-4}	1,32	—36	15
	$3{,}2 \times 10^{-6}$	1,83	—12	15
	10^{-7}	2,16	+ 5	15
3	—	2,49	—	30
	10^{-5}	1,66	—33	30
	$3{,}2 \times 10^{-7}$	2,05	—18	30
4	—	2,64	—	20
	10^{-5}	2,05	—22	20
	$3{,}2 \times 10^{-7}$	2,42	— 8	20
5	—	1,9	—	15
	10^{-5}	1,63	—14	15
	$3{,}2 \times 10^{-7}$	1,74	— 8	15

vitro auf Hühnerlebermitochondrien. Hier sind schon bei viel niedrigeren Konzentrationen als den in den Rattenversuchen verwendeten Ausschläge zu beobachten. Es erwies sich auch hierbei als notwendig, die Mitochondrien eine gewisse Zeit mit einer thyroxinhaltigen Lösung zu inkubieren, doch genügte es, die fertig beschickten Warburg-Gefäße einige Zeit bei 0° stehen zu lassen.

Als viel aufschlußreicher und wichtiger als diese in vitro-Versuche betrachte ich jedoch Versuche mit Meerschweinchen, in denen wir den Einfluß von Thyroxin auf den Grundumsatz und den P/O-Quotienten gleichzeitig untersucht haben. Zu diesem Zwecke wurde bei 2 möglichst gleichen männlichen Meerschweinchen in der HECHTschen Apparatur der Grundumsatz bestimmt.

Das eine Tier diente als Kontrolle, das andere erhielt nach der ersten Messung s.c. Thyroxin. Nach der üblichen Wartezeit von 2 bis 3 Tagen wurde wiederum der Grundumsatz bestimmt, das Tier daraufhin getötet und der P/O-Quotient der Lebermitochondrien sowie des Zwerchfells gleichzeitig mit denen eines Kontrolltieres gemessen.

Wie die Tab. 5 zeigt, weisen bei den mit Thyroxin behandelten Tieren sowohl Zwerchfell wie Mitochondrien einen niedrigeren P/O-Quotienten auf als die unbehandelten Kontrolltiere. Wie Tab. 5

Tabelle 5. *Einwirkung von Thyroxin auf Grundumsatz und P/O-Quotienten bei Meerschweinchen.*

Nr.	Dosis Thyroxin mg	Grundumsatz-steigerung %	Lebermitochondr. P/O-Erniedrigung %	Zwerchfell P/O-Erniedrigung %
1	0,75	+ 52	— 15	
2	1,0	+ 67	— 25	
3	1,2	+ 37	— 13	— 22
4	2,0	+ 45	— 28	— 27
5	2,4	+ 39	— 14	— 26
6	2,2 + 100 M. E. Pretiron	+ 63	— 36	— 46

weiterhin zeigt, ist der Grad der Entkopplung bei Mitochondrien und Zwerchfell etwas verschieden, meistens liegt er beim Zwerchfell höher. Bei hohen Thyroxingaben kann er aber auch in den Lebermitochondrien größer sein. Man kann nun die Abnahme des P/O-Quotienten und die sich aus ihnen berechnenden Erhöhungen des Grundumsatzes mit den experimentell gefundenen Grundumsatzwerten vergleichen (Abb. 1).

Die Berechnung der Steigerung des Grundumsatzes aus der Abnahme des P/O-Quotienten erfolgte nach der Summenformel für eine konvergierende geometrische Reihe, wobei die Annahme gemacht wurde, daß, um das Defizit an Energie auszugleichen, das sich aus einer Verminderung des P/O-Quotienten ergibt, eine entsprechend größere Menge an Nährstoff verbrannt werden muß. Diese Annahme vereinfacht zweifellos zu stark. Doch besteht bei denjenigen Versuchen, bei denen eine mäßige Steigerung des Grundumsatzes gemessen wurde, befriedigende Übereinstimmung zwischen Rechnung und Experiment. Im übrigen ist bei Versuchen wie den in Frage stehenden, in denen Organe verschiedener Tiere verglichen werden müssen, stets zu bedenken, daß eine relativ große Fehlerbreite in Kauf genommen werden muß, selbst wenn Inzuchttiere zur Verfügung stehen, was bei unseren Versuchen leider auch nicht der Fall war. Trotz dieser wohl kaum auszuschließenden Schönheitsfehler möchte ich dem Ergebnis dieses Vergleichsversuches besondere Bedeutung beimessen. Denn der Einwand, daß wir zu hohe Thyroxindosen verwandt hätten, kann in diesem Falle wohl kaum erhoben werden, da die Steigerung des Grundumsatzes sich ja durchaus in mäßigen Grenzen hält und trotzdem beachtliche Wirkungen auf das Ausmaß der oxydativen Phosphorylierung beobachtet werden. Man darf daher in diesen Versuchen eine besonders beweiskräftige Stütze der Auffassung sehen, daß die Wirkung des Schilddrüsenhormones auf den Stoffwechsel, die basedowide Wirkung, Folge einer Entkopplung von Atmung und oxydativer Phosphorylierung ist.

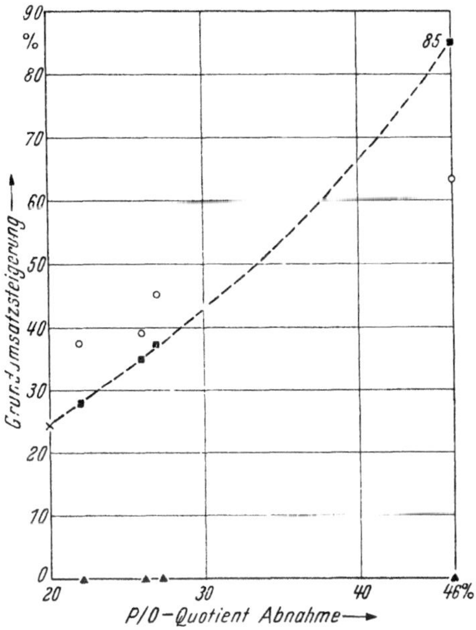

Abb. 1. ○ gemessene Grundumsatzwerte, ■ aus der Abnahme des P/O-Quotienten berechnete Grundumsatzwerte, – – – – – – Kurve der berechneten Grundumsatzwerte.

Es erhebt sich nun die Frage, wie ist dieser Entkopplungseffekt des Thyroxins zu erklären? Eine vollständige Antwort auf diese Frage würde eine Kenntnis des enzymatischen Mechanismus der oxydativen Phosphorylierung voraussetzen. Das ist z. Z. noch keineswegs möglich, doch möchte ich unter ausdrücklichen Vorbehalten heute einmal folgende Hypothese zur Diskussion stellen.

Das Schema, das Sie hier sehen, stellt einen Versuch dar, die Ergebnisse von Untersuchungen über die Beteiligung des

Vitamin K_1 an der oxydativen Phosphorylierung[8] mit dem bekannten Atmungskettenschema zu vereinigen. Dieses wird, das dürfte sicher sein, noch stark modifiziert werden müssen. Während man bisher annahm, daß der Wasserstoff von den Nährstoffen über die Codehydrasen und flavinhaltigen Fermente zum Cytochromsystem wandert, ist es wahrscheinlich, daß der Wasserstoff,

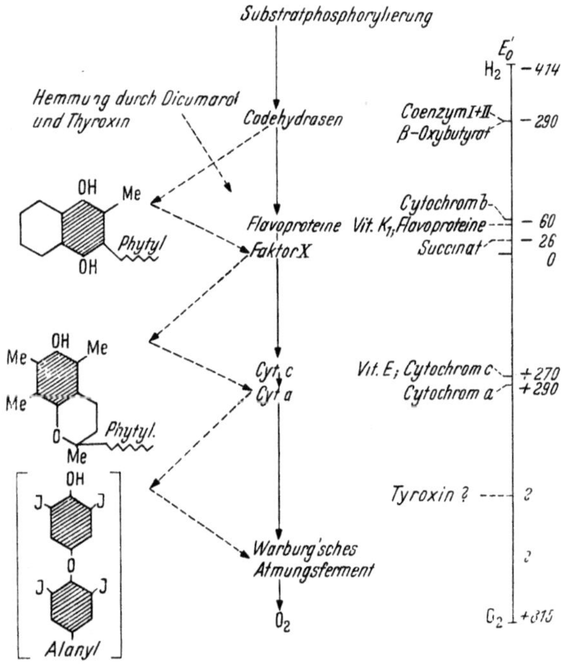

Abb. 2. Hypothetisches Schema der Atmung und Atmungskettenphosphorylierung.

wenn bei der Atmung energiereiches Phosphat gebildet werden soll, einen anderen Weg, und zwar über das Vitamin K_1, nehmen muß. Die Einordnung des Vitamin K_1 an dieser Stelle der Atmungskette erfolgt auf Grund der Lage seines Redoxpotentiales sowie der Tatsache, daß die Wirkung des Vitamins auf die oxydative Phosphorylierung sehr viel stärker ist, wenn man β-Oxybutyrat als wenn man Succinat als Wasserstoffdonator verwendet. Das Vitamin K_1 wäre demnach an der ersten der drei Phosphorylierungsstufen beteiligt.

Aus noch unveröffentlichten Versuchen geht nun hervor, daß Mitochondrien ein Enzym enthalten, welches die Übertragung von Wasserstoff vom DPN-H_2 auf das Vitamin K_1 katalysiert. Dieses Enzym läßt sich aus Lebermitochondrien durch Behandlung mit Isobutanol und Pufferlösungen extrahieren. Es weist große Ähnlichkeit auf mit einem in letzter Zeit von WOSILAIT und NASON[9] beschriebenen Enzym, das von diesen Autoren aus Erbsen und anderem Pflanzenmaterial gewonnen werden konnte. Von diesem Enzym unterscheidet sich das Enzym aus Mitochondrien jedoch dadurch, daß es nicht nur einfache Chinone, sondern auch Methyl-naphtho-chinon und Vitamin K_1 als Acceptor zu benutzen vermag. Die amerikanischen Autoren hatten bei ihren Untersuchungen über diese Chinonreduktase zeigen können, daß die Reduktion des Chinons gehemmt werden kann durch Stoffe, deren entkoppelnde Wirkung auf die oxydative Phosphorylierung bekannt war, so vor allem 2,4-Dinitrophenol. Bei Versuchen mit dem Mitochondrienenzym zeigte sich nun, daß dessen Wirkung sowohl durch Dicumarol, wie auch durch Thyroxin gehemmt werden kann. Nimmt man an, daß eine entsprechende Hemmwirkung auch dann eintritt, wenn das Enzym in die Mitochondrienstruktur eingebaut ist — und es erscheint wahrscheinlich, daß die Hemmung sich dann sogar noch stärker auswirken kann, — so wäre damit eine Erklärung für die entkoppelnde Wirkung dieser Stoffe auf die oxydative Phosphorylierung gegeben. Der Wasserstoff, der normaler Weise, d. h. wenn phosphoryliert wird, den Weg über das Vitamin K_1 nimmt, findet diesen Weg versperrt und nimmt ihn anderweitig, möglicherweise über Flavinenzyme, zum Cytochromsystem.

Ich möchte an dieser Stelle noch erwähnen, daß Anzeichen dafür bestehen, daß an der nun folgenden zweiten Phosphorylierungsstufe wiederum ein Hydrochinonderivat beteiligt ist, und zwar das Vitamin E. Beziehungen zwischen diesem Vitamin und Phosphorylierungsvorgängen sind wiederholt vermutet worden. Der experimentellen Untersuchung steht in diesem Fall die Schwierigkeit gegenüber, wirklich weitgehend Vitamin E-freie Versuchstiere zu halten. Versuche mit Ratten und Hühnern waren ohne Ergebnis, doch konnten in einigen Fällen mit Kaninchen wie auch mit Goldhamstern positive Ergebnisse im in vitro-Versuch bei Zusatz von Vitamin E erhalten werden. Weitere

Versuche in dieser Richtung sind im Gange; es erscheint zwecklos, vor ihrer Beendigung Hypothesen über die mögliche Einordnung des Vitamin E in ein Schema der Atmungskettenphosphorylierung aufzustellen.

Ich möchte mich zum Schluß der Diskussion zweier weiterer Einwände zuwenden, die sich gegen die Auffassung richten, daß die Wirkung des Schilddrüsenhormones allein auf dem entkoppelnden Effekt des Thyroxins beruht.

Die erste betrifft die Frage, ob es möglich ist, allein mit einer Wirkung auf den Stoffwechsel die Wirkung des Thyroxins auf die Metamorphose von Amphibienlarven zu erklären. Nun, es gehört sicher nicht zu den Qualitäten des Schilddrüsenhormones, das im ganzen Tierreich verbreitet ist, bei der Kaulquappe Schwanz und Kiemen verschwinden und Beine und Lungen wachsen zu lassen. Das ist ja alles genmäßig und durch Organisatoren festgelegt und geregelt. Das Schilddrüsenhormon kann jedoch durch seine Wirkung auf den Stoffwechsel den Anstoß zu dieser Umbildung, gewissermaßen die Initialzündung geben. Zu einer solchen Vorstellung paßt, daß die allererste bei der Metamorphose zu beobachtende Reaktion in einer Einschmelzung von larvalem Gewebe (Einschmelzung des zentralen Flossensaumes, Abbau des Schwanzes usw.) besteht. Ein solcher Einschmelzungsprozeß ist aber ohne weiteres durch eine einfache Wirkung auf den Stoffwechsel zu erklären. Die verminderte Ergiebigkeit der energieliefernden Prozesse bewirkt einen vermehrten Umsatz der Kohlenhydrate, Fette und Proteine. Dadurch kann es einmal zur Mobilisation von Eiweiß kommen (Resorption von larvalem Gewebe), weiterhin werden aber auch synthetische Prozesse gefördert. So würde eine durch vermehrte Kohlenhydratabbau bedingte Zunahme der Konzentration an Brenztraubensäure und von α-Ketoglutarsäure und Oxalessigsäure zu einer Steigerung von Umaminierungsprozessen führen und damit den Umbau und die Synthese von Aminosäuren begünstigen. Die Tatsache, daß es gelingt, lediglich durch Temperaturerhöhung Axolotl-Larven zur Metamorphose zu bringen, welche bei niederer Außentemperatur gehalten sonst ihr ganzes Leben im Larvenstadium verharren, dürfte als ein weiterer, wichtiger Hinweis dafür betrachtet werden, daß ein Anreiz, der auf den basalen Stoffwechsel wirkt, durchaus zu solchen weitgreifenden Folgereaktionen führen kann.

Der letzte Einwand schließlich, der gegen die Stoffwechseltheorie der Schilddrüsenhormonwirkung gemacht werden kann, ist vielleicht der ernsteste. Nach der Entdeckung der stoffwechselsteigernden Wirkung der Dinitrophenole haben englische Kliniker die Wirkung dieser Stoffe auf Myxödemkranke untersucht. Sie stellten fest, daß es bei diesen gelingt, den Stoffwechsel durch Dinitrophenol sehr erheblich über die Norm zu steigern. Trotzdem behielten diese Patienten ihr myxödemes Erscheinungsbild. Daraus schloß man und auch LIPPMANN hat noch in jüngster Zeit diese Auffassung vertreten, daß der Stoffwechseleffekt des Thyroxins nicht der einzige und primäre sein könne.

Gegen diesen zweifellos sehr ernst zu nehmenden Einwand läßt sich jedoch folgendes bemerken: Es ist die Frage, ob die Dinitrophenole überall im Körper ihre spezifische stoffwechselsteigernde Wirkung entfalten, oder ob diese nicht von der Verteilung im Gesamtorganismus abhängt, die anders sein kann und auch sicherlich anders sein wird als diejenige des Thyroxins, das ja ganz andere Löslichkeitseigenschaften aufweist. Während das Dinitrophenol leicht wasserlöslich ist, ist das Thyroxin in Wasser schwer löslich, es löst sich bekanntlich relativ noch am leichtesten in Lösungsmitteln, die wie Butylalkohol eine Mittelstellung zwischen Wasser und Lipoidlösungsmitteln einnehmen. Welche Bedeutung der Verteilung eines auf die Phosphorylierung wirkenden Pharmakons zukommt, zeigten uns Versuche mit Dicumarol. Dieses wirkt in vitro mindestens ebenso stark auf die oxydative Phosphorylierung wie Dinitrophenol. Dem ganzen Tier gegeben, ist es jedoch ohne Wirkung auf den Grundumsatz. Meerschweinchen, welche auf 10 mg Dinitrophenol mit einer starken Steigerung des Grundumsatzes reagierten, zeigten nach 300 mg Dicumarol keine Wirkung, starben allerdings nicht lange nach der Dicumarolgabe an inneren Blutungen. Diese Diskrepanz zwischen in vitro- und in vivo-Wirkung ist nur zu verstehen, wenn man annimmt, daß das Dicumarol auch in hohen Dosen gegeben gar nicht in den ganzen Körper gelangt, sondern schnell und selektiv von der Leber gebunden und ausgeschieden wird. Dieses hatten auch Versuche amerikanischer Autoren mit radioaktivem, markiertem Dicumarol gezeigt. Bei diesen Versuchen war Dicumarol auch nach intravenöser Applikation nach ganz kurzer Zeit aus dem

Kreislauf verschwunden und ließ sich nur noch in der Leber nachweisen, wo es sich einige Tage lang hielt.

Diese Ergebnisse zeigen, wie vorsichtig man bei der Übertragung von in vitro-Versuchen auf die Verhältnisse im ganzen Tier sein muß. Für den Fall der Versuche mit Dinitrokresol am Myxödempatienten würde das heißen, daß es noch nicht gesagt ist, daß das Dinitrokresol auch in den Zellen der Haut seine stoffwechselsteigernde Wirkung entfaltet, wenn es das auch in anderen Geweben tut. Man kann schließlich noch auf die bekannte Tatsache hinweisen, daß verschiedentlich Fälle beschrieben worden sind, in denen bei ein und demselben Menschen gleichzeitig Symptome eines Basedow und eines Myxödems beobachtet worden sind. So wurden z. B. bei basedowider Stoffwechsellage an circumscripten Stellen des Körpers typische myxödematische Symptome an der Haut und an den Fettdepots festgestellt. Wenn aber schon der körpereigene Wirkstoff Thyroxin so unterschiedlich zur Wirkung gelangen kann, wieviel wahrscheinlicher ist es anzunehmen, daß etwas Entsprechendes noch in stärkerem Umfange für einen körperfremden Stoff mit ganz andersartigen Löslichkeitseigenschaften gilt.

Literatur.

[1] Loomis, W. F., and F. Lipmann: J. of Biol. Chem. **173**, 807 (1948).
[2] Cross, R. J., J. V. Taggart, G. A. Covo and D. E. Green: J. of Biol. Chem. **177**, 655 (1949).
[3] Martius, C., and B. Hess: Arch. of Biochem. a. Biophysics **33**, 486 (1951); Arch. exper. Path. u. Pharmakol. **216**, 45 (1952).
[4] du Toit, C. H.: Phosphorus Metabolism Vol. II., p. 597. Baltimore 1952.
[5] Maley, G. F., and H. A. Lardy: J. of Biol. Chem. **204**, 437 (1953).
[6] Lehninger, A. L.: J. of Biol. Chem. **178**, 625 (1949).
[7] Sjöstrand, F. S.: Nature (Lond.) **171**, 30 (1953).
[8] Martius, C., u. D. Nitz-Litzow: Biochem. et Biophysica Acta **12**, 134 (1953); **13**, 152 (1954); **13**, 289 (1954).
[9] Wosilait, W. D., and A. Nason: J. of Biol. Chem. **206**, 255 (1954).

Diskussion.

Lang: Sie schreiben dem Vitamin K_1 ja eine sehr zentrale Rolle in der biologischen Oxydation zu. Da müßte man doch eigentlich erwarten, daß das Vitamin K_1 ubiquitär auch in einer Konzentration vorkommt, die so etwas ermöglichen könnte. Liegen da genügend Unterlagen vor, das plausibel zu machen?

MARTIUS: Das Vitamin K_1 kommt tatsächlich ubiquitär vor. Besonders wichtig ist wohl das Vorkommen in den Darmbakterien, die reichlich Vitamin K_1 synthetisieren. Es steht also normalerweise aus dieser Quelle in genügender Menge zur Verfügung. Weiterhin ist das Vorkommen in den Chloroplasten bemerkenswert. Es dürfte dort bei der Assimilation eine entsprechende Rolle spielen, wie bei der oxydativen Phosphorylierung im Tierkörper. In Mikroorganismen ist eine große Zahl verschiedenartiger Naphthochinone aufgefunden worden, vielleicht treten diese an die Stelle des Vitamins K, wenn ein solches fehlen sollte.

ROKA (Frankfurt): Bisher ist vom Vitamin K nur bekannt gewesen, daß es für die Prothrombinsynthese notwendig ist, was wir auch bei der Prothrombinbildung durch isolierte Lebermitochondrien gesehen haben. Cumarine hemmen diese Reaktion genau so wie in vivo auch in vitro. Wenn Sie nun gefunden haben, daß Vitamin K_1 Bindeglied zwischen der oxydativen Phosphorylierung und dem Wasserstofftransport ist und daß Cumarine die Übertragung von Wasserstoff auf Vitamin K_1 hemmen, dann fragt es sich, wieso diese Entkopplung der oxydativen Phosphorylierung in vivo keine andere Wirkung erkennen läßt als die Hemmung der Prothrombinsynthese. Soviel ich weiß, haben Sie bisher nur Lebermitochondrien untersucht; spielt das Vitamin K_1 auch in den Mitochondrien der anderen Organe diese Rolle? Könnte Vitamin K_1 nicht einer von denjenigen Wirkstoffen sein, die irgendwo aus der Atemkette den Wasserstoff herausnehmen, um ihn für andere Prozesse, z. B. Synthesen, zu verwenden. Wenn Vitamin K-Antagonisten durch Unterbrechung der oxydativen Phosphorylierung wirken, dann könnte man erwarten, daß die beobachteten Wirkungen ähnlich sein müßten wie etwa bei Thyreotoxikose, da Thyroxin auch die oxydative Phosphorylierung entkoppelt.

MARTIUS: Dazu möchte ich erstens sagen, daß man auch mit Thyroxin die Prothrombinsynthese hemmen kann. Es ist bekannt, daß in Fällen von Hyperthyreodismus die Blutgerinnungszeit verlängert ist. Man kann wohl mit jedem leberschädigenden Mittel dasselbe erreichen, d. h., wenn man in den Zellen, die das Prothrombin bilden, die oxydative Phosphorylierung schädigt, dann wird auch die Prothrombinbildung gehemmt. Sicherlich nicht nur die Prothrombinbildung, nur ist das ein Effekt, den man sehr leicht nachweisen kann und der offenbar sehr frühzeitig eintritt. Es werden ja auch noch andere gerinnungsfördernde Faktoren gleichzeitig beeinflußt und es liegen Untersuchungen vor, nach denen auch die Bildung von γ-Globulinen durch Vitamin K_1 beeinflußt wird. Mit anderen Worten, wahrscheinlich hängt die ganze Eiweißsynthese vom Vitamin K_1, d. h. von einer normalen oxydativen Phosphorylierung ab. Daß die Prothrombinwirkung so im Vordergrunde steht, liegt eben daran, daß diese so leicht nachgewiesen werden kann. Es ist nicht möglich, ein prothrombinfreies Tier lange am Leben zu erhalten, es geht an Spontanblutungen ein. Wenn man das könnte, würde man wahrscheinlich auch noch andere Effekte sehen.

LASCH (Heidelberg): Wenn aber bei der Thyroxinvergiftung das Prothrombin abgesunken ist, müßte man da nicht auch fordern, daß bei der

Applikation von Vitamin K_1, ähnlich wie bei der Dicumarolvergiftung, der Prothrombinspiegel wieder ansteigt? Das ist aber nicht zu erzielen im Gegensatz zur Dicumarolvergiftung. Bei Hyperthyreosen, auch bei extrem hohen Dosen von Vitamin K_1, läßt sich kein Ansteigen des Prothrombins erzielen. Wie kann man das erklären?

MARTIUS: Ich kann nicht viel dazu sagen. Dann liegt es wohl daran, daß der Effekt des Thyroxins eben durch Vitamin K_1 nicht so leicht aufzuheben ist wie der von Dicumarol. Es liegt vielleicht an den Michaelis-Konstanten.

ROKA: Aus unseren in vitro-Versuchen scheint hervorzugehen, daß nicht die Synthese des Eiweißkörpers Prothrombin von Vitamin K_1 abhängt, sondern daß der sog. Gerinnungsfaktor VII in der Leber in Prothrombin umgewandelt wird. Nur dafür ist Vitamin K_1 notwendig. Diese Reaktion ist nur noch die Umwandlung des einen Eiweißkörpers in einen anderen mit kleinen Änderungen am Molekül, denn beide Faktoren sind physikalisch und chemisch eng verwandt. Wenn das Vitamin K_1 bei der Weiterreichung des Wasserstoffes, den es aus der Atmungskette übernimmt, eine Phosphorylierung hervorruft, dann könnte eventuell der Unterschied zwischen Faktor VII und Prothrombin in einer Phosphorylierung oder in einer Reduktion bestehen, so daß das Vitamin K_1 eher dieser spezifischen Reaktion zuzuordnen wäre.

MARTIUS: Es wäre natürlich möglich, daß das Vitamin K_1 zwei verschiedene Funktionen hat, eine allgemeine und eine ganz andersartige spezielle, indessen glaube ich das nicht. An der allgemeinen Wirkung ist nicht zu zweifeln; was sollte es z. B. in den Chloroplasten? Mit Blutgerinnung kann es da ja nichts zu tun haben. Die Tatsache, daß man die Prothrombinsynthese durch ganz verschiedene Stoffe, die aber alle in gleicher Weise auf die Energieerzeugung wirken, auch gleichartig beeinflussen kann, scheint mir zu zeigen, daß es eben nur der gestörte Energiehaushalt ist, der bei der Wirkung der Cumarine usw. eine Rolle spielt. Für die Umwandlung des Faktors VII in Prothrombin braucht man eben wohl auch Energie.

BÜCHER: Ich wollte erstens fragen, wie denn Dinitrophenol auf die Umwandlung der Kaulquappen und Axolotl-Larven einwirkt und dann die Frage nach dem Problem des Kretinismus aufwerfen.

MARTIUS: Das Problem der Beeinflussung der Metamorphose durch Dinitrophenol ist schon mehrfach bearbeitet worden. Die meisten Untersucher haben keinen, einige einen schwachen Einfluß festgestellt. Die Lösung des Problems dürfte in einer Arbeit von MÉHES und BERDE zu finden sein (1948). Die Autoren haben den Gasstoffwechsel von Kaulquappen unter dem Einfluß von Dinitrophenol gemessen. Sie fanden, daß Dinitrophenol sehr toxisch ist und solche Konzentrationen, die mehrere Tage lang vertragen werden, den Stoffwechsel nicht beeinflussen. Man kann keine Wirkung auf die Metamorphose auf dem Umweg über eine Stoffwechselsteigerung erwarten, wenn keine Stoffwechselsteigerung erreicht werden kann. Die Frage nach dem Kretinismus wirft ein schwieriges Problem auf. Ich stelle es mir so vor, daß beim Schilddrüsen-normalen Menschen der P/O-Quotient immer unter dem theoretischen Höchstwert liegt, daß also immer etwas entkoppelt ist. Bei Hypothyreose müßte der P/O-Quotient steigen, das zeigen auch Versuche an mit Thiouracil behandelten Ratten. In diesem Falle funktioniert die Körpermaschine gewissermaßen zu gut, es wird zuviel Energie produziert und infolgedessen läuft der ganze Stoffwechsel sehr träge ab, da im Organismus der Baustoffwechsel vom Energiestoffwechsel nicht zu trennen ist. Bei einem zu guten Wirkungsgrad der Energie liefernden Prozesse steht zu wenig Material für synthetische Zwecke zur Verfügung. Wachstum und Entwicklung setzten ja auch einen ständigen Abbau und Umbau voraus, der bei einem zu trägen Stoffumsatz dann zu langsam abläuft, und wenn die Störung in früher Jugend schon beginnt, kommt es schließlich zum Bild des Kretinismus.

LENDLE: Mir ist der Gedanke etwas unsympathisch, daß das so physiologische Thyroxin ausgesprochen einen physiologischen Weg verschließen soll, so daß unter Ausschließung der physiologischen oxydativen Phosphorylierung ein Seitenweg gegangen werden muß und man beinahe sagen könnte, das Thyroxin wirkt physiologisch durch toxikologische Reaktion. Wenn man Dinitrophenol in Dosen gibt, die die Phosphorylierung hemmen, dann hat man immer Schädigungen funktioneller Art an der Muskulatur z. B. des Herzens. Man müßte also annehmen, daß das physiologisch wirkende Hormon auch schon toxikologische Nebenreaktionen gibt. Zur Frage der Thyroxinwirkung auf die Entwicklung der Kaulquappen. Sie nehmen an, daß gewissermaßen ein Anstoß gegeben wird, aber einen solchen würde man ja doch nur mit großen Konzentrationen bekommen. Mir ist nur bekannt, daß Thyroxin bei Dauereinwirkung in Konzentrationen, die weit unter denen von Ihnen geprüften liegen, auf die Metamorphose einwirkt. Deshalb möchte ich annehmen, daß mit Ihren Befunden noch nicht das gesamte Wirkungsbild des Thyroxins umrissen ist.

MARTIUS: Was die toxische Wirkung des Thyroxins betrifft, so spricht man, glaube ich, in der Klinik sogar von „Thyreotoxikose". Diese Bezeichnung deutet doch wohl auf eine toxische Wirkung hin. Das bezieht sich natürlich nur auf abnorm hohe Dosen, nicht auf die normalen physiologischen. Man findet ja auch Leberschädigungen bei Basedow, genau wie bei Dinitrophenolvergiftungen. Im übrigen kommt es, wie ich mehrfach betont habe, sehr auf die Verteilung im Körper an.

Zur Frage der Thyroxinwirkung bei Kaulquappen: da wirken in der Tat Minimalkonzentrationen. Aber man läßt die Kaulquappen ja ständig in dem thyroxinhaltigen Wasser schwimmen, da können sie es ständig aufnehmen und anreichern. Das müßte sich übrigens mit radioaktiv-markiertem Thyroxin leicht beweisen lassen.

LYNEN: Die Beobachtung, daß der Prothrombinmangel nach Thyroxinzufuhr durch Vitamin K nicht behoben werden kann, der durch Dicumarol bedingte aber sehr wohl, ließe sich dadurch erklären, daß das Dicumarol bei der Reduktion des Vitamin K_1 eingreift, das Thyroxin aber bei der Oxydation des gebildeten Dihydro-Vitamins K_1, dann wäre verständlich, daß man mit Vitamin K_1 den Dicumaroleffekt durch kompetitive Wirkung beseitigen kann, daß aber der Thyroxineffekt nicht durch Vitamin K_1 beeinflußt wird.

Martius: Ich habe bis jetzt immer nur von der ersten Stufe der oxydativen Phosphorylierung gesprochen. Wir haben aber drei Stufen. Das Dicumarol hemmt nachgewiesenermaßen die erste. Das Thyroxin hemmt auch die erste, aber es ist durchaus möglich, daß es auch bei der zweiten oder dritten eingreift. Wenn das tatsächlich der Fall wäre, dann dürfen wir uns nicht wundern, daß wir mit Vitamin K_1 diese Hemmung nicht mehr aufheben können.

Jores: In der Klinik bezeichnen wir das Thyroxin nicht nur als Stoffwechselhormon, sondern auch präzise als Reifungshormon. Und die Metamorphose ist für uns ein Exempel nicht nur des Wachstums, sondern für den Reifungsprozeß. Bei dem Schilddrüsen-gestörten Kind ist einmal das Wachstum gestört, wobei eine merkwürdige und noch ungeklärte Beziehung zum Wachstumshormon der Hypophyse besteht, denn wir finden bei dem thyreogenen Zwerg an den Epiphysenfugen Veränderungen, die von denen bei Somatotropinmangel nicht zu unterscheiden sind. Aber das, was diese beiden Zwergwuchsformen doch grundlegend unterscheidet, ist eben die cerebrale Entwicklung. Und da weiß ich wirklich nicht, ob man da nicht einen zentralnervösen Angriffspunkt des Thyroxins annehmen muß, und ich darf vielleicht daran erinnern, daß ja die erste und ursprüngliche Auffassung die einer Sympathicusneurose war. Man hat den Basedow überhaupt als eine zentralnervöse Krankheit, bzw. als eine Übererregbarkeit des Sympathicus aufgefaßt. Sicher läßt sich heute vieles von der Stoffwechselwirkung her als sekundär bedingt erklären, Tachykardie usw. Ob aber wirklich alles, erscheint mir fraglich. Und was ja immer wieder überraschend ist, wenn man es rechtzeitig diagnostiziert, im ersten oder spätestens zweiten Lebensjahr, es überhaupt keinen pathologischen Prozeß gibt, der sich so restlos verhindern läßt wie gerade der des angeborenen Schilddrüsenmangelzustandes. Weiterhin möchte ich als Kliniker sagen, daß es sehr merkwürdig ist, daß wir mit Thyreoglobulin, d. h. einfach getrockneter Schilddrüse, therapeutisch Besseres und mehr sehen, als mit reinem Thyroxin. Was dem Thyroxin bzw. dem Thyreoglobulin eine gewisse Sonderstellung gibt, ist eben die Tatsache, daß es meistens zwei Tage dauert, bevor man den Effekt sieht, und daß der Effekt sehr lange nachklingt.

Es würde mich interessieren, was eigentlich aus den Befunden von Mannsfeld geworden ist, der behauptete, daß das Thyroxin dem Nerven entlang wandert. Er hat ja meiner Erinnerung nach Versuche publiziert, wo er das Thyroxin in den Nerven injiziert hat und dann genau die Wanderungsgeschwindigkeit bestimmen konnte. Wenn er die Leber genommen hat, war die Stoffwechselsteigerung beispielsweise nach einer Stunde da, woraus er u. a. genau die Wanderungsgeschwindigkeit berechnet hat. Es würde mich interessieren, einmal zu erfahren, ist es eigentlich einmal nachgeprüft worden, und wie ist der Stand dieser Angelegenheit. Mich als Kliniker hat interessiert, daß erstens einmal der verzögerte Wirkungseintritt hieraus hervorgeht und zweitens doch eine gewisse Beziehung zum Zentralnervensystem hier zum Ausdruck käme.

Martius: Zur Frage Thyreoglobulin/Thyroxin: Der Unterschied ist durchaus verständlich. Die bessere Wirkung des Thyreoglobulins bzw.

Schilddrüsenpulvers dürfte damit zusammenhängen, daß die Aufnahme des Hormons langsamer erfolgt. Kleine Dosen wirken infolgedessen viel stärker als stoßweise gegebenes Thyroxin, das teilweise schnell ausgeschieden bzw. abgebaut wird. Zur Frage der Wanderung des Thyroxins im Nerven wäre zu sagen, daß die MANNSFELDschen Beobachtungen niemals bestätigt worden sind.

HOLZER: Sie haben in Ihrem Schema der Atmungskette, wenn ich recht verstanden habe, die Flavinproteide ausgelassen. In dem Augenblick, wo eine Atmung mit intakter Phosphorylierung erfolgt, läuft der Wasserstoff von den Pyridinoofermenten zum Vitamin K und von dort nicht zu den Flavinproteiden, sondern zum Faktor X (Slater-Faktor). Heißt das, daß die Flavinproteide nicht im Hauptweg der mit intakter Phosphorylierung arbeitenden Atmungskette stehen?

MARTIUS: Diese Frage ist noch offen. Es wäre auch möglich, daß der Wasserstoff vom Vitamin K_1 zunächst zu einem Flavinproteid geht.

Über die Wirkungsweise der Steroidhormone.

Von

W. Dirscherl.

Unter der chemischen Sammelbezeichnung ,,Steroidhormone" faßt man Hormone verschiedener Wirksamkeit zusammen: die Hormone der Keimdrüsen (Androgene, Oestrogene, Progesteron) und der Nebennierenrinde (Corticosteroide). Daß diese Hormone verschieden wirken, geht aus den seit langem bekannten Ergebnissen der Exstirpationsversuche hervor. Weder können die Folgen der Kastration durch die NNR, noch die der Adrenalektomie durch die Keimdrüsen verhindert werden. Infolge der nahen chemischen Verwandtschaft der Steroidhormone, vielleicht auch infolge möglicher Umwandelbarkeit, existieren aber doch auch gewisse Gemeinsamkeiten, wie sich in der folgenden Besprechung zeigen wird. Progesteron vermag, wenn auch in geringem Grade, bei adrenalektomierten Tieren wie NNR-Hormone lebensverlängernd zu wirken, und umgekehrt kann Desoxycorticosteron (DOC) auf die proliferierte Uterusschleimhaut wie Progesteron, wenn auch schwächer, wirken.

Um das Unterschiedliche und das Gemeinsame in der Wirkung der Steroidhormone hervorzuheben, erscheint es zweckmäßig, die hauptsächlichen Wirkungen der einzelnen Gruppen im Körper kurz ins Gedächtnis zurückzurufen. — Als übliches Versuchstier dient meist die Ratte.

Androgene. Das Hormon des Hodens, das Testosteron (T), ist imstande, die nach Kastration erwachsener Tiere auftretende Rückbildung der sekundären Geschlechtsorgane und Gewichtsabnahme von Leber, Niere, Herz und Skeletmuskulatur wieder wett zu machen (,,renotrope", ,,myotrope" Wirkung). Dabei bewirkt T Vergrößerung von Leber, Niere und Muskulatur auch bei weiblichen Tieren.

Eng verknüpft mit dieser Wachstumswirkung ist die sog. proteinanabole Wirkung von T und anderen Androgenen: Bei

Menschen und Tieren beiderlei Geschlechts, besonders Kastraten, die im N-Gleichgewicht gehalten werden, kommt es zu Verminderung der N-Ausscheidung (im wesentlichen Harnstoff betreffend), zu N-Retention und Zunahme des Körpereiweißes, besonders in der Muskulatur. Hierher gehört auch die Zunahme von Intercellularsubstanz in bestimmten Organen nach T-Zufuhr (Hyaluronsäure im Hahnenkamm; Grundsubstanz in Knorpel und Knochen).

T kann aber auch umgekehrt, also proteinkatabol, wirken: der Thymus wird durch T reduziert.

Im Kohlenhydratstoffwechsel fördert T die Glykogenzunahme in der Muskulatur (levator ani, Skeletmuskeln) bei kastrierten Ratten, auch nach Hypophysektomie. Diese glykostatische Wirkung zeigt sich auch bei weiblichen Tieren.

Auch die Wasserretention wird von T gesteigert.

T übt demnach eine Reihe von Stoffwechselwirkungen aus.

Oestrogene. β-Oestradiol, Oestron und die synthetischen Oestrogene (neben zahlreichen anderen besonders Diäthylstilboestrol) beheben die nach Kastration einsetzende Rückbildung der sekundären Sexualorgane. Proteinanabole Wirkung (Leber, Niere) kommt den Oestrogenen nur in geringem Grade zu; im wachsenden Organismus vermögen sie katabol zu wirken. Glykostatische Effekte zeigen die Oestrogene am Uterus, der Leber, in sehr großen Dosen auch in manchen Skeletmuskeln. Bei manchen Tierarten ist auch diabetogene Wirkung festgestellt worden.

Progesteron. Es wandelt die proliferierte Uterusschleimhaut in die sezernierende um. Ferner zeigt es geringe proteinanabole und auch renotrope Wirksamkeit.

NNR-Hormone. Sie sind ausgeprägte Stoffwechselhormone. Ihre Wirkungen erstrecken sich auf den anorganischen (Na, K) und organischen Stoffwechsel. Die übliche Einteilung der NNR-Hormone in Glucocorticoide (GCo), die an C_{11} eine Oxy- oder Oxogruppe tragen, und Mineralocorticoide (MCo), bei denen dies nicht zutrifft, ist bekanntlich nicht sehr glücklich. Es wäre besser, die GCo als 11-Ox-Corticoide, die MCo als 11-Desox-Corticoide zu bezeichnen.

Nach Adrenalektomie sinkt der Blutzucker ab, ebenso das Glykogen in Leber und Muskulatur. Während die 11-Ox-Co normalisieren, tut dies DOC bzw. DOCA im kurzfristigen Versuch

(6 Std.-Test an der Leber) nicht, wohl aber im langfristigen. Besonders bei kohlenhydratreicher Kost wirken die 11-Ox-Co diabetogen (Hyperglykämie, Glucosurie, Ketonurie).

Die 11-Desox-Co wirken wie die Androgene proteinanabol, die 11-Ox-Co dagegen antianabol bezw. katabol; sie fördern die N-Ausscheidung im Harn; ihre Wirkung erstreckt sich besonders auf das Mesenchym; es wird das Knochenwachstum gehemmt und das ganze lymphatische System einschließlich Thymus eingeschmolzen. Im Fettstoffwechsel sollen die GCo die Umwandlung von KH in Fett blockieren.

Wirkungsweise der Steroidhormone.

Die Frage nach dem Zustandekommen der skizzierten Wirkungen haben die interessierten Forscher je nach Herkunft und Einstellung auf verschiedenen Wegen zu beantworten versucht, wie sich gleich zeigen wird. Der eine analysiert die nach Hormonzufuhr auftretenden Veränderungen in den Organen, der andere versucht durch Zusatz von Hormon zu Geweben oder Fermenten in vitro dem Wirkungsmechanismus näherzukommen. Beide Wege sind notwendig, beide haben ihre Grenzen und so müssen beide beschritten und ihre Ergebnisse miteinander verglichen werden. — Dabei kommt es nicht auf die historische Entwicklung, sondern auf eine Schilderung des gegenwärtigen Standes an. Zunächst sollen an einigen gut untersuchten Beispielen die Hormonwirkungen in vivo, dann in vitro betrachtet werden. Bei jenen sollen Arbeiten in den Vordergrund gestellt werden, die ich als „synoptische" bezeichnen möchte, da sie mehrere Gesichtspunkte gleichzeitig ins Auge fassen, was für die Frage der Wirkungsweise von besonderer Bedeutung ist.

I. Wirkungen am Ganztier.

1. Wirkungsweise von injiziertem Testosteron an der Vesiculardrüse der kastrierten Ratte (Tab. 1).

Histologisch sieht man nach Kastration Rückbildung des Epithels und Versiegen der Sekretbildung, die nach Moore bereits 1 Tag nach der Kastration abnimmt. Nach Zufuhr von Androgenen wird das Epithel wieder aufgebaut, die Sekretion kommt in Gang und das Drüsengewicht nimmt zu. Die Epithelzellen werden vergrößert und vermehrt, teils durch Umwandlung von Basalzellen, teils durch Zellteilung (Voss und Löwe, 1930). 1—2 Tage nach Injektion von Testosteronpropionat (Tp) läßt sich, besonders, wenn man 9—10 Std. vor der Tötung Colchicin zur Fixierung verabreicht, vermehrte Mitosenbildung beobachten.

In Tab. 1 sind in neueren Arbeiten ermittelte biochemische Veränderungen in Abhängigkeit von der Zeit übersichtlich zusammengestellt.

Tabelle 1. *Veränderungen in den Vesiculardrüsen der kastrierten Ratte nach Testosteronpropionat.*

	5 Std.	10 Std.	1 Tag	2 Tage	4 Tage	5 Tage	8 Tage	10 Tage	20 Tage
Gewicht	0	↑		↑		↑		↑	↑
Trockensubstanz	0	↑							
Wasser	0	↑							
Atmung	0	↑		↑		↘		—	—
Glykolyse (anaerob) . .		(0)							
Fructose	0	↑							
N-Gehalt je Drüse				↑		↑		↑	↑
Saure und alkal. Phosphatase .				↑	↑	↑	↑	↑	↑
Kathopsin . . .				0		↑		↑	↑
Succinodehydrase			↑		↑	↑			
			Hypertrophie	Mitosen					

Rudolph und Samuels (1949) haben die Wirkung einer einmaligen Injektion von 1 mg Tp bei jungen Ratten, die im Alter von etwa 30 Tagen kastriert wurden, im Verlauf des ersten Tages näher untersucht. Nach 10 Std. war signifikante Zunahme des *Drüsengewichtes*, des *Trockengewichtes* (bei den Kontrollen 6—7 mg) sowohl als auch des *intracellulären Wassers*, des *Fructosegehaltes* und auch des Q_{O_2} festzustellen. Rudolph und Samuels sind der Ansicht, daß das männliche Hormon primär in den Stoffwechsel eingreift, wie aus Atmungssteigerung und Fructosebildung hervorgeht. Die Zunahme des intracellulären Wassers wird als das Ergebnis der Anhäufung kleiner, wenig diffusibler Moleküle (Fructose) angesehen. Dadurch kommt es zu einer Vergrößerung des Zellvolumens. Burkhart (1942) hat als *ersten histologischen*

Effekt 23 Std. nach Tp an der Rattenvesiculardrüse *Hypertrophie* der Zellen, Steigerung der Mitosenbildung erst nach 31—36 Std. festgestellt. Die Mitosenbildung könnte eine Folge der primären Beeinflussung des oxydativen Stoffwechsels sein. Die anaerobe Glykolyse war in den Versuchen von RUDOLPH und SAMUELS nach Tp-Injektion nicht verändert, ähnlich wie bei der Prostata des Hundes (BARRON und HUGGINS, 1944).

Die *Veränderungen von Fermentaktivitäten* in der ersten Zeit nach der Kastration erwachsener Ratten (200—300 g) in Vesiculardrüsen und Prostata sind von STAFFORD, RUBINSTEIN und MEYER (1949) in bezug auf Phosphatasen und von DAVIS, MEYER und McSHAN (1949) in bezug auf die Succinodehydrase studiert worden. Die Aktivität der sauren und alkalischen Phosphatase der VD war nach 4 Tagen, die der Succinodehydrase bereits nach einem Tag vermindert; Zufuhr von täglich 0,6 mg Tp verhinderte die Abnahme dieser Fermente (Abb. 1) und bewirkte dann Zunahme. Auch die Cytochromoxydase verhielt sich entsprechend (wenige Versuche).

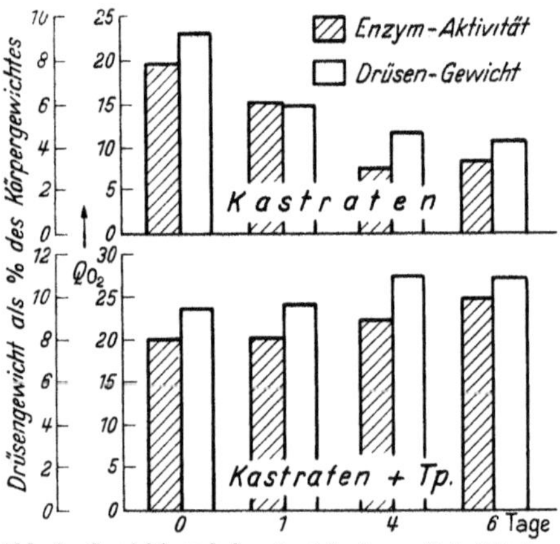

Abb. 1. Gewicht und Succinodehydrase-Aktivität der Rattenvesiculardrüse nach Kastration und Behandlung mit Testosteronpropionat. (DAVIS, MEYER und MCSHAN, 1949.)

Wenn man mit den Untersuchern die Succinodehydrase als einen Indicator für die Aktivität der Fermente des Citratcyclus nimmt, so ist der oxydative Stoffwechsel in den accessorischen Drüsen nach Kastration erniedrigt und wird durch Androgenbehandlung wieder erhöht. (Auch RUDOLPH und SAMUELS gaben an, daß die Succinatatmung in den VD der Kastraten nach Tp-Behandlung gesteigert wird.)

PORTER und MELAMPY (1952) haben an *erwachsenen* Ratten (250—300 g) den Einfluß der Kastration und von Tp vom 2. bis 20. Tage untersucht (Tab. 2).

Tabelle 2. *Einfluß von Kastration und nachfolgender Tp-Zufuhr auf die Vesiculardrüse der Ratte.*

a) nach der Kastration

Tage nach Kastration	Gewicht der sekretfreien Drüsen mg	Q_{O_2}	N-Gehalt je Drüse	Fermenteinheiten je Drüse (sekretfrei)			Sekretmenge je Drüse mg
				Kathepsin	saure Ph'ase	alkal. Ph'ase	
0	284	2,7	6,9	2,8	5,2	14,8	766
2	185	2,4	4,2	3,2	4,7	13,5	167
5	145	2,5	3,2	2,2	3,1	9,1	18
10	109	2,4	2,4	1,9	3,3	6,0	11
20	77	2,8	1,8	0,9	1,8	2,8	0

b) nach Behandlung der Kastraten mit 500 γ Tp tgl.

Behandlungsdauer (Tage)	Gewicht der sekretfreien Drüsen mg	Q_{O_2}	N-Gehalt je Drüse	Kathepsin	saure Ph'ase	alkal. Ph'ase	Sekretmenge je Drüse mg
0	48	3,5	0,2	0,9	0,1	1,3	0
2	67	6,2	0,4	1,1	0,5	3,3	22
5	203	4,2	1,5	3,3	3,1	38,3	107
10	355	3,8	3,4	4,5	9,5	50,4	677
20	525	3,4	7,3	—	11,5	62,8	1322

Es ist aus der Tab. 2 ersichtlich, wie nach der Kastration Drüsengewicht und N-Gehalt der sekretfreien Drüsen und Sekretmenge zurückgehen und nach Tp-Zufuhr wieder ansteigen. Während aber der N-Gehalt der Drüsen schon nach 2 Tagen deutlich abgesunken ist, nehmen die untersuchten Fermente Kathepsin, saure und alkalische Phosphatase erst später ab (deutlich am 5. Tag). Die Abnahme des Drüseneiweißes erstreckt sich zunächst nicht auf die geprüften Fermente, die irgendwie eine Sonderstellung innerhalb des Eiweißes einzunehmen scheinen. Auf Hormonzufuhr reagieren die beiden Phosphatasen, nicht aber das Kathepsin, schon in den ersten Tagen. Der Q_{O_2}, der nach der Kastration nicht signifikant verändert war (frühestens nach 2 Tagen untersucht!), wird 2 Tage nach Tp erhöht gefunden und sinkt dann wieder ab. Die Zunahme der Fermentaktivitäten erfolgt im wesentlichen erst nach der vorübergehenden Atmungssteigerung.

Die Hormonwirkung führt also in wenigen Stunden zu Stoffwechselveränderungen. Es liegt nahe anzunehmen, daß die frühe Atmungssteigerung auf einer Steigerung der Aktivität der an der

Atmung beteiligten Fermente beruht, wenn dies auch nicht exakt bewiesen ist, da Q_{O_2}- und Fermentveränderungen nicht in einer Untersuchung geprüft worden sind, sondern von verschiedenen Autoren.

Es ergibt sich die Frage, was eine Steigerung der Fermentaktivität bedeutet. Handelt es sich um eine echte Zunahme der Fermentmenge, eine Zunahme von Aktivatoren, eine Abnahme von Inhibitoren? Oder handelt es sich um eine direkte Aktivierung ohne Vermehrung von Fermenten oder Effektoren? Die letzte Möglichkeit sollte sich in vitro erweisen lassen; darauf ist später einzugehen. Für eine echte Fermentvermehrung sprechen die Befunde z. B. von PORTER und MELAMPY (Tab. 2), wonach die Tp-Wirkung auf die Fermentaktivitäten erst nach Tagen, sogar noch langsamer als die N-Zunahme, deutlich wird. Wirkte Tp einfach als Effector, so würde man eine raschere Wirkung erwarten, wenngleich auch in vitro Inkubationszeiten eine Rolle spielen.

2. *Wirkungsweise von injiziertem β-Oestradiol am Uterus der erwachsenen kastrierten Ratte* (Tab. 3).

ROBERTS und SZEGO (1953) haben in Fortsetzung früherer Arbeiten die Wirkung von intravenös injiziertem β-Oestradiol (0,5 γ/100 g, etwa der oestrogenen Dosis entsprechend) untersucht (Abb. 2).

In Übereinstimmung mit früheren Angaben von ASTWOOD und anderen Untersuchern wurden für die Zunahme des Wassergehalts 2 Maxima gefunden: ein frühes nach 4—6 und ein spätes nach etwa 20 Std.

Die Atmung (in Inkubationsflüssigkeit ohne Glucose gemessen) ist bereits eine Stunde nach Hormoninjektion schwach signifikant erhöht und erreicht nach weiterem Anstieg ein Maximum nach 16—20 Std.

Bei aerober Inkubation des Uterus unbehandelter Kastraten verschwinden große Mengen Glucose, zwei Drittel davon treten als Milchsäure in Erscheinung. Nach Hormonbehandlung findet sich z. Z. des 1. Wassermaximums das erste Maximum der Glucose-Utilisation, wobei wiederum zwei Drittel als Milchsäure gefunden werden. Da in diesem Zeitpunkt die Atmungssteigerung nur von begrenzter Signifikanz ist, wird die Zunahme des Glucoseschwundes auf eine Steigerung der Permeation zurückgeführt. (Nach

HECHTER, KROHN und HARRIS (1941) bewirkt Oestradiolbenzoat bei kastrierten Ratten eine Zunahme der Permeabilität der Uteruscapillaren für Trypanblau.) Nach 20 Std. zeigt sich dann ein 2. Maximum der Glucose-Utilisation, das nun von einer deutlichen Abnahme der Milchsäureanhäufung begleitet ist. Dies wird, da jetzt die Atmungssteigerung maximal ist, wohl mit Recht auf erhöhte Oxydation zurückgeführt.

Auch die anaerobe Glykolyse zeigte nach 4 und 20 Std. je ein Maximum; die gefundene Milchsäuremenge entsprach weitgehend der verschwundenen Glucose.

Während die Gewichtszunahme des Uterus 4 Std. nach der Hormoninjektion fast ausschließlich auf Wassereinlagerung zurückzuführen ist, weist die Trockensubstanz nach 20 Std. eine signifikante Zunahme auf.

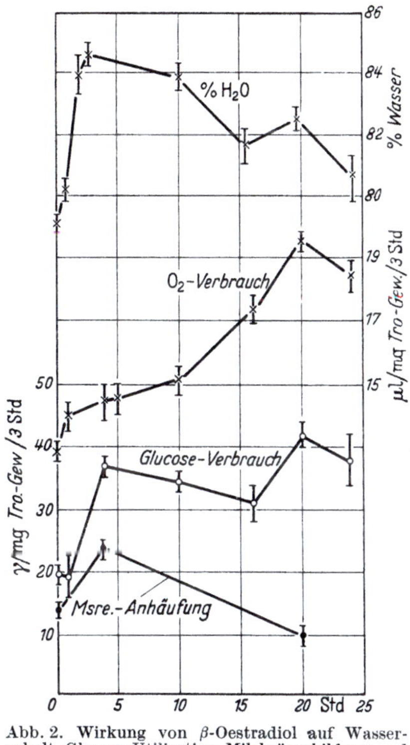

Abb. 2. Wirkung von β-Oestradiol auf Wassergehalt, Glucose-Utilisation, Milchsäurebildung und Atmung des Uterus kastrierter erwachsener Ratten. (ROBERTS und SZEGO, 1953.)

Nach ROBERTS und SZEGO werden die frühen Änderungen der Permeabilität (HECHTER), im Elektrolyt- (TALBOT, LOWRY und ASTWOOD, 1940; COLE, 1950) und Wassergehalt (ASTWOOD, 1938) im oestrogenbehandelten Uterus von Verschiebungen in den energieliefernden Prozessen begleitet. Nach 4 Std. scheint aber noch keine Steigerung des Energiebedarfs vorzuliegen. Der vermehrte Glucoseschwund zu dieser Zeit beruht offenbar auf erhöhter Permeabilität. Möglicherweise spielt aber auch die Glykolyse eine Rolle für die Semipermeabilität der Zellen. Die antagonistische Wirkung von Compound F könnte durch gegensätzliche

Beeinflussung der Permeabilität erklärt werden. Gegen diese Annahme ist aber m. E. einzuwenden, daß Compound F allein keine Wirkung auf den Uterusstoffwechsel nach Roberts und Szego zeigt. Das müßte aber wohl der Fall sein.

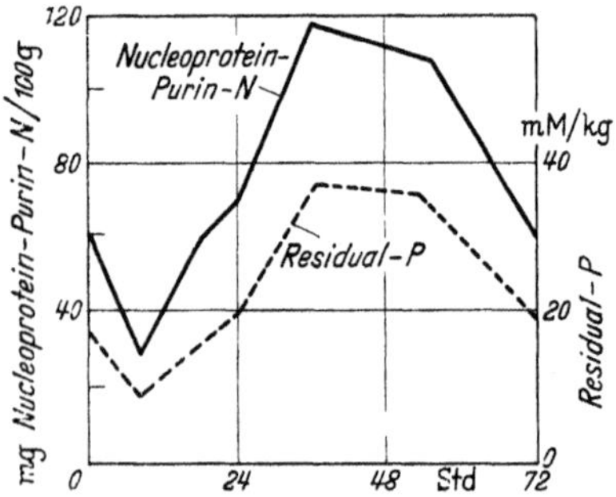

Abb. 3. Wirkung von β-Oestradiol auf Nucleoprotein-Purin-N und Residual-P des Uterus der kastrierten erwachsenen Ratte. (Cole 1950.)

Cole (1950) hat den Einfluß von 1 γ β-Oestradiol (subcutan injiziert) auf den Uterus der kastrierten Ratte in seinem zeitlichen Verlauf hinsichtlich Wasser, Elektrolyten und Nucleoproteiden näher untersucht. Die totalen Nucleoproteide und der durch Säure nicht abspaltbare Residual-P nehmen zu, wie Abb. 3 zeigt.

Tabelle 3. *Veränderungen im Uterus der kastrierten erwachsenen Ratte nach β-Oestradiol.*
↑ 0,5—5 γ β-Oestradiol; ⇡ 50 γ β-Oestradiolbenzoat.

	1	4—6	20	48 Std.
Gewicht				$\overset{\frown}{\uparrow}$
Trockengewicht		•	↑	
Wasser		$\overset{\frown}{\uparrow}$	$\overset{\frown}{\uparrow}$	
Atmung	↑	↑	↑	⇡
Glucoseverbrauch		$\overset{\frown}{\uparrow}$	$\overset{\frown}{\uparrow}$	⇡
Glykolyse (anaerob)		↑	↑	⇡
Nucleoproteide		↓	↑	↑ ↓
Ribonucleinsäure				$\overset{\frown}{\uparrow}$
Desoxy-Ribonucleinsäure . .				0
N				↑
K				↑
Glykogen		⇡		⇡
Succinodehydrase				↑

Telfer (1953) stellte bei erwachsenen kastrierten Ratten 48 Std. nach einmaliger Injektion von 5 γ Oestradiol Maxima des Uterusgewichts und des Gehaltes an Ribonucleinsäure fest, während die Desoxyribonucleinsäure nicht oder kaum beeinflußt wurde. Die Fähigkeit zur Oxydation von Bernsteinsäure und Ascorbinsäure, die nach der Kastration innerhalb eines Monats allmählich abnahm, wurde 48 Std. nach einmaliger Injektion des Oestrogens ebenfalls maximal gesteigert. Auch der N-Gehalt nahm zu. Progesteron (4mal täglich 1 mg) beeinflußte die erwähnten Vorgänge nicht.

TELFER schließt aus ihren Versuchen, daß das Uteruswachstum der ersten 48 Std. wahrscheinlich auf cytoplasmatischem Wachstum beruht, vermutlich auf einer Zunahme der Mitochondrienmasse.

Der Einfluß injizierter Oestrogene auf den *Glykogengehalt* des Uterus ist bei verschiedenen Spezies mit unterschiedlichen Ergebnissen geprüft worden. Ich gehe hier nur auf die Arbeiten von WALAAS (1952 a) ein, der erwachsene kastrierte Ratten mit großen Dosen, nämlich 50 γ β-Oestradiolbenzoat behandelt hat. Der Glykogengehalt des Uterus begann nach 6 Std. anzusteigen und erreichte nach 48 Std. das Mehrfache des Ausgangswertes.

Bevor eine Glykogenzunahme erkennbar war, zeigte sich maximale Hyperämie; Gewichtszunahme und Oestrus erfolgten aber erst danach. Die Glykogenanreicherung findet sich nur in der Muscularis, nicht in der Mucosa.

Nach BULLOUGH (1950) soll die oestrogenbedingte Glykogenzunahme in der Haut teilweise eine Folge der Hyperglykämie sein. Dies lehnt WALAAS für seine Versuche ab, da auch fastende Tiere, bei denen der Blutzucker erniedrigt ist, dieselbe Reaktion zeigen. Dagegen könnten Steigerung der Gefäßpermeabilität und des Stoffwechsels eine Rolle spielen.

Nach WALAAS, WALAAS und LÖKEN (1952) zeigt der Uterus oestrogenbehandelter kastrierter Ratten 48 Std. später signifikante Steigerungen der Glucoseaufnahme (aerob und anaerob), des Glykogenabbaues, der anaeroben und aeroben Glykolyse und des Atmungsquotienten. Der Angriffspunkt des Oestradiols wird bei der Hexokinase gesucht. Entweder soll der Fermentgehalt oder der an Aktivatoren zunehmen. Zunahme von Mg wurde bereits früher von WALAAS (1950) nach Oestrogenzufuhr beobachtet. Eine direkte Aktivierung der Hexokinase durch Oestrogene wird für unwahrscheinlich gehalten, da 1—2 γ Oestradiol die Glucoseaufnahme des Kastratenuterus in vitro nicht beeinflussen. Ob tatsächlich nach Oestrogenzufuhr die Hexokinase im Uterus zunimmt, wäre noch im direkten Versuch zu klären.

3. *Wirkungsweise der Corticosteroide.*

a) *Im KH-Stoffwechsel.* Wie erwähnt, sinkt der Glykogengehalt in Leber und Muskulatur nach Adrenalektomie ab und steigt nach Zufuhr von GCo, langsamer nach MCo, wieder an. Dem steht die von anderen bestrittene Angabe VERZÁRS und seiner Schule gegenüber, daß im Leber- und Muskelbrei adrenalektomierter Tiere die Glykogenphosphorylierung herabgesetzt sei und nach Behandlung der Tiere mit 5 mg DOCA tgl., der lebenserhaltenden Dosis, wieder normalisiert werde (Abb. 4).

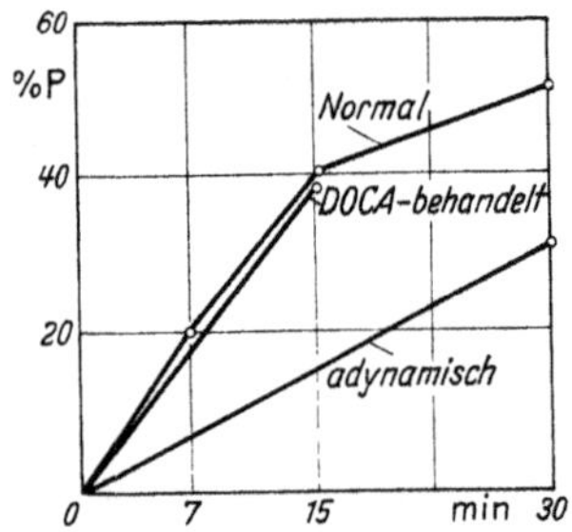

Abb. 4. Glykogenphosphorylierung im Muskel (Brei) einer adrenalektomierten und mit DOCA behandelten Katze (STAEHELIN und VOEGTLI, 1948.)

DOCA steigert also die Aktivität der Glykogenphosphorylierung, somit den Glykogenabbau, während es am ganzen Tier zu einer Glykogenvermehrung führt. Allerdings können, wie VERZÁR und WANG (1950) gezeigt haben, sehr große Dosen DOCA (10 bis 20 mg/100 g) auch zu einer Glykogenverminderung führen.

Nach KERPPOLA (1952) bewirken 4—5 mg Cortison tgl., 1 Woche lang verabreicht, bei Kaninchen Abnahme der Glykogenphosphorylase a in Muskel und Leber, ohne die totale Aktivität (a und b) zu verändern. Die Fermenteiweißmenge bleibt offenbar unverändert. Dabei steigt der Glykogengehalt stark an. Die Erklärung wird darin gesehen, daß der Abbau des Glykogens stärker als der Aufbau gehemmt wird. (Prüfung auf Fermentaktivität in gereinigten Fraktionen, an der Glykogenbildung aus Cori-Ester.)

b) *Im Fettstoffwechsel.* Nach Adrenalektomie ist bei der Ratte die Fettsynthese in der Leber und im übrigen Körper gesteigert (WELT und WILHELMI, 1950). Dementsprechend ist in der Leber von mit Cortison behandelten Ratten die Fettsynthese aus markiertem Acetat gehemmt (BRADY, LUKENS und GURIN, 1951). Bei der adrenalektomierten Maus ist der Abbau von Octansäure zu Acetessigsäure gehemmt, Cortison wirkt normalisierend (BOLE, BAKER, INGLE und LI, 1951).

4. Wirkungsweise der Steroidhormone im Eiweiß-Stoffwechsel.

Nach BARTLETT (1953) kommt die N-Speicherung nach Tp bei der erwachsenen Hündin durch Steigerung der Proteinsynthese und Abnahme des Aminosäure-Katabolismus zustande; der N-Pool bleibt dabei unverändert.

In Abb. 5 sind die von KOCHAKIAN (1951) miteinander verglichenen Wirkungen von Tp (1 mg tägl.) auf Körpergewicht, Harn-N, Nierengewicht, Gewicht der Vesiculardrüsen + Prostata und die Aktivität der Nierenarginase und der alkalischen Phosphatase der Niere der kastrierten Ratte dargestellt.

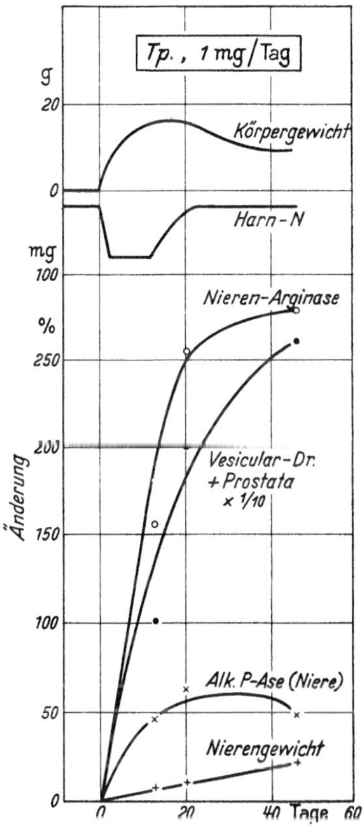

Abb. 5. Vergleich der proteinanabolen Wirkung von Testosteronpropionat mit Veränderungen der Nieren-Arginase und -Phosphatase. (KOCHAKIAN, 1951.)

Anstieg des Gewichts der Nieren sowie der Anhangdrüsen, ferner Zunahme der Aktivität der Nierenarginase gehen weiter, auch nachdem die N-Retention (Verminderung der N-Ausscheidung im Harn) völlig abgeklungen ist. Proteinanabole und -katabole Vorgänge gehen demnach auch nach beendeter N-Retention weiter.

Die Leberarginase wurde in diesen Versuchen durch Androgen nicht beeinflußt.

Man ist geneigt anzunehmen, daß die wahrscheinliche Förderung z. B. der Arginasebildung in der Niere einfach eine proteinanabole Wirkung von Tp sei. Dazu passen aber diese Ergebnisse nicht ganz. Auch Cortisonacetat, das ja umgekehrt wirken soll, machte außer Anstieg des Nierengewichts ebenfalls Zunahme der Nierenarginase-Aktivität, wenngleich in geringerem Grade. (Die Fermentzunahme erfolgte sehr rasch und bevor die Niere an Gewicht zunahm.)

II. Beeinflussung von Gewebestoffwechsel und Fermenten durch zugesetzte Steroidhormone in vitro.

Bei in vitro-Versuchen ergibt sich vor allem die grundsätzliche Frage, welche Hormonmenge und -Konzentration als physiologisch anzusehen und daher anzuwenden ist.

Bei Injektion von Hormon bei erwachsenen Ratten von 200 bis 300 g Gewicht kann man größenordnungsmäßig als physiologische Dosen ansehen: 1 γ β-Oestradiol, 1 mg Tp, 5 mg DOCA. Wenn sich das injizierte Steroidhormon gleichmäßig im Organismus verteilt (Speicherung der Sexualhormone in den sekundären Sexualorganen ist nicht nachgewiesen), so würden sich für 100 mg Frischsubstanz ergeben: $3—5 \cdot 10^{-4}$ γ Oestradiol; 0,3—0,5 γ Ty; 1,5—2,5 γ DOCA.

Setzt man in vitro zu 100 mg Frischgewebe in einigen ml 0,2—4 mg Steroidhormon, wie das in manchen Arbeiten geschehen ist, so ist das ungefähr das 1000-fache der physiologischen Tp- oder DOCA-Dosis und das rund millionenfache der Oestrogendosis. Physiologische Ergebnisse wird man unter solchen Verhältnissen nicht erwarten dürfen.

Wegen der geringen Wasserlöslichkeit der Steroidhormone ist man bei solchen Überdosierungen gezwungen, die Hormone in fester Form oder als Suspension zuzusetzen, was wegen der Rolle der Teilchengröße unerwünschte Komplikationen ergibt, auf die hier nicht eingegangen werden soll.

Wir haben bei unseren 1945 begonnenen Untersuchungen auf diesem Gebiet von Anfang an sehr geringe Konzentrationen, ab etwa 1 γ/ml, angewandt und die Konzentration nach unten um jeweils eine Zehnerpotenz geändert. In diesen geringen Konzentrationen sind alle Steroidhormone wasserlöslich.

Ferner ist es zweckmäßig, bei in vitro-Versuchen, besonders solchen mit Fermenten, nicht die im Tierversuch wegen ihrer protrahierten Wirkung bevorzugten Hormonester, sondern die freien Hormone, die im allgemeinen als die wirksamen anzusehen sind, zu verwenden. In früheren Untersuchungen ist dieser Umstand auch von uns nicht immer beachtet worden.

1. Atmung und Glykolyse.

Atmung. Die Atmung der Ratten-VD wird durch Tp bis zu 50 γ/ml nicht verändert (Dirscherl und Breuer, unveröff.), während sie in vivo durch 1 mg Tp gesteigert wird. Über die Beeinflussung des Succinoxydasesystems in vitro liegen keine Angaben vor. Daß dieses Fermentsystem in Schnitten von Leber, Niere und Gehirn durch Androgene und Oestrogene gehemmt wird, läßt sich nicht zu Schlußfolgerungen für die VD verwerten, besonders da die angewandten Dosen unphysiologisch hoch sind.

Wir haben die meisten Arbeiten aus Gründen der Billigkeit mit Mäusen durchgeführt und erst allmählich bemerkt, daß die Maus nicht nur billiger, sondern auch empfindlicher als die Ratte ist. Die Atmung der Mäuse-VD wird nach DIRSCHERL, BERGMEYER und BREUER (1952) durch Tp (10^{-5}— 1 γ/ml) beeinflußt: bei hohen Q_{O_2}-Werten fand meist Hemmung, bei mittleren keine Wirkung, bei niedrigen meist Aktivierung statt. An der Prostata der normalen und kastrierten Ratte hat BERN (1953) mit kleinen Konzentrationen von T (0,5 und $0{,}5 \cdot 10^{-3}$ γ/ml) teils Aktivierung, teils Hemmung der Atmung beobachtet und er hält es für möglich, daß hier eine nivellierende Wirkung in unserem Sinne vorliegt. Mit 50 γ T wurden nur Hemmungen erzielt.

Die *Uterusatmung* wurde bei der Maus in vitro durch 1 γ Oestron/ml nur bei manchen Tierkollektiven erhöht, bei anderen zu anderen Zeiten blieb sie unbeeinflußt (DIRSCHERL und BREUER, 1953). Die Wirkungsrichtung stimmt mit der in vivo überein, aber die notwendige in vitro-Dosis erscheint zu hoch. Die Atmung von menschlichem Endometrium wurde durch 1 γ Oestradiol/ml ebenfalls gesteigert (VILLEE und HAGERMAN, 1953).

Die Succinoxydaseaktivität des Uterus kastrierter Ratten wird durch große, anästhetisch wirkende Dosen von Diäthylstilboestrol nicht beeinflußt (MEYER und McSHAN, 1950), auch nicht in vitro (CASE und DICKENS, 1948). Nach TELFER (1953) nimmt die Succinoxydaseaktivität nach der Kastration sehr langsam, innerhalb eines Monats, ab und wird durch Oestrogeninjektion in 48 Std. maximal gesteigert.

Glykolyse. Nach Injektion von Tp soll die *Glykolyse der VD* der Ratte unbeeinflußt bleiben (RUDOLPH und SAMUELS, 1949). In vitro fanden DIRSCHERL und BREUER (unveröff.) bei der Ratte mit 10 γ T/ml Hemmung der anaeroben Glykolyse.

Die Maus ist auch hier wieder empfindlicher; DIRSCHERL, BERGMEYER und BREUER (1952) fanden wie bei der Atmung auch bei der Glykolyse der VD Q-Abhängigkeit der Tp-Wirkung mit sehr kleinen Konzentrationen. Ähnliche Beobachtungen hatten wir bereits früher mit Sexualhormonen (Dirscherl und Knüchel, 1950) und DOCA (Dirscherl und Breuer, 1951) bei der Leberglykolyse der Maus gemacht. Wir haben diese Wirkungsweise als „nivellierend" bezeichnet. Auf diesen Effekt, der uns öfter bei unseren Versuchen mit Gewebeschnitten und Fermenten begegnet ist, werde ich später noch zurückkommen.

Uterus. Kerly (1940) fand am Uterus der kastrierten Ratte in Konzentrationen bis zu 7 γ/ml Oestron und Oestradiol keine Beeinflussung der anaeroben Glykolyse; Dirscherl und Breuer (unveröff.) erzielten erst mit 100 γ Oestradiol/ml Hemmung. Der Mäuseuterus erwies sich wieder als empfindlicher: die anaerobe Glykolyse wurde durch 0,1 und 1 γ Oestradiol/ml, allerdings nur bei manchen Kollektiven, gesteigert oder gehemmt, während die aerobe Glykolyse von T in nivellierender Art beeinflußt wurde (Dirscherl und Breuer, 1953).

2. *Die Kohlenhydratstoffwechselwirkung der NNR-Hormone.*

Nach Verzár und Wenner (1948) hemmt DOC die Glykogenbildung durch Zwerchfell normaler Ratten völlig, wenn man in 10 ml auf 100—150 mg Gewebe 100 γ DOC einwirken läßt. Bei Anwesenheit von 0,1 E Insulin (= etwa 5 γ) ist für völlige Hemmung 5—10 mal soviel DOC notwendig. Ebenso stark oder stärker als DOC wirkten Progesteron und Diäthylstilboestrol, schwächer Cortison, Corticosteron und Testosteron, am schwächsten Oestradiol.

Die Wirkung entspricht nicht der in vivo, sie ist entgegengesetzt.

Die verminderte Aktivität der Glykogenphosphorylierung im Muskelbrei adrenalektomierter Tiere (Hunde, Katzen, Ratten), nicht die normaler Tiere, wird in vitro durch DOC wieder gesteigert (0,1 % DOC; 2 % Progesteron wirkte ähnlich, 2 % T oder Oestradiol schwächer).

Später hat Verzár (1951) mitgeteilt, daß diese DOC-Wirkung nicht mehr in allen Versuchsreihen gefunden werden konnte. Verzár denkt an die Mitwirkung unbekannter Faktoren.

Verzár erklärt die Hormonwirkung am Zwerchfell durch Aktivierung der Phosphorylase und dadurch gesteigerten Glykogenabbau. Der Widerspruch zu den in vivo-Versuchen bleibt bestehen.

Nach Chiu (1950) fördert DOC (25 und 50 γ/ml) in der Leber von Ratte und Kaninchen in vitro die Glykogenbildung, wirkt also umgekehrt wie beim Zwerchfell. Zwischen Mineralocorticoiden und Glucocorticoiden ergab sich kein Unterschied in der Wirkung. VERZÁR (1951) hat an Rattenleberschnitten keine Förderung der Glykogensynthese durch NNR-Hormone feststellen können.

DIRSCHERL und OTTO (1953) haben die Wirkung besonders von DOC auf das glykogenolytische und glykolytische Fermentsystem in zellfreier Lösung (Trokkenpräparate aus Kaninchenmuskelextrakten) untersucht.

Es wurde Glykogen als Substrat verwendet und bestimmt: die Abnahme des anorganischen Phosphats, die gebildete Milchsäure colorimetrisch und die gesamte, aus $NaHCO_3$ freigesetzte CO_2-Menge manometrisch.

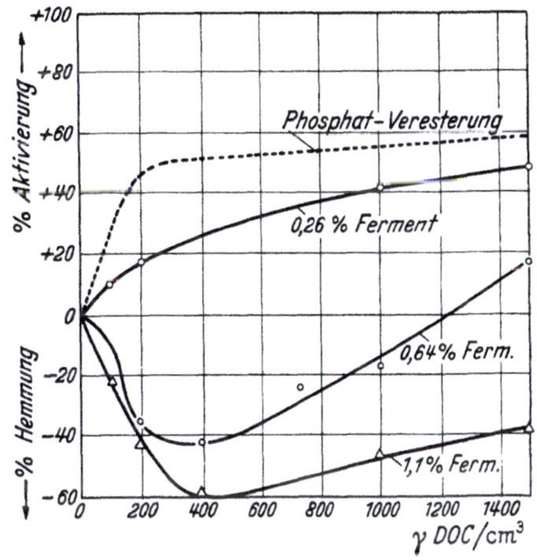

Abb. 6. Abhängigkeit der Wirkung von DOC auf die Glykolyse von Muskelextrakten von der DOC- und Fermentkonzentration. (DIRSCHERL und OTTO, 1953.)

Bei Variation der Ferment- und DOC-Konzentration (Abb. 6) ergab sich verschiedenartige Beeinflussung der Milchsäurebildung: bei relativ niedriger Fermentkonzentration wirkt DOC aktivierend (auch auf die Phosphatveresterung), bei relativ hoher dagegen hemmend auf die Milchsäurebildung. Dabei hängt das Ausmaß der Wirkung von der Hormonkonzentration ab. Bei mittlerer Fermentkonzentration kann außerdem auch die Wirkungsrichtung in Abhängigkeit von der Hormonkonzentration wechseln; dazwischen liegt eine Hormonkonzentration, bei der das Fermentsystem unbeeinflußt bleibt. Man erhält also auch in zellfreier Lösung eine nivellierende Wirkung von DOC auf die Glykolyse im weiteren Sinn.

Bei solchen mittleren Fermentkonzentrationen kann sich die Wirkungsrichtung des Hormons aber auch während des zeitlichen Verlaufes ändern (Abb. 7); in einem bestimmten, dazwischenliegenden Zeitpunkt ist das Hormon dann „wirkungslos“.

DIRSCHERL und OTTO halten es für sehr wahrscheinlich, daß in ihren Versuchen der Hormonangriff an der Glykogenphosphorylase erfolgt. Die „schlechte Reproduzierbarkeit" der VERZÁRschen Versuche mag durch die von uns gefundenen Verhältnisse erklärbar sein. Unter unseren 4 Fermentpräparaten aus Kaninchenmuskel war eines, das eine besondere Neigung zur Hemmbarkeit hatte. Die anderen Präparate waren hemm- und aktivierbar.

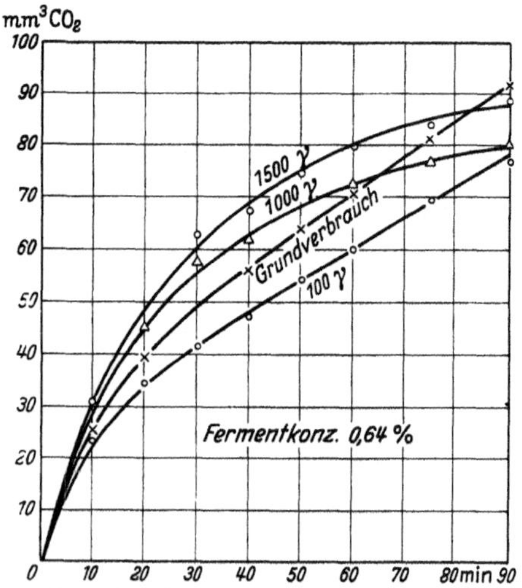

Abb. 7. Zeit-Umsatz-Kurven der Glykolyse von Muskelextrakten bei verschiedenen DOC-Konzentrationen. (DIRSCHERL und OTTO, 1953.)

Ob die in vitro nachgewiesene Einwirkung von DOC ebenso in vivo vor sich geht, ist eine offene Frage. Es erscheint durchaus möglich.

Daß die Sexualhormone, wie wir in orientierenden Versuchen gesehen haben und wie VERZÁR am Zwerchfell festgestellt hat, sehr viel schwächer als DOC auf den Glykogenabbau einwirken, stimmt mit den am Ganztier gemachten Erfahrungen überein.

3. *Wirkung von Steroidhormonen auf den Fettstoffwechsel.*

Die Oxydation von Octansäure zu Acetessigsäure durch Rattenleber-Mitochondrien wird nach DIRSCHERL und MÜLLER (unveröff.) schon durch sehr kleine Konzentrationen (10^{-2} γ/ml und mehr) von Cortison, Testosteron, β-Oestradiol und Diäthylstilboestrol gehemmt. DOC wirkt in kleiner Konzentration aktivierend, hemmend oder gar nicht, mit zunehmender Konzentration tritt die Hemmwirkung in den Vordergrund.

4. *Wirkungsweise von Steroidhormonen im Eiweiß-Stoffwechsel.*

Es sind weiter in vitro-Versuche gemacht worden, um die Wirkung von Steroidhormonen auf den *Eiweiß-Stoffwechsel* zu studieren und den Angriffspunkt zu ermitteln. Man hat den Einbau von C^{14}-Glykokoll in Gewebeeiweiß unter Hormoneinfluß geprüft.

100 γ 17-Oxy-corticosteron und 11-Dehydro-17-oxy-corticosteron/ml hemmten den Einbau von C^{14} aus C^{14}-Glykokoll, -Phenylalanin und -Acetat in lymphatische Zellen, wie Rattenthymus, Milz (Ratte, Maus), Kaninchenappendix und Lymphosarkom (Maus); im letzten Falle waren 200 γ Cortison/ml notwendig (KIT und BARRON, 1953).

Nach HAUSCHILDT und GROSSMAN (1953) hemmen Testosteron, Oestradiol, DOC und Cortison (meist 100—300 γ/ml, in manchen Fällen ab 10 und 30 γ untersucht) den C^{14}-Glykokoll-Einbau in das Eiweiß von Rattenleberschnitten (mit T auch an Menschenleber nachgewiesen). Es erscheint zweifelhaft, ob die in vitro-Wirkung die wahre in vivo-Wirkung wiedergibt. Die Untersucher halten es für möglich, daß die beobachtete Wirkung unspezifisch ist, da sich die einzelnen Steroide kaum voneinander unterscheiden. Da, mit Ausnahme des Glucocorticoids, Cortison, das katabol wirken soll, die untersuchten Steroide zu den proteinanabolen gehören, sollte man eine Förderung des Aminosäure-Einbaues erwarten. Dem widerspricht aber die gefundene Hemmung!

Bemerkenswert erscheint mir, daß mit Testosteron, aber auch mit Cortison, in einigen Fällen Steigerung des Einbaues gefunden wurde. Die Untersucher haben diese positiven mit den negativen Werten zusammen gemittelt, was mir nicht erlaubt zu sein scheint. Dieser nicht näher diskutierte Befund scheint mir darauf hinzudeuten, daß man unter geeigneten Versuchsbedingungen, besonders bei kleineren Hormonkonzentrationen, häufiger Aktivierungen finden könnte. (Unsere Versuche über die Fettsäureoxydation geben dazu Anlaß.)

Wenn die Steroidhormone in vivo nicht auf Fermentreaktionen direkt einwirken sollten, sondern auf die Bildung von Fermenten, evtl. von darauf einwirkenden Effektoren, so wäre es erklärlich, daß man in vitro häufig nur mit unphysiologisch großen Dosen Effekte von biologischem Interesse erzielen kann.

Dann besteht das Problem aber darin, die Wirkung der Steroid hormone auf die Fermentbildung näher zu studieren. Dies kann man aber wieder in vitro tun. Die letzterwähnten Versuche über den Aminosäure-Einbau gehören bereits hierher. Es gibt aber weitere Versuchsanordnungen, in denen auf solche Wirkungen zu fahnden ist. Wir sind mit solchen Versuchen beschäftigt.

III. Schlußbemerkung.

Die Wirkung der Steroidhormone im Organismus hat sicher mit dem Fermenthaushalt zu tun. Für eine Beeinflussung der Permeabilität sprechen nur spärliche Angaben, wie die zitierte von Hechter, daß Oestrogene die Durchlässigkeit der Uteruscapillaren für Trypanblau steigern. Cortison und DOC verändern z. B. die Permeabilität des Froschsartorius für Na^{24} und K^{42} nicht, obwohl sie den Gehalt des Muskels beeinflussen (Conway und Hingerty, 1953). Im übrigen dürfte auch die Beeinflussung der Permeabilität, soweit sie durch Veränderungen im Bindegewebe zustande kommt, über Stoffwechsel und Fermente, wahrscheinlich Bildung und Abbau des Systems Hyaluronsäure-Hyaluronidase gehen.

Es sind mittlerweile eine große Zahl von Fermenten hinsichtlich ihrer Beeinflußbarkeit durch Steroidhormone untersucht worden, besonders in vitro. Die meisten Versuche sind mit großen Hormonkonzentrationen unternommen worden, nur wenige mit geringen. Und nur in wenigen Fällen sind Vergleiche der in vitro- mit den entsprechenden in vivo-Versuchen möglich. Ich erwähne kurz 2 Beispiele. Die Cholinesterase der Leber und des Blutserums der Ratte ist in positivem Sinne von den Oestrogenen abhängig. In vitro haben wir aber im Uterushomogenat der Maus keine Beeinflussung der Fermentaktivität durch kleine und große Dosen von Oestrogenen feststellen können, so daß wir wie andere Untersucher zu der Ansicht gekommen sind, daß die Oestrogene wohl auf die Fermentbildung einwirken. Progesteron wirkte ab 10 γ/ml hemmend, wie es auch in vivo die Cholinesterase-Aktivität im Blutserum herabsetzt; hier könnte es sich vielleicht um eine direkte Wirkung wie in vitro handeln.

Im Gegensatz zur Cholinesterase ist die *Katalase*, wenigstens bei der Maus, von den Androgenen und NNR-Hormonen abhängig (Adams, 1950, 1952). Unsere in vitro-Versuche zeigen gewisse Parallelen zu denen am Ganztier, so daß eine direkte Beeinflussung des Ferments nicht ausgeschlossen erscheint.

Fermente, bei denen in vitro eine Beeinflussung der Reaktion durch kleine Hormonkonzentrationen möglich war, gibt es bisher nur wenige. Zu ihnen gehört die Katalase (Dirscherl, Bergmeyer und Krüskemper, 1952) und neuerdings auch die Aldolase (Dirscherl und Schierfers, unveröff.), die schon mit etwa 1 γ DOC/ml beeinflußt werden kann, auch im kristallisierten Zustand.

Auch die Oxydation von Octansäure zu Acetessigsäure durch Rattenleber-Mitochondrien wird bereits durch sehr kleine Hormonkonzentrationen (10^{-2} γ/ml und mehr) beeinflußt, wobei kleine Konzentrationen von DOC aktivieren, hemmen und teils wirkungslos sind, während mit zunehmender Konzentration bei DOC die Hemmung allein auftritt (Dirscherl und Müller, unveröff.). Cortison, β-Oestradiol, Diäthylstilboestrol und T wirken im Konzentrationsbereich von 10^{-2}—100 γ/ml nur hemmend. In ähnlicher Weise war bei der Katalase eine Wirkungsumkehr bei DOCA in Abhängigkeit von der Hormonkonzentration beobachtet worden.

Ich möchte an dieser Stelle besonders betonen, daß es nicht selten vorkommt, daß bei gleichen Versuchsbedingungen alle 3 Möglichkeiten der Wirkung auftreten können: Aktivierung, Hemmung und Wirkungslosigkeit. In solchen Fällen sollte man nicht, wie es manchmal geschieht, aus allen Werten einen Mittelwert errechnen, man muß sie vielmehr, wie wir das seit langem tun, gesondert betrachten. Man muß vorsichtig mit der Aussage sein, ein Steroidhormon hat diese oder jene Wirkung; wir sagen besser, es beeinflußt ein bestimmtes Stoffwechsel- oder Ferment-System, oder es tut dies nicht (was auch nicht mit ein paar Versuchen festzustellen ist). In welcher Richtung sich die Hormonwirkung bewegt, ob sie eine Steigerung oder eine Hemmung der Reaktion hervorruft, das hängt von Faktoren ab, die wir nicht oder nicht immer kennen. Hängt die Wirkungsrichtung von der Höhe der Grund- oder Ausgangswerte ab, so sprechen wir von nivellierender Wirkung. Einige dieser Fälle sind bereits erwähnt worden. Auch die Glykolyse von Ehrlichschen Mäuse-Asciteszellen wird durch DOC nivellierend beeinflußt, je nach ihrem Verdünnungsgrad (Dirscherl und Schafhausen, unveröff.). In der Literatur sind von Bern (1953) bei der Prostata-Atmung ähnliche Effekte beschrieben worden; Caputo (1952) hat bei bösartigen Tumoren (mit niedrigen Q-Werten) Aktivierungen, bei gutartigen Tumoren (mit höheren Q-Werten) Hemmungen der aeroben Glykolyse durch Tp in großen Konzentrationen beobachtet. Progesteron wirkt auf ATP'ase teils aktivierend, teils hemmend (je nach den Versuchsbedingungen).

Bei den Fermenten haben wir mehrfach nivellierende Effekte gesehen: zuerst bei der Carboxylase der Hefe (Dirscherl und Höfermann, 1952), dann bei der Glykolyse (im weiteren Sinn) von Muskelextrakten, schließlich bei der Aldolase.

Ich habe den Eindruck, daß die Hemmungen sicherer als die Aktivierungen zu finden sind. In späteren Untersuchungen haben wir (Dirscherl und Geissler, unveröff.) Carboxylase zwar durch Tp, DOC usw. hemmen, aber nicht mehr aktivieren können, obwohl die alten Befunde einwandfrei festgestellt waren. Bei gereinigten Aldolasepräparaten war meist Hemmung, bei manchen außerdem Aktivierung durch DOC zu sehen. Ein aktivierbares Präparat war nach mehrmonatigem Lagern auf etwa 1/10 seiner ursprünglichen Aktivität abgesunken, die Hemmbarkeit war ebenfalls verringert, die Aktivierbarkeit verschwunden.

Besonders instruktiv war schließlich das Verhalten eines Trockenpräparates aus Kaninchenmuskel, das zunächst durch DOC hemmbar und aktivierbar gewesen ist, aber nach einigen Monaten unter Steigerung seiner Eigenaktivität auf das 3fache seine Aktivierbarkeit verlor, obwohl seine Hemmbarkeit geblieben war. Es drängt sich der Gedanke auf, daß hier beim Lagern ein unbekannter Hemmstoff zerstört worden ist, wodurch die Aktivität anstieg. Der Verlust der Aktivierbarkeit könnte so gedeutet werden, daß die ursprüngliche Aktivierung durch DOC in einer Beseitigung des Hemmstoffes bestand (Dirscherl und Otto, unveröff.).

Hier sei Willstätter zitiert, der sich in seinen letzten Arbeiten mit Margarete Rohdewald über den Kohlenhydratstoffwechsel in Leber und Muskulatur mit bewundernswertem Einfühlungsvermögen in biologische Probleme vertieft hat. Diese Arbeiten, 1936 (Leber) und 1940 (Muskel) in der Enzymologia veröffentlicht, scheinen wenig bekannt geworden zu sein. Auch wir haben sie erst in den letzten Jahren durch Frl. Rohdewald kennen gelernt.

Willstätter schreibt in seinen Lebenserinnerungen „Aus meinem Leben" auf S. 366: „Muskelgewebe ließen wir unter geeigneten Bedingungen, wovon sehr kurze Versuchszeiten entscheidend neu waren, auf Glucoselösung einwirken. Es kam in nicht vorherzusehender Weise vor, daß viel Umsatz erfolgte, oder daß es keinen Umsatz gab. Die frischen Muskelstücke entwässerten wir auf schonende Art, nach dem „Gefriervakuumverfahren". Es kam dann in unberechenbarer Weise vor, daß die getrockneten Muskelpartikeln auf Traubenzucker sehr verstärkte Wirkung ausübten, oder daß das bei frischem Zustand beobachtete Wirkungsvermögen vermindert oder ganz vernichtet war. In solchen Fällen, die kein gelehrter Experimentator erwarten konnte, ist es nötig, mit einer einzigen Erklärung (Theorie der „Amphimorphose“) die gegensätzlichen, scheinbar miteinander unvereinbaren Beobachtungen zu erfassen.“ Und auf S. 365 zitiert er einen Satz aus WILLSTÄTTER und ROHDEWALD (1940): „Nicht die Konstanz des natürlichen Enzymsystems ist das Gesetzmäßige, sondern seine Veränderlichkeit.“

Damit sind Veränderungen des Fermentproteins selbst sowie von begleitenden Proteinen, Peptiden und Aminosäuren gemeint, die Reaktionsvermögen und Spezifität beeinflussen können und die als Dynatonen (heute sagen wir Effectoren) bezeichnet werden.

Nach WILLSTÄTTER und ROHDEWALD (1936) ist die „phosphaterfordernde Amylase“ der Schweineleber, die heutige Glykogenphosphorylase, im allgemeinen durch Inhibitoren (vermutlich Proteine) gehemmt, welche durch Proteolyse in aktivierende Abbauprodukte umgewandelt werden sollen, so daß die fermentative Spaltung des Glykogens und auch der Stärke nun beschleunigt wird. Die Hormone Adrenalin und Insulin bewirken gleicherweise zunächst eine Beschleunigung der anfangs langsamen und dann eine Verlangsamung der im späteren Verlauf rascheren Reaktion. Nach WILLSTÄTTER und ROHDEWALD geschieht dies durch Enthemmung bzw. Desaktivierung, indem die Inhibitoren bzw. Aktivatoren durch die Hormone kompensiert werden. (Im übrigen kann das Ferment im Organ schon enthemmt oder aktiviert vorliegen.)

Wir selbst haben Beobachtungen gemacht, die für den Angriff von Steroidhormonen an Effectoren sprechen, z. B. besonders bei der Katalase, wo hormonale Beeinflußbarkeit nur bei Fermentpräparaten bestimmten Reinheitsgrades festgestellt wurde. In anderen Fällen mag das Steroidhormon am Fermenteiweiß selbst angreifen oder auch am Substratmolekül, wofür Anzeichen vorliegen (z. B. ATP'ase und Progesteron, nach: JONES jr. und WADE, 1953).

Jedenfalls erscheint uns die Kompensatorhypothese der Hormonwirkung von WILLSTÄTTER und ROHDEWALD geeignet, mindestens einen Teil unserer Beobachtungen zu erklären.

Es erhebt sich die Frage, ob die nivellierende Wirkung auch im Organismus eine Rolle spielt, oder ob dieser Effekt nur bei isolierten Geweben und Fermenten zu finden ist, bei denen vielleicht postmortal irgendwelche Stoffe gebildet werden können, auf welche die Hormone einwirken. Auch WILLSTÄTTER und ROHDEWALD scheinen sich ähnliche Gedanken gemacht zu haben, weil die im Organismus als Antagonisten wirkenden Hormone Insulin und Adrenalin in vitro gleichsinnig wirkten.

In diesem Zusammenhang sei auf die WILDER*sche Ausgangswertregel* hingewiesen. Sie besagt folgendes: „Je höher der vor der Einwirkung vorhandene Erregungszustand bzw. Tätigkeitszustand, desto geringer die fördernde und desto stärker die hemmende Reaktion." Dies soll für die Beeinflussung des vegetativen Nervensystems durch Pharmaka z. B. Adrenalin gelten. Aber auch in anderen Fällen hat man ähnliche Beobachtungen gemacht. Bei der Komplexität solcher Vorgänge ist nicht zu entscheiden, ob diese Ausgangswertregel und unsere nivellierende Wirkung eine gemeinsame Grundlage besitzen.

Abschließend möchte ich sagen, daß heute vieles dafür spricht, daß die Wirkung der Steroidhormone im Organismus durch eine Beeinflussung der Fermentbildung als eines Sonderfalles der Eiweißbildung zustande kommt; daß aber auch manches dafür spricht, daß Steroidhormone im Organismus ähnlich wie in vitro direkt an Fermentsystemen (Fermentprotein, Effectoren, Substrat) anzugreifen vermögen. Man muß sich vor Verallgemeinerungen hüten und den Einzelfall genau untersuchen.

Literatur.

ASTWOOD, E. B.: Endocrinology (Springfield, Ill.) **23**, 25 (1938).

BARRON, E. S. G., and C. HUGGINS: J. of Urol. **51**, 630 (1944).

BARTLETT, P. D.: Endocrinology (Springfield, Ill.) **52**, 272 (1953).

BERN, H. A.: J. of Endocrin. **9**, 312 (1953).

BOLE JR., G. G., B. L. BAKER, D. J. INGLE and C. H. LI: Univ. Michigan Med. Bull. **17**, 413 (1951).

BRADY, R. O., F. D. W. LUKENS and S. GURIN: J. of Biol. Chem. **193**, 459 (1951).

BULLOUGH, W. S.: J. of Endocrin. **6**, 340 (1950).

BURKHART, E. Z.: J. of Exper. Zool. **89**, 135 (1942).

CAPUTO, A.: Tumori **36**, 275 (1952).

CASE, E. M., and D. DICKENS: Biochemic. J. **43**, 481 (1948).

CHIU, C. Y.: Biochemic. J. **46**, 120 (1950).

COLE, D. F.: J. of Endocrin. **7**, 12 (1950).

CONWAY, E. J., and D. HINGERTY: Biochemic. J. **55**, 447 (1953).

DAVIS, J. S., R. K. MEYER and W. H. MCSHAN: Endocrinology (Springfield, Ill.) **44**, 1 (1949).

DIRSCHERL, W., u. H. BREUER: Biochem. Z. **321**, 508 (1951).

DIRSCHERL, W., u. H. HÖFERMANN: Biochem. Z. **322**, 280 (1952).

DIRSCHERL, W., u. W. KNÜCHEL: Biochem. Z. **320**, 228 (1950).
DIRSCHERL, W., u. K. OTTO: Biochem. Z. **324**, 172 (1953).
DIRSCHERL, W., H.-U. BERGMEYER u. H. BREUER: Biochem. Z. **322**, 245 (1952).
HAUSCHILDT, J. D., and CH. M. GROSSMAN: Endocrinology (Springfield, Ill.) **53**, 306 (1953).
HECHTER, O., L. KROHN and I. HARRIS: Endocrinology (Springfield, Ill.) **29**, 386 (1941).
JONES jr., H. W., and R. WADE: Science **118**, 103 (1953).
KERLY, M.: Biochemic. J. **34**, 814 (1940).
KERPPOLA, W.: Endocrinology (Springfield, Ill.) **51**, 192 (1952).
KIT, S., and E. S. G. BARRON: Endocrinology (Springfield, Ill.) **52**, 1 (1953).
KOCHAKIAN, CH. D.: Ann. New York Acad. Sci. **54**, 534 (1951).
MEYER, R. K., and W. H. MCSHAN: Recent Progr. in Hormone Res. **5**, 465 (1950).
PORTER, I. C., and R. M. MELAMPY: Endocrinology (Springfield, Ill.) **51**, 412 (1952).
ROBERTS, S., and C. M. SZEGO: J. of Biol. Chem. **201**, 21 (1953).
RUDOLPH, G. G., and L. T. SAMUELS: Endocrinology (Springfield, Ill.) **44**, 190 (1949).
STAFFORD, R. O., T. N. RUBINSTEIN and R. K. MEYER: Proc. Soc. Exper. Biol. a. Med. **71**, 353 (1949).
TALBOT, N. B., O. H. LOWRY and E. B. ASTWOOD: J. of Biol. Chem. **132**, 1 (1940).
TELFER, M. A.: Arch. of Biochem. **44**, 111 (1953).
VERZÁR, F.: Ann. New York Acad. Sci. **54**, 716 (1951).
VERZÁR, F., and V. WENNER: Biochemic. J. **42**, 35 (1948).
VILLEE, C. A., and D. D. HAGERMAN: J. of Biol. Chem. **205**, 873 (1953).
VOSS, H. E., and S. LOEWE: Dtsch. med. Wschr. **1930**, 30.
WALAAS, O.: Acta endocrinol. (Copenh.) **10**, 175 (1952).
WALAAS, O., E. WALAAS and F. LÖKEN: Acta endocrinol. (Copenh.) **10**, 201 (1952).
WELT, J. D., and A. E. WILHELMI: Yale J. Biol. a. Med. **23**, 99 (1950).
WILLSTÄTTER, R., u. M. ROHDEWALD: Enzymologia **1**, 213 (1936); **8**, 1 (1940).

Diskussion.

LANG (Mainz): Ich wollte eine Bemerkung machen, die über die Diskussion Ihres Vortrages hinausgeht. In letzter Zeit wird viel über den Einfluß aller möglichen Stoffe auf Fermentaktivitäten in vivo gearbeitet. Man käme zu eindeutigen und besseren Ergebnissen, wenn man als Bezugsbasis nicht das Trockengewicht oder mg N, sondern die Zahl der Zellen nehmen würde. Das ist bei Organen, die sehr verschieden aufgebaut sind, besonders wesentlich. Da man weiß, daß der Desoxyribonucleinsäuregehalt der Zellkerne eine Konstante ist, brauchte man dazu nur den Gehalt an DNS zu bestimmen und dann auf die Zellzahl umzurechnen. Vielleicht kommen so klarere, leichter deutbare Gesichtspunkte heraus.

TUCHMANN-DUPLESSIS (Paris): Bei solchen Untersuchungen fanden wir keine Veränderungen der Desoxyribonucleinsäure bei einem Tier, dessen Wachstum man durch Entfernung der Hypophyse gehemmt hat. Auch Behandlung mit Cortison bewirkte nur ganz kleine Veränderungen.

LANG: Es gibt aber Probleme, bei denen es sich sehr wohl gezeigt hat, daß das von Nutzen ist, z. B. bei der Frage der Enzymaktivitäten beim Carcinom. Wenn Sie bei Ihren Versuchen keine Änderung finden, dann deutet das doch an, daß die Hormone keinen Einfluß auf die Zellzahl hatten. Das ist doch schon eine sehr wesentliche Feststellung.

WERLE (München): Daß ein und dieselbe Substanz bei Fermentprozessen einmal aktivierend und einmal hemmend wirken kann, ist z. B. bei der Diaminoxydase zu zeigen. Blausäure hemmt in hoher Konzentration, z. B. 10^{-3} m, das Ferment total, in sehr niedrigen Konzentrationen wirkt sie aktivierend. Das liegt daran, daß im ersten Fall die Blausäure von der prosthetischen Gruppe abgefangen wird und bei den sehr niedrigen Konzentrationen, bei denen eine oxydative Desaminierung nicht ganz unterbunden ist, von dem entstehenden Aldehyd, wodurch es zu einer Aktivierung kommt. Dieses Aktivieren oder Hemmen bezieht sich wahrscheinlich niemals auf ein und dieselbe Gruppe, sondern auf Folgereaktionen oder Nebenreaktionen. — Zu den zitierten Untersuchungen von WILLSTÄTTER möchte ich doch folgende Bemerkung nicht unterdrücken. Nach meiner Erinnerung wurden dort ganze Milligramme von kristallisiertem Insulin und ganze Milligramme von Adrenalin zu wenig Gewebe in kleinem Volumen gegeben, um zu beweisen, daß das Insulin die Glykogenolyse hemmt und das Adrenalin sie aktiviert. Solche Versuche lassen sich nicht auf physiologische Verhältnisse übertragen.

DIRSCHERL: Darf ich vielleicht auf die letzte Frage zuerst antworten. Die Hormonmengen waren etwas groß, das ist richtig, aber WILLSTÄTTER selbst war, soweit aus der Arbeit mit ROHDEWALD hervorgeht, weit davon entfernt, die in vitro festgestellte gleichsinnige Wirkung von Adrenalin und Insulin, die im ganzen Organismus als Antagonisten bekannt sind, ohne weiteres auf die Verhältnisse im Organismus zu übertragen. Es ging mir jetzt hier nur darum, einmal aufzuzeigen, was für eine Auffassung WILLSTÄTTER über die Hormonwirkung hatte. Diese Auffassung ist zweifellos von Interesse und kann jedenfalls zur Diskussion dienen. Und dann zur ersten Frage: ich bin natürlich sehr an allen Fällen interessiert, in denen der gleiche Stoff in Abhängigkeit von irgendwelchen Faktoren einmal aktiviert, einmal hemmt. Mir sind bis jetzt nicht viele derartige Fälle bekannt geworden, aber vor einigen Jahren bin ich durch Zufall auf einen sehr interessanten Fall gestoßen, den wir inzwischen intensiv weiteruntersucht haben. Das ist die von EDLBACHER und WISS 1945 gefundene Einwirkung von Histidin auf die d-Aminosäureoxydase-Wirkung. Histidin kann schon in Konzentrationen von einigen γ/ml die d-Aminosäureoxydase hemmen oder aktivieren, in Abhängigkeit von der Fermentkonzentration. Aber das hängt nach unseren Erfahrungen auch von der Substrat- und der Phosphat-Konzentration ab. Ich möchte auch glauben, daß im allgemeinen die hemmende und die aktivierende Wirkung wahrscheinlich an verschiedenen

Stellen angreift, darauf deutete ja auch dieser bis jetzt einmalige Befund bei unseren Muskelextrakten hin, wo die Aktivierbarkeit verschwand. Aber es mag auch Fälle geben, wo vielleicht bei gleichem Wirkungsmechanismus, von kinetischen Dingen abhängig, je nachdem eine Aktivierung oder eine Hemmung auftreten kann.

Jores (Hamburg): Ich möchte auch als Kliniker etwas zu dem Vortrag von Herrn Dirscherl sagen. Sexualhormone sind Wachstumsstoffe mit spezifischer Wirkung auf spezifische Organe. Das ist das, was wir in der Klinik sehen. Besonders eindrucksvoll, wenn bei einer Frau Androgen gebildet wird; dann fangen die dem Mann analogen Gebilde an zu wachsen. Und bei einem Kastraten fangen nach Testosteron die zurückgebildeten Organe wieder an zu wachsen. Von Stoffwechselwirkungen sehen wir wenig, mit Ausnahme der Wirkung auf den Eiweißstoffwechsel bei Androgenmangel. Es wäre, glaube ich, einmal die Frage zu erörtern, wie weit die Wirkungen, über die Herr Dirscherl hier von den Sexualhormonen berichtet hat, sekundärer Natur sind und einfach nur die Folge der ja notwendigen Aktivierung der Zellen als Wachstumseffekt, bzw. der Atrophie der Zellen, wenn dieses spezifisch auf sie eingestellte Stimulans der Sexualhormone fehlt. — Weiter, zur Nebennierenrinde wäre vom Kliniker das Folgende zu sagen: Der Morbus Addison ist ja gekennzeichnet durch die bekannten Veränderungen im Mineralhaushalt. Ich muß aber dazu sagen, wenn man sie überhaupt findet, findet man sie eigentlich erst ante mortem oder in der sog. Addison-Krise, und es darf auch nicht übersehen werden, daß es Fälle von Addison gibt, die sterben, ohne daß wir Veränderungen im Kalium- und Natriumgehalt des Blutes feststellen können. Das, was aber beim Addison die Szene beherrscht, ist die Adynamie. Und deswegen meine Frage an Herrn Dirscherl, was sagt die Biochemie zu der Adynamie des Addison-Kranken? Denn das ist für den Addison-Kranken zweifellos das zentrale Problem. — Dann wäre etwas zu sagen zum Morbus Cushing, von dem wir ja heute wohl mit Sicherheit sagen können, daß er auf einer Überproduktion von 11-Oxy-Steroiden beruhen muß. Denn es sind ja bei der Überdosierung von Cortison, in der Behandlung des Gelenkrheumatismus insbesondere, alle Symptome des Cushing beim Menschen „experimentell" erzeugt worden. Das Bild des Morbus Cushing ist nun äußerst komplex; Stoffwechselwirkungen sind verhältnismäßig gering. Ein Diabetes mellitus gehört zu den Seltenheiten, aber wenn wir testen, finden wir wohl Störungen im Kohlenhydratstoffwechsel im Sinne einer diabetogenen Wirkung. Sehr merkwürdig und, wie mir scheint, kaum hormonell zu erklären, ist nun die besondere Anordnung des Fettes am Stamm. Es sei denn, daß man annimmt, daß die verschiedenen Regionen des Körpers verschiedene Empfindlichkeiten, Ansprechbarkeiten auf die Hormonwirkung haben und daß eben die Fettbildung am Stamm in irgendeiner sehr merkwürdigen Weise, die ja wohl kaum zu erklären sein wird, vom Cortison her gefördert wird. — Schließlich wäre noch etwas zu sagen zu der Androgenbildung in den Nebennieren. Die Beobachtungen beim kongenitalen, adrenogenitalen Syndrom sprechen dafür, daß diese Androgenbildung vom ACTH ausgelöst wird, weil sie sich durch Cortison unterdrücken läßt. So ist zu vermuten, daß es sich bei der

Androgenbildung in der Nebennierenrinde vielleicht doch um einen bis zu einem gewissen Grade physiologischen Prozeß handelt. An meiner Klinik hat ja NOWAKOWSKI jenen bisher, soweit ich sehe, einzigartigen Fall beobachtet, wo ein Mann seine gesamte Sexualität von diesen Androgenen her bezog. Er hatte also eine congenitale Überproduktion von Androgenen in der NNR, die nun auf dem Wege über die Hypophyse die Reifung des Hodens verhinderten, so daß er atrophisch blieb. Aber seine Sexualorgane wie auch seine Vita sexualis waren völlig normal. Man kann also als Mann mit den Androgenen der NNR leben.

DIRSCHERL: Ich glaube, es ist etwas schwierig, die vielen und komplizierten Fragen des Klinikers zu beantworten. Zunächst zur letzten Frage, der Androgenbildung in der NNR: Im allgemeinen ist die NNR nicht imstande, die Kastrationsfolgen zu verhindern. Das ist aber eine Quantitätsfrage. Die normalerweise in der NNR gebildete Androgenmenge ist wohl zu gering. In pathologischen Fällen mag eine Überproduktion von Androgen imstande sein, die Kastrationsfolgen zu überwinden.

Zur Frage der Adynamie und des Mineralstoffwechsels bei Addison: Die Adynamie ist wohl nach allgemeiner Auffassung in erster Linie auf die Störung des Kohlenhydratstoffwechsels zurückzuführen. Auch der ATP- und Kreatinphosphat-Haushalt wird von der NNR beeinflußt. Daß bei Addison-Kranken keine Veränderungen im Natrium-Kalium-Verhältnis zu finden sind, ist eine merkwürdige Angelegenheit. Dazu müßte Herr FLECKENSTEIN etwas sagen können. Der Zusammenhang zwischen Mineral- und Kohlenhydratstoffwechsel ist ja auch noch eine wichtige und zum großen Teil ungeklärte Frage. Im übrigen finde ich es sehr interessant, daß nicht nur in vitro — worauf ich besonders eingegangen bin —, sondern auch in vivo unerklärliche Unregelmäßigkeiten auftreten können, womit nicht die üblichen biologischen Schwankungen gemeint sind.

Zur Frage der Wachstumswirkung der Sexualhormone: Gewiß sind die Sexualhormone spezifische Wachstumsfaktoren. Warum aber sprechen besonders die Sexualorgane auf diese Hormone an? Testosteron z. B. kann auch das Wachstum von Leber und Niere fördern; bei der Niere der kastrierten Maus wird aber maximal eine Verdoppelung des Gewichts erreicht, bei den Vesiculardrüsen dagegen ein Vielfaches. Das ist ein gewaltiger Unterschied, der nicht erklärt werden kann. Oder ein anderer Fall: Durch Testosteronpropionat wird die Arginaseaktivität zwar in der Niere, nicht aber in der Leber verändert. Auch das ist nicht erklärbar. Es kann vielerlei Gründe für solche Unterschiede geben, aber wir wissen noch zu wenig über viele grundsätzlich wichtige Fragen auf diesem Gebiet. Sicher kann für die verschiedene Ansprechbarkeit der Organe ihre spezifische Struktur eine wichtige Rolle spielen, aber darüber können wir nichts aussagen. Eine einfache Erklärung für die spezifische Wirkung der Sexualhormone böte wohl die Annahme, daß die Sexualhormone vorzugsweise von den Sexualorganen aufgenommen werden. Versuche mit radioaktiven Hormonen haben aber bisher dafür keinen Beweis erbracht; möglicherweise sind die Versuchszeiten zu lang gewesen.

Daß auch das Wachstum der Sexualorgane von Stoffwechseländerungen begleitet ist, geht aus den gezeigten Abbildungen und Tabellen hervor. Dabei scheinen wenigstens manche frühen Stoffwechseländerungen vor einer Zunahme des Trockengewichts nachweisbar zu sein, so daß man wohl die Beeinflussung des Stoffwechsels als primäre Wirkung ansehen kann. Auch bei der erst später einsetzenden mitotischen Zellvermehrung werden Stoffwechseländerungen stattfinden, die aber wegen ihres geringen Umfanges kaum meßbar sein werden.

FLECKENSTEIN: Nach unserer Auffassung ist die Ursache der Muskeladynamie beim Morbus Addison nichts anderes als eine Kaliumlähmung, die verursacht ist durch den Anstieg des extracellulären Kaliums. An einem normalen Rattenzwerchfell beispielsweise, das in Ringerlösung arbeitet und über den Nervus phrenicus gereizt wird, haben wir die kritische Kaliumkonzentration etwa bei 35 mg-%, d. h. es wird adynam, wenn wir die Kaliumkonzentration extracellulär im Bad auf 35 mg-% erhöhen und steht mit Sicherheit, wenn wir etwas über 40 mg-% erhöhen, innerhalb von 1—2 min vollkommen unerregbar still. Wenn wir mit der Kaliumkonzentration wieder nach unten gehen, erholt sich das Zwerchfell sofort wieder. Die Werte sind genau die, die in der Literatur bekannt sind als Konzentration an Kalium, die im Endstadium bei der Addisonschen Erkrankung gefunden wird. Das Experimentum crucis für die Auffassung, daß das Kalium verantwortlich ist, haben wir vor einigen Jahren gemacht. Wir haben Ratten adrenalektomiert, gewartet, bis die Ratten vollkommen adynam waren, und dann das Serumkalium bei 35 mg-% gefunden. Wartet man jetzt, bis die Tiere in der adynamischen Krise sterben, exstirpiert nun das Zwerchfell und den Phrenicus und bringt das Zwerchfell zurück in eine Ringerlösung mit normalem extracellulären Kaliumgehalt, so verhält es sich mechanisch wie ein normales. Die Versuche sind im VERZÁRschen Institut nachgemacht und voll bestätigt worden. Das stimmt auch mit dem überein, was in der angelsächsischen Literatur behauptet wird, daß der Anstieg des extracellulären Kaliums die entscheidende Komponente ist. Warum allerdings dieser Kaliumanstieg zustande kommt, das ist eine andere Frage und hier spielt ganz offensichtlich der Kohlenhydratstoffwechsel hinein.

JORES: Wir finden den Kaliumanstieg im Blut eigentlich erst in extremis. Es ist die Frage, ob das auch der richtige Maßstab für das Verhalten der Gewebe ist. Die Adynamie ist ja das Frühsymptom. Und bis man eine Blutkaliumerhöhung nachweisen kann, gehen oft Monate ins Land.

FLECKENSTEIN: Das in der Muskulatur freigesetzte Kalium wird ja außerordentlich rasch in der Leber fixiert. Nach neueren Ergebnissen verschwinden, wenn 20 mg intravenös gegeben werden, 98% der Radioaktivität während der ersten Minute, und man findet 90% der Aktivität davon in der Leber. Also kommt es sehr darauf an, wie rasch K aus dem Blut verschwindet. Wenn sie das Blut entnehmen, liegen die Leute im Bett. Die Adynamie wird dagegen festgestellt, wenn sie sich außerhalb des Bettes bewegen. In dieser Zeit kann das freigesetzte Kalium wieder aus dem Blut verschwunden sein.

Frau LANGECKER: Ich wollte fragen, ob die absolute Kaliumerhöhung wesentlich für die Adynamie war oder ob die Verschiebung des Natrium-Kalium-Quotienten eine Rolle gespielt hat.

Fleckenstein: Wir wissen, daß Natriumentzug Muskel und Nerv unerregbar macht, aber da muß das Natrium um 90% reduziert werden und die maximale Senkung des Natriums bei der Adynamie, beim Addison und beim adrenalektomierten Tier ist nur etwa 25%. Es kann natürlich sein, daß die Lähmung durch das gleichzeitige Absinken des Natriums noch etwas begünstigt wird, aber entscheidend ist wohl sicher der Kaliumanstieg. Man kann nämlich das volle Bild der Adynamie dadurch erzeugen, daß man Kalium einfach infundiert, oder daß man Ratten, die man schwimmen läßt, vorher Kalium injiziert. Sie schwimmen dann ein bißchen und dann sind sie vollkommen erschöpft, genau wie nach Adrenalektomie.

Lang: Es hat mich gewundert, daß Sie in Ihrem Referat bei den in vitro-Versuchen gar nicht diskutiert haben, inwieweit die Oberflächenaktivität dieser Substanzen die Ergebnisse in vitro beeinflussen kann. Man muß doch annehmen, daß es sich um stark oberflächenaktive Substanzen handelt.

Dirscherl: Dazu kann ich folgendes sagen: Bergmeyer und ich haben vor einigen Jahren diese Verhältnisse in Modellversuchen untersucht: an den Grenzflächen Wasser/Luft, Olivenöl/Wasser usw. und, was vielleicht am instruktivsten war, am Permeationsvermögen von Methylenblau in Gelatinegallerten. Wenn man Gelatinegallerten z. B. 20—30 γ Testosteron, Oestradiol oder DOCA zusetzt, wird die Permeation in gar keiner Weise beeinflußt. Erst bei sehr hohen Konzentrationen (2,5 mg pro ml Gelatine) sieht man eindeutige Beschleunigungen, und zwar besonders stark bei Oestradiol und DOCA, sehr viel schwächer bei Testosteronpropionat. Dies würde zu der Permeabilitätswirkung von Oestrogenen in vivo passen, aber diese kann vielleicht auch über das Hyaluronsäuresystem stattfinden, so daß hier die Frage, ob diese Stoffe auf die Permeabilität einwirken, letzten Endes vielleicht doch wieder eine Fermentfrage wird. Aber mit kleinen Hormonkonzentrationen kann man jedenfalls in solchen Modellversuchen keine Oberflächenwirkungen feststellen. Wir glauben, daß sie mitspielen werden, aber die Effekte sind so klein, daß man sie nicht nachweisen kann.

Fischer: Eine Frage zur Bedeutung des Zeitfaktors: Ist der Zeitpunkt, in dem man mißt, eigentlich der richtige? Wenn man einer Maus Cyanid gibt, dann sieht man sofort etwas. Wenn man ihr ein Hormon gibt, dann sieht man doch frühestens etwas nach Stunden oder auch Tagen. Untersucht wird aber in vitro oft sehr schnell.

Noch etwas: was zuerst auftritt, ist anscheinend die Wasseraufnahme des Gewebes, und das ließ mich daran denken, daß bei den Pflanzen die Auxine anscheinend ja auf den Wasserstoffwechsel und vielleicht nur auf den wirken. Das kann man ja bei den in vitro-Versuchen nicht verfolgen. Ob das nicht auch bei den Gedanken über Permeabilität mit zu berücksichtigen wäre und gerade im Hinblick auf die Untersuchungen von Herrn Professor Martius, wo ja einer der Kunstgriffe darin bestand, 20 min zu warten. Ob man da bei längerer Versuchsdauer, unter Umständen mit anderer Methodik, vielleicht doch einheitlichere Ergebnisse haben könnte?

DIRSCHERL: Auch bei den in vitro-Versuchen spielen Inkubationszeiten mitunter eine gewisse Rolle. Zum Beispiel bei der Katalase, wo wir mit kleinen Konzentrationen ausgesprochene Wirkungen fanden, ist es nicht gleichgültig, wie lange man vorher auf das Schnittgewebe oder auch auf das Katalase-Fermentpräparat das Hormon einwirken läßt. Im allgemeinen lassen wir vorher Hormon einwirken und dann wird erst nach einer halben oder einer ganzen Stunde mit dem Versuch begonnen. Wir können die Inkubationszeiten natürlich nicht bei allen Geweben unendlich lange ausdehnen. Die Gefahr, daß dann postmortal etwas passiert, so daß man erst recht nicht mehr von den Verhältnissen in vitro auf die in vivo Rückschlüsse ziehen kann, wächst natürlich mit jeder Stunde. Die Deutung des Inkubationsphänomens in vitro ist etwas schwierig. Adsorptionen sollen ja unmeßbar rasch erfolgen. Aber bei einer unspezifischen Adsorption sitzt das Hormon vielleicht am verkehrten Platz, wo es gar keine Wirkung ausüben kann. Es kommt infolge des Gleichgewichtes wieder einmal in Lösung, wird einmal wieder adsorbiert, vielleicht wieder einmal verkehrt. Es wird eine ganze Zeit dauern, bis schließlich eine gewisse Hormonkonzentration am aktiven Zentrum des Fermentes, oder wie Sie es nennen wollen, sich versammelt um dann zu wirken. Oder aber es erfolgt zwischen Ferment und Hormon eine echte chemische Zeitreaktion. Und noch etwas zu Herrn FISCHER: Die Wasseraufnahme findet beim Uterus sehr früh statt, auch bei den Vesiculardrüsen, aber die Atmungssteigerung findet sich ja ebenso früh. Es gibt also zweifellos sehr frühe Änderungen im Stoffwechsel, auch im Energiestoffwechsel. Wie das im einzelnen vor sich geht? Ich möchte glauben, wahrscheinlich über die Bildung der beteiligten Fermente.

Biosynthese der Steroidhormone.

Von

Hj. Staudinger (Mannheim).

Mit 4 Textabbildungen.

Gibt man einem Tier das adrenocorticotrope Hormon des Hypophysenvorderlappens, so sieht man als erste Veränderungen an den Nebennieren eine deutliche Abnahme von Cholesterin und Ascorbinsäure[1, 2] (vgl. auch den Beitrag von Tuchmann und Duplessis). Die gleichen Erscheinungen beobachtet man immer dann, wenn durch irgendwelche Belastungen das Tier zur vermehrten Sekretion der Nebennierenrindenhormone veranlaßt wird. Noch bevor man etwas Näheres über die Art und die Größe der Nebennierensekretion wußte, folgerte man auf Grund dieser experimentellen Erfahrungen, daß das ACTH die Entstehung der Nebennierenrindenhormone fördere, daß dabei die Ascorbinsäure beteiligt sei und daß das Cholesterin die Muttersubstanz der Steroidhormone darstelle. Diese Meinung schien um so begründeter, da sowohl das Cholesterin als auch die Corticosteroide Derivate von Cyclopentanoperhydrophenanthren sind. Es wurde dabei allerdings übersehen, daß eine solche chemische Verwandtschaft noch gar nichts über einen biogenetischen Zusammenhang aussagt. Im folgenden soll nun gezeigt werden, wieweit diese — zunächst unbegründete — Ansicht berechtigt ist. Bei dem Interesse, das von verschiedenen Disziplinen aus bekannten Gründen seit einigen Jahren den Nebennieren entgegengebracht wird, sind wir über die Art und Weise der Entstehung dieser Hormone besser unterrichtet, als über die der anderen Steroidhormone. Die Ausführungen über die Biogenese der Steroidhormone werden sich somit im wesentlichen auf die Frage der Biosynthese der Corticosteroide beziehen. An dieser Stelle braucht nicht erneut auf die Geschichte der Entdeckung der Nebennierenrindenhormone eingegangen zu werden[3, 4]. Ihre Konstitution ist bekannt und sei hier nochmals kurz aufgeführt.

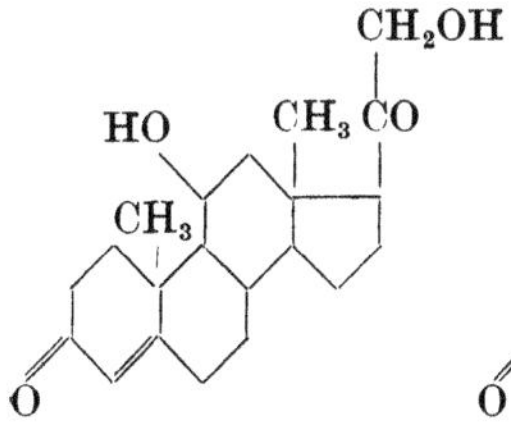

Corticosteron

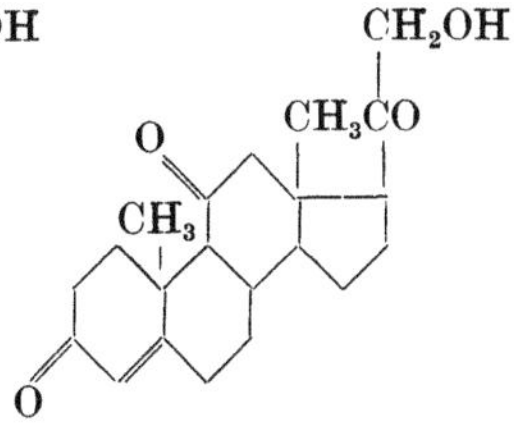

11-Dehydrocorticosteron

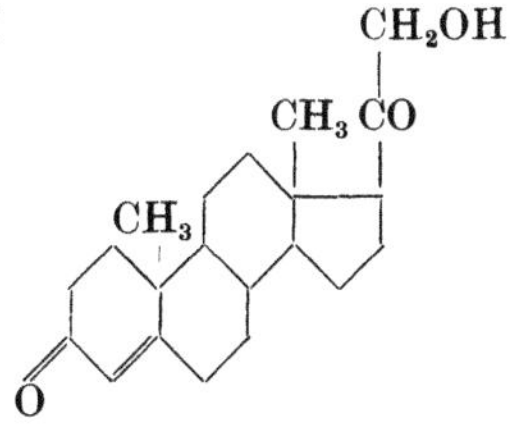

11-Desoxycorticosteron (DOC)

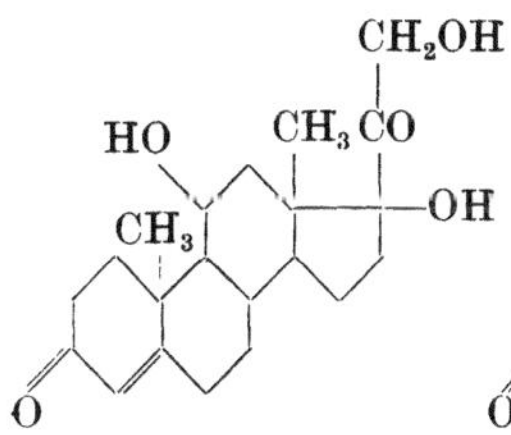

17-Oxycorticosteron

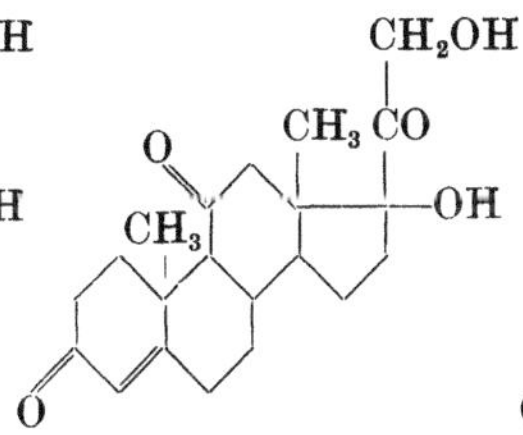

11-Dehydro-17-oxy-corticosteron (Cortison)

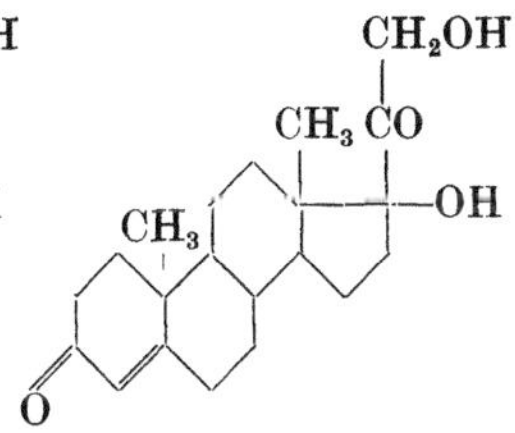

11-Desoxy-17-oxy-corticosteron

(1)

Neben diesen 6 schon seit etwa 18 Jahren bekannten Hormonen gibt es einen oder mehrere Stoffe in Nebennierenrindenextrakten, die besonders aktiv im Mineralstoffwechsel und im Überlebenstest sind. Ein solcher Stoff ist vor kurzem durch Gemeinschaftsarbeit englischer und schweizer Forscher kristallisiert worden[5]. Seine Konstitution konnte aufgeklärt werden[6].

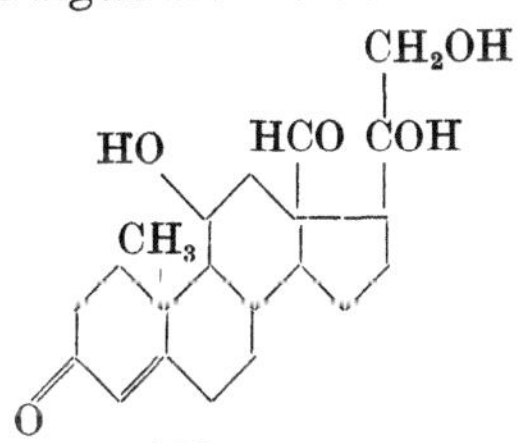

Aldosteron (2)

Wegen der Aldehydgruppe am C-Atom 18 wurde er Aldosteron genannt. Diese 7 Nebennierenrindenhormone haben drei chemische Charakteristika gemeinsam, deren Vorhandensein Voraussetzung ihrer Wirkung überhaupt ist. Sie sind Steroide mit einer α,β-ungesättigten Ketogruppe am C-Atom 3 und besitzen eine α-Ketoalkoholseitenkette am C-Atom 17. Sie unterscheiden sich untereinander durch zusätzliche Sauerstoffunktionen an den

C-Atomen 11, 17 und 18*. Es ist also zu untersuchen, wie diese typischen Gruppen in der Nebenniere gebildet werden**. Zuvor aber wird man sich fragen, ob denn alle 7 Hormone überhaupt sezerniert werden, wieviel sezerniert wird und wovon die Sekretionsgröße abhängt.

Die eingangs erwähnte, von den Physiologen aufgestellte Vermutung, daß bei einer Belastung eines Organismus mehr Hormon sezerniert werde, wurde zunächst dadurch gestützt, daß man nach solchen Belastungen oder nach ACTH-Gaben im Harn Steroide, die der Nebennierenrinde entstammen, vermehrt nachweisen konnte. Direkt bewiesen wurden die Zusammenhänge aber zuerst durch M. Vogt, die den Hormongehalt des Nebennierenvenenblutes biologisch bestimmte. Bei diesen Versuchen am Hund ergab sich Folgendes: Pro Minute wird von der Nebenniere etwa die 10fache Menge des jeweils in der Nebenniere feststellbaren Hormongehalts abgegeben[8, 9]. Injiziert man dem Hund am besten in die Nebennieren-Arterie ACTH, so steigt die Sekretion sehr stark an. Auch Kalium und ATP haben einen direkten positiven Einfluß auf die Sekretionsgröße der Nebennierenrinde[10, 11], während andere Stoffe — etwa Adrenalin — nur über eine vermehrte ACTH-Ausschüttung durch die Hypophyse wirken[12].

Ähnliche Versuche wurden von dem Arbeitskreis um Pincus durchgeführt[13, 14, 15]. Jedoch wurde dort nicht am Ganztier gearbeitet, sondern isolierte frische Nebennieren wurden mit Blut, Plasma oder Plasmaersatz perfundiert. Aus dem Perfusat wurden die Steroide angereichert, papierchromatographisch getrennt und identifiziert (Zaffaroni)[16].

Diese grundlegenden Untersuchungen ergaben, daß die aus Nebennierenextrakten isolierten Corticosteroide (mit Ausnahme von 17-Oxy-11-desoxycorticosteron) auch sezerniert werden. Bei

* Wie weit der durch eine Hamburger Forschergruppe isolierte Stoff aus Nebennierenrinden-Extrakten auch hierher gehört, bleibt abzuwarten. Er soll N und S enthalten[7].

** Bekanntlich sind in Nebennierenrinden-Extrakten noch weitere Allo-Pregnan und Pregnen-Derivate gefunden worden. Sie sind, soviel wie wir heute wissen, biologisch inaktiv. Es spricht vieles dafür, daß es sich dabei zum Teil um „Zwischenstufen", zum anderen Teil um Nebenprodukte der Steriodbiosynthese, vielleicht auch um Artefacte handelt. Neben diesen Steroiden mit 21 C-Atomen kommen auch noch androgene C_{19}- und oestrogene C_{18}-Steroide in der NNR vor, auf die hier nicht näher eingegangen werden soll[3].

den Versuchen mit Rindernebennieren herrschen 17-Oxycorticosteron und Corticosteron mengenmäßig vor[15]. Diese beiden Steroide sind somit — vermutlich neben dem kürzlich auch in Nebennierenvenenblut nachgewiesenen Aldosteron[17] — die wesentlichen Nebennierenrindenhormone. Spätere Untersuchungen von BUSH u.a. haben ergeben, daß diese beiden Hormone bei verschiedenen Tierarten stets vorherrschend sind, daß aber das Verhältnis 17-Oxycorticosteron zu Corticosteron von Tierart zu Tierart stark verschieden ist[18].

Wird der Perfusionsflüssigkeit ACTH zugesetzt, so steigt die Sekretion der isolierten Nebenniere sehr stark an, wobei wieder 17-Oxycorticosteron und Corticosteron den wesentlichen Anteil haben (Tab. 1)[15].

Tabelle 1. *Die α-Ketole in der Perfusionsflüssigkeit* (nach O. HECHTER u. a.[15]).

	in 2 Litern Blut			in Nebennieren Extrakt von 20 g Drüse
	vor der Perfusion durch die NNR	nach der Perfusion durch die NNR		
		ohne ACTH	mit ACTH	
	γ	γ	γ	γ
Unbekannte I—V . .	220	80	700	70
17-Oxycorticosteron .	360	145	1100	40
Cortison	—	25	} 200	20
Unbekannt VI . . .	—	40		
Unbekannte VII—IX	110	45	250	25
Corticosteron	400	230	1100	70
Unbekannt X	—	} 60	300	} 35
Dehydrocorticosteron	—		250	
Desoxycorticosteron .	120	35	140	—

Auch bei diesen Versuchen zeigt sich, daß die sezernierten Mengen sehr groß sind im Vergleich zu den „als Vorrat“ in der Nebenniere gefundenen Hormonmengen. Das bedeutet aber, daß die Biosynthese der Hormone sehr schnell verläuft und jederzeit den Erfordernissen eines Organismus angepaßt werden kann.

Damit kommen wir zum eigentlichen Thema:

Wie entstehen die Steroidhormone in den inkretorischen Drüsen? Oder enger gefaßt: Über welche Zwischenstufen und durch welche Stoffwechselprozesse werden in der Nebenniere die charakteristischen Corticosteroide gebildet?

Mit der bereits erwähnten Versuchsanordnung, bei der isolierte Rindernebennieren mit Rinderplasma oder -vollblut durchströmt werden, sind in dem Arbeitskreis um PINCUS entscheidende Ergebnisse zu dieser Frage erzielt worden[15].

Setzt man der Durchströmungsflüssigkeit Desoxycorticosteron zu, so kann aus dem Perfusat Corticosteron isoliert werden[19]. In der Nebenniere ist eine Hydroxylgruppe in 11β-Stellung eingeführt worden. Diese sog. 11-Oxylierung gelingt auch mit anderen Steroiden. Folgende 11β-Oxylierungen wurden beobachtet[15]:

11-Desoxycorticosteron → Corticosteron
17-Oxy-11-desoxycorticosteron → 17-Oxycorticosteron
Δ^4-Androsteron-3,17-dion → Δ^4-Androsteron-11β-ol-3,17-dion
Androsteron → 11β-Oxyandrosteron
Progesteron → 11β-Oxyprogesteron

In der Nebenniere — und offenbar nur da — kommt also ein Fermentsystem vor, das die Einführung einer Oxygruppe in 11β-Stellung ermöglicht. Nicht alle Steroide dienen gleich gut als Substrat[15]. C_{21}-Steroide mit der für die Hormone typischen Δ^4 3-Ketogruppe werden am leichtesten 11-oxyliert[20].

Weder aus Corticosteron noch aus Desoxycorticosteron entsteht aber 17α-Oxycorticosteron, das doch das Hauptsekretionsprodukt der Nebenniere ist. Hingegen entsteht aus Progesteron bei der Perfusion nicht nur 11β-Oxyprogesteron, sondern auch 17-Oxyprogesteron, das dann weiter zu 17-Oxycorticosteron umgewandelt wird, indem an C_{11} und C_{21} weitere Hydroxylgruppen eingeführt werden. Die 17α-Oxygruppe kann also nur dann in ein Steroidmolekül eintreten, wenn am C-Atom 21 noch keine Hydroxylgruppe vorhanden ist, die offenbar eine sterische Hinderung für die 17-Stellung bedeutet. Bei der Perfusion entstehen aus Progesteron die beiden natürlichen Corticosteroide, die Nebennierenrinde kann also in die Stellungen 11, 17 und 21 eines vorgegebenen C_{21}-Steroids Sauerstoffunktionen einführen[15] (vgl. Formeln S. 197). Aber auch die Entstehung der wichtigsten $\Delta^4$3-Ketogruppe läßt sich in diesen Versuchen zeigen, denn aus Δ^5-Pregnen-3β-ol-20-on entstehen über Progesteron als Zwischenprodukt die Corticosteroide[15]. Die Nebennierenrinde kann somit eine 3β-Oxygruppe zur 3-Ketogruppe dehydrieren, wobei die Doppelbindung von der 5,6-Stellung in 3,4-Stellung umklappt und die charakteristische α,β ungesättigte Ketogruppe am C-Atom 3 hergestellt wird. Nach SAMUELS können nur Steroide mit einer Doppelbindung in Stellung 5,6 und einer β-ständigen Hydroxylgruppe am C-Atom 3 zu Δ^4-3-Ketosteroiden dehydriert werden[21]. Die dafür erforderlichen Fermentsysteme finden sich bemerkenswerterweise auch im Corpus luteum und in den Testes, also dort, wo Hormone mit der gleichen typischen Gruppierung gebildet werden[22].

Das Pregnenolon scheint somit ein Steroid zu sein, von dem grundsätzlich alle Hormone der Nebennierenrinde abgeleitet werden können. Pregnenolon ist allerdings bislang nur in Testes, nicht jedoch in den Nebennieren gefunden worden[23].

Das Pregnenolon kann man sich als Intermediärprodukt aus dem Cholesterin ableiten, wenn man einen oxydativen Abbau der Seitenkette postuliert. Beide haben die gleiche Δ^5-3β-Oxygruppe.

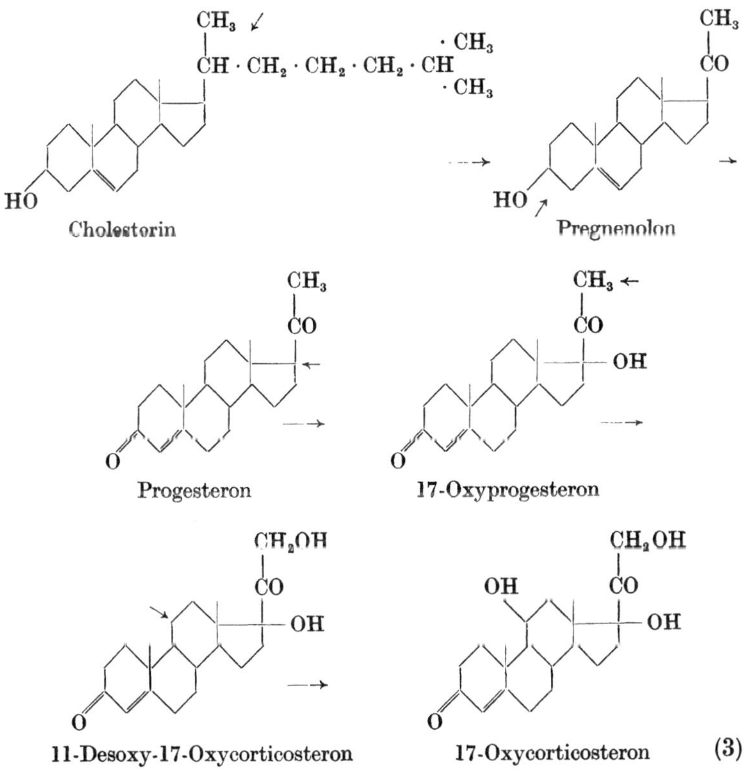

(3)

In der Tat konnte PINCUS zeigen, daß markiertes Cholesterin in diesen Versuchen mit der perfundierten Nebenniere zu markierten Corticosteroiden abgebaut wird[24]. Soweit wäre also die eingangs angedeutete Meinung, daß das Cholesterin eine Muttersubstanz der Steroidhormone sein *kann*, experimentell bewiesen.

Das Cholesterin entsteht, wie die Versuche von BLOCH ergaben, im Organismus, vorzugsweise wohl in der Leber aus Acetat[25]. Hier soll nicht auf diese eindrucksvollen Untersuchungen eingegangen werden. Auch in der Nebenniere kann Cholesterin aus Acetat gebildet werden[26]. Setzt man in der immer wieder zitierten Versuchsanordnung von HECHTER und PINCUS der Perfusionsflüssigkeit markiertes Acetat zu, so erhält man neben markiertem Cholesterin auch markierte Corticosteroide[24, 27]. Die spezifische Aktivität der Corticosteroide ist sogar größer als die des Cholesterins[27]. Aus markiertem Cholesterin entstehen andererseits in guter Ausbeute markierte Corticosteroide, hingegen keine markierten Fettsäuren. Das Cholesterin wird also sicher nicht zuerst zu Acetat abgebaut[28], andererseits scheint es auch nicht im Hauptweg der Corticosteroidbiosynthese zu liegen, sondern vielleicht mehr eine leicht verwertbare Reservesubstanz darzustellen[28]. Aus allem ergibt sich heute folgender Synthesenweg für die Corticosteroide (variiert nach HECHTER)[15].

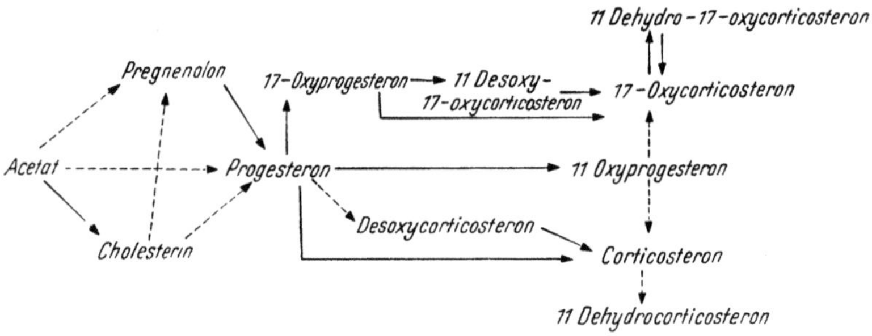

Abb. 1. Schema der Corticosteroidbiosynthese *.

Ergänzend sei noch angemerkt, daß in ähnlichen Versuchen an isolierten perfundierten Testes und Ovarien der Einbau von markiertem Acetat in Testosteron[29, 30] und Oestradiol[31] beobachtet

* Die experimentell gesicherten Übergänge sind ausgezogen gezeichnet, die fraglichen Beziehungen sind gepunktet.

werden konnte. Näheres über die Wege dieser Biosynthesen weiß man noch nicht, insbesondere ist unbekannt, ob das Cholesterin auch in diesen Organen als Reservesubstanz für die Steroide dient. Hingegen wäre hier auf eine der ersten Beobachtungen zur Biogenese der Steroidhormone hinzuweisen. Nach oralen Gaben von Cholesterin, das mit Deuterium markiert war, konnte im Urin schwangerer Frauen markiertes Pregnandiol gefunden werden. Pregnandiol ist aber das Hauptstoffwechselprodukt des Progesterons. Somit ist ein Übergang von Cholesterin in Progesteron sehr wahrscheinlich gemacht worden[32].

Wenden wir uns nun der Frage zu, welche Faktoren den eben kurz geschilderten Ablauf der Corticosteroidbiosynthese beeinflussen.

Das ACTH, das adrenocorticotrope Hormon des Hypophysenvorderlappens, bewirkt, wie wir bereits gesehen haben, eine erhebliche Steigerung nicht nur der Hormonsekretion, sondern auch der Hormonsynthese, denn Vorräte, aus denen eine gesteigerte Sekretion gedeckt werden könnte, existieren ja nicht. Nun ist es sehr wichtig festzustellen, daß alle besprochenen genauer untersuchten Schritte der Hormonbiosynthese, also die Einführung der Sauerstoffunktionen in die Stellungen 11, 17 und 21 und die Dehydrierung der 3β-Oxygruppe des Pregnenolons, unabhängig vom ACTH verlaufen, d. h. nicht durch ACTH aktiviert werden[15,28]. Das ACTH muß demnach bei einem früheren Schritt aktivierend eingreifen, doch ist bislang noch nicht zu sagen, wo. Der Cholesterinverlust der Nebenniere — bei langfristigen ACTH-Gaben auch des Serums[33] — spricht dafür, daß das ACTH den Abbau des Cholesterins oder eines ähnlichen C_{27}-Sterins zu Pregnenolon bzw. einem verwandten C_{21}-Steroid aktivieren könnte. Hier wäre eine Beobachtung anzufügen, die evtl. in diesem Sinne zu deuten ist: Bei Überfunktion der Nebennieren, sei es als Folge eines Tumors oder Hyperplasie der Nebennierenrinde, sei es nach einer ACTH-Therapie, kann das Auftreten von Pregnenolonderivaten, d. h. C_{21}-Steroiden mit einer Δ^5-3β-Oxygruppe im Harn beobachtet werden[34]. Dies ist aber eine typische Gruppierung des Cholesterins.

Nach ACTH-Gaben werden übrigens von der Nebennierenrinde außerdem vermehrt androgene C_{19}-Steroide sezerniert[35]. Wieweit auch diese aus dem Cholesterin entstehen, ist ganz und gar nicht geklärt. Im Hinblick auf die Frage des Angriffspunktes des ACTH muß aber darauf hingewiesen werden, daß Dehydroepiandrosteron, das normalerweise schon im Harn ausgeschieden wird, auch bei allen Überfunktionszuständen der Nebenniere mehr oder weniger stark vermehrt im Harn gefunden wird[34].

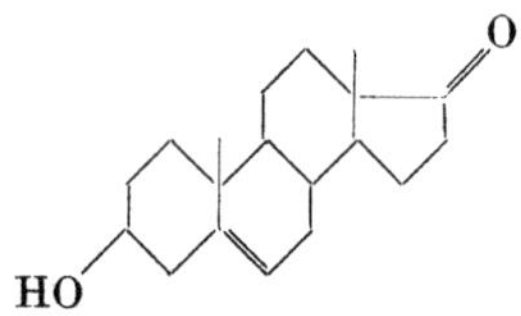

Dehydroepiandrosteron (4)

Wiederum begegnet uns die beim Cholesterin vorkommende typische Δ^5-3β-Oxygruppe. Das Dehydroepiandrosteron konnte bislang weder in Nebennieren noch in Testes gefunden werden. In beiden Organen wird es zu dem androgenen Androstendion dehydriert[22], das in Testes weiter zu Testosteron umgewandelt wird. Das Dehydroepiandrosteron könnte also ein Zwischenprodukt bei der Testosteronbiosynthese sein.

Nimmt man an, daß das ACTH tatsächlich den Abbau des Cholesterins zum Pregnenolon aktiviert, dann tauchen allerdings neue Gedankenschwierigkeiten auf. Ein gleicher Abbau des Cholesterins muß ja für die Entstehung des Progesterons im Gelbkörper gefordert werden[28]. Jedoch wird die Progesteronsekretion durch ACTH nicht beeinflußt. Hingegen wirkt das gonadotrope Hypophysenvorderlappenhormon fördernd auf den Aufbau von Testosteron[25, 30] und von Oestradiol[31] aus markiertem Acetat. Daraus ergäbe sich die Auffassung, daß die glandotropen Hormone vielleicht bei Entstehung der Steroidringe aus C_2-Bausteinen angreifen. Mit dieser Auffassung läßt sich wieder die Beobachtung des Cholesterinverlustes nach ACTH-Gaben nicht erklären. Hier sind also noch eine Reihe wichtiger Fragen zu beantworten*.

Die sukzessive Einführung der Oxygruppen in die Stellungen 11, 17 und 21 sowie die Dehydrierung der 3 β-Oxygruppe des hypothetischen C_{21}-Steroids (Pregnenolon) sind, da sie durch ACTH nicht aktiviert werden, nicht die limitierenden Faktoren

* *Anmerkung bei der Korrektur:* Inzwischen konnte gezeigt werden, daß ACTH auch den Einbau von C^{14}-Acetat in 17-Oxycorticosteron durch Nebennierenschnitte aktiviert[54].

bei der Hormonbiosynthese[28]. Das ACTH wirkt übrigens nur auf die ganze Drüse und auf Gewebeschnitte aktivierend; die nachfolgenden, vom ACTH unabhängigen Stufen der Corticosteroidbiosynthese hingegen gehen auch mit Nebennierenbrei und -homogenaten, ja z. T. sogar mit der gereinigten Mitochondrienfraktion (zusammenfassend bei [34, 36]). Die Untersuchungen in diesen Systemen haben dazu gedient, die vom ACTH unabhängigen also in der Nebenniere selbst liegenden, die Biogenese beeinflussenden Faktoren zu studieren. Einleitend ist darauf hingewiesen worden, daß gleichzeitig mit dem Cholesterinverlust nach ACTH-Gaben auch die Ascorbinsäure aus den Nebennieren verschwindet. Daraus wurde der hypothetische Schluß gezogen, daß die Ascorbinsäure irgendwie in die Hormonbiosynthese eingreifen müsse. Bevor die experimentellen Ergebnisse zu dieser These dargelegt werden, soll noch kurz geschildert werden, welche Faktoren und Fermente an dem Prozeß der Steroidbiogenese beteiligt sind.

Das Fermentsystem, das die 11β-Oxylierung bewirkt, 11β-Hydroxylase genannt, ist in den Mitochondrien lokalisiert[20, 37], während die Wirkung für die 17- und 21-Oxylierung bei der Differentialzentrifugierung im „Überstehenden" bleibt und vielleicht an die Fraktion der Mikrosomen geknüpft ist [38, 39].

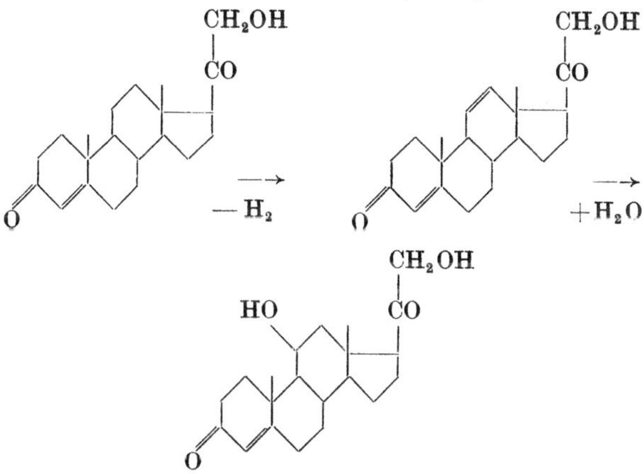

(5)

Die 11-, 17- und 21-Oxylierung in Nebennierenhomogenaten wird durch ATP aktiviert[20, 38, 40]. Für die 11β-Hydroxylase sind außerdem Mg-Ionen und Fumarat notwendig[20]. Auch andere Säuren des Citronensäure-Cyclus können die 11β-Oxylierung positiv beeinflussen[41]. Für die Dehydrierung der 3β-Oxygruppe zur 3-Ketogruppe ist DPN als H_2 Acceptor erforderlich[22], dies gilt auch für die 11β-Oxylierung[20], wahrscheinlich auch für die 17- und 21-Oxylierung[39]. Diese Beobachtungen legen folgende Vorstellung über den Mechanismus der 11-Oxylierung nahe: Der erste Schritt besteht in einer Dehydrierung, an die Doppelbindung wird dann Wasser angelagert, und zwar sterisch spezifisch, so daß nun die 11β-Konfiguration entsteht[42, 43].

Diese Auffassung des Reaktionsmechanismus wird auch dadurch begründet, daß Δ^{11}-Steroide durch Nebennierenrindenbrei glatt in die entsprechenden 11β-Oxyderivate überführt werden[42, 51]. Man versteht so, daß alle Faktoren, die diese Dehydrierung aktivieren, einen positiven Einfluß auf die Hormonentstehung in Nebennierenrindenhomogenaten haben können. Alle diese Versuche wurden, wie gesagt, mit Nebennierenhomogenaten durchgeführt, denen bekannte Steroide, wie etwa Desoxycorticosteron oder Progesteron zugesetzt worden waren, um so die einzelnen Steroidumwandlungen zu studieren.

Nun kommen in den Nebennieren aber gerade jene Steroide, die zugesetzt worden waren, kaum vor.

Im Hinblick auf die Fragestellung, welche Faktoren in vivo wirksam sein können, haben wir bei unseren Versuchen darauf verzichtet, den Nebennierenhomogenaten irgendwelche Steroide zuzusetzen[44].

Welche Steroidumwandlungen im einzelnen bei unseren Ansätzen vorkommen, läßt sich auf diese Weise allerdings nicht entscheiden. Sicher ist aber, daß auch hierbei die 11-, 17- und 21-Oxylierungen stattfinden, denn nach der Inkubation der Homogenate isolieren wir die Corticosteroide mit diesen typischen Gruppenmerkmalen. Wie bereits betont wurde, sind diese Schritte sicher nicht die limitierenden Prozesse im Gesamtverlauf der Corticosteroidbiosynthese.

Auch in unseren Ansätzen wirken die C_4-Dicarbonsäuren aktivierend auf die Corticosteroidbiosynthese[44]. Gleichzeitig durchgeführte Messungen des O_2-Verbrauches zeigen, daß die Atmung des Homogenates durch diese Säuren ebenfalls gesteigert wird[45]. Die Koppelung der oxydativen Prozesse mit der Steroidbiosynthese ist aber locker, denn die Citronensäure, die zwar auf Nebennierenhomogenat deutlich atmungssteigernd wirkt, hat keinen positiven Effekt auf die Biosynthese der Corticosteroide. In dieser gedrängten Übersicht soll nicht näher auf diese Versuche eingegangen werden. Wir haben anderen Orts zu begründen versucht, weshalb wir glauben, daß diese Säuren *vielleicht* im Sinne SZENT GYÖRGYIS als H_2-Überträger wirken[44]. Die Versuche mit den C_4-Dicarbonsäuren dienten nur als Vorversuche für die eigentliche Fragestellung, wie denn die Ascorbinsäure in das Geschehen der Corticosteroidbiosynthese eingreift. Schon vor längerer Zeit konnten wir beobachten, daß ein Zusatz von Ascorbinsäure zu bebrütetem Nebennierenbrei die in vitro verlaufende Corticosteroidbiosynthese aktiviert[46, 47, 48]. Kurz vor uns hat WETTSTEIN publiziert, daß die 11β-Oxylierung nicht nur durch die schon erwähnten Aktivatoren, wie z. B. Säuren aus dem Citronensäure-Cyclus, sondern auch durch Ascorbinsäure aktiviert werden kann[41]. Dieser Befund konnte von keiner Seite bestätigt werden, weder von HECHTER et al. bei den Perfusionsversuchen[28], noch von DORFMAN[43] oder von NISSIM[49] in Versuchen mit Nebennierenbrei bzw. -homogenat.

Nach unseren eigenen Beobachtungen scheint auch die 11-Oxylierung nicht oder nur in untergeordnetem Maße durch die Ascorbinsäure beeinflußt zu werden. Doch können wir noch nicht sagen, an welcher Stelle der Corticosteroidbiosynthese vom Acetat oder vom Cholesterin bis zum fertigen 17-Oxycorticosteron die Ascorbinsäure angreift.

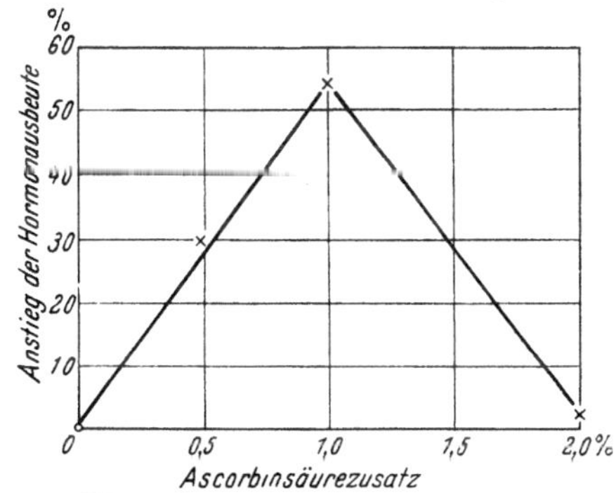

Abb. 2. Konzentrationsabhängigkeit der Ascorbinsäurewirkung.

Hingegen können wir mit Sicherheit sagen, daß die Ascorbinsäure aktivierend auf die Biosynthese wirkt[46]. Die Ausbeute an Corticosteroiden* wird bei Zusatz von etwa 1% Ascorbinsäure zu einem Nebennierenbrei gegenüber einem Brei, der ohne Ascorbinsäurezusatz bebrütet wird, um etwa 50—60%, gegenüber einem nicht bebrüteten Brei um etwa 100% gesteigert[50]. Es gibt aber

* Es handelt sich dabei um Corticosteron und 17-Oxycorticosteron, die papierchromatographisch getrennt und bestimmt werden.

eine optimale Konzentration für die Ascorbinsäure; bereits ein doppelt so hoher Zusatz von Ascorbinsäure wirkt hemmend auf die Biosynthese[48, 50] (Abb. 2).

Der Gesamtascorbinsäuregehalt von Schweine- bzw. Rinder-Nebennierenrinden beträgt im Durchschnitt 500—600 mg-%[50]. Vielleicht mag der Gehalt in vivo noch höher sein, denn der „Stress" beim Töten könnte noch einen gewissen Ascorbinsäureabfall bewirkt haben. Der an sich schon recht hohe Gesamtascorbinsäuregehalt ist auch der Grund, weshalb ein weiterer Zusatz von Ascorbinsäure zu unseren Ansätzen einen nicht mehr sehr starken Effekt auf die Hormonbiosynthese hat. Der „natürliche" Gehalt liegt schon recht nahe beim optimalen Gehalt!

Für die Deutung der Ascorbinsäurewirkung sind unseres Erachtens folgende beiden experimentellen Befunde von Wichtigkeit:

1. Genau so wie die Ascorbinsäure wirkt die Dehydroascorbinsäure[47, 50].

2. Die Ascorbinsäure bzw. die Dehydroascorbinsäure wirken nur in einem p_H-Bereich von 6,4—6,8[50].

Als Arbeits*hypothese* stellen wir uns die Wirkungsweise der Ascorbinsäure in erster Näherung etwa analog der Wirkung der C_4-Dicarbonsäuren vor. Sie könnte als wasserstoff-übertragendes System wirken, wie dies für die biologische Ascorbinsäurewirkung überhaupt schon öfter diskutiert worden ist, aber nie bewiesen werden konnte.

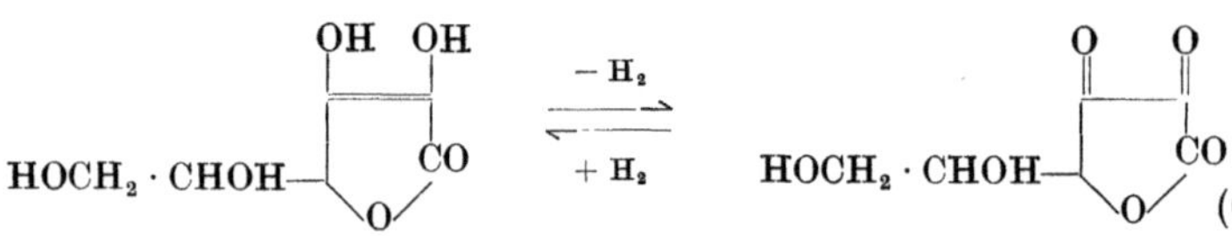

(6)

So wie es gleichgültig ist, ob man einem Brei Succinat oder Fumarat zusetzt[44], so wirken Dehydroascorbinsäure und Ascorbinsäure quantitativ gleich, da sie im Gleichgewicht miteinander stehen[50].

Während die C_4-Dicarbonsäuren nur in einem p_H-Bereich von 7,2—7,4 als Aktivatoren auf die Biosynthese wirken[44], ist die Wirkung des Systems Ascorbinsäure-Dehydroascorbinsäure, wie gesagt, auf den p_H-Bereich 6,4—6,8 beschränkt[50]. Bei höherem p_H, d. h. also bei geringerer Wasserstoffionenkonzentration, ist nämlich das Gleichgewicht Ascorbinsäure ←→ Dehydroascorbinsäure gestört, da der Lactonring der Dehydroascorbinsäure irreversibel aufgespalten wird, wobei Diketogulonsäure entsteht.

Wenn unsere These richtig ist, daß die Ascorbinsäure wie in vitro auch in vivo fördernd in die Corticosteroidbiogenese eingreift, dann ist dies nur möglich, wenn auch in vivo das p_H der Nebennierenrinde unter 7 liegt. Wir haben Messungen am ganz frischen Nebennierenbrei durchgeführt und ein p_H von 6,1 gefunden.

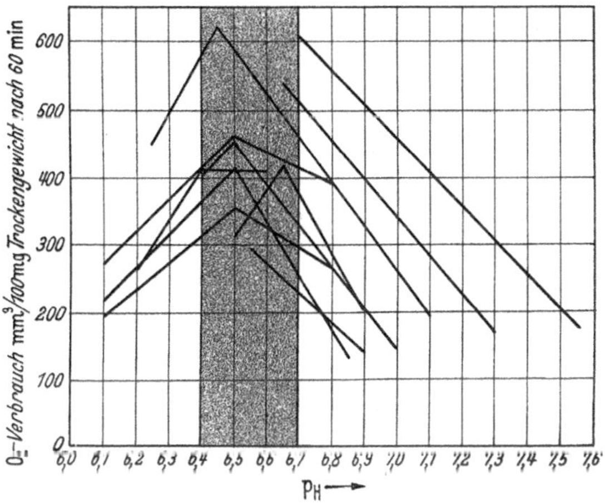

Abb. 3. p_H-Abhängigkeit der Atmung von Nebennierenhomogenat.

Zweifellos entspricht dies bereits nicht mehr dem vitalen Zustand, denn sofort nach dem Tode, in wenigen Sekunden, beginnt bereits der p_H-Abfall durch Spaltung von ATP und etwas langsamer durch Milchsäurebildung. Immerhin hat Leberbrei, der unter den genau gleichen Bedingungen gemessen wurde, ein p_H von 6,8, ist also deutlich weniger sauer[52]. Wir glauben nun vielleicht, aus diesen Messungen auf die Wasserstoffionenkonzentration der Nebennierenrinde in vivo* schließen zu können, wenn wir gleichzeitig das p_H-Optimum für die Atmung der beiden Gewebehomogenate mit

* Wir sind uns bewußt, daß es an sich fragwürdig ist, von einem „p_H der Zelle" oder eines Organs zu sprechen. Aussagen über das p_H sind, wie alle Angaben über Ionenkonzentrationen, nur für ungeordnete Systeme sinnvoll. In einem hochgeordneten System, wie es die Zelle ist, gibt es keine für das ganze System geltende Aussage über Konzentration usw., da sie von Punkt zu Punkt in Abhängigkeit von Funktion und Ordnung variabel sind.

in Betracht ziehen. Die O_2-Aufnahme von Homogenaten in vitro ist nämlich in außerordentlich starkem Maße vom p_H abhängig, ein Umstand, der vielleicht gelegentlich zu wenig beachtet worden ist. Das Optimum für die Atmung von Leberhomogenaten liegt in einem Bereich von p_H 7,2—7,4[53], während es für Nebennierenhomogenate eindeutig zwischen p_H 6,4—6,6 liegt[52].

So wie die postmortale Wasserstoffionenkonzentration der Nebenniere höher als die der Leber ist, so liegt auch das Optimum der Atmung der Nebenniere bei einer höheren Wasserstoffionenkonzentration als das der Leber. Wir meinen mit allem Vorbehalt aus diesen Überlegungen folgern zu dürfen, daß das p_H der Nebenniere in vivo bei 6,4—6,6 liegt*. Dies ist aber gerade die Wasserstoffionenkonzentration, bei der allein eine Wirkung der Ascorbinsäure auf die Biosynthese der Corticosteroide zu beobachten ist. Wir sind nun dabei zu untersuchen, ob und wie die Ascorbinsäure ganz allgemein am H_2-Transport bei der Zellatmung beteiligt ist und an welcher Stelle der Steroidbiogenese ihr Angriffspunkt liegt.

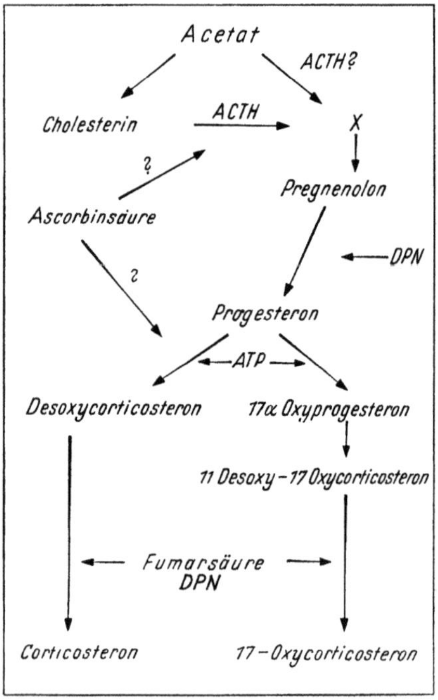

Abb. 4. Schematische Zusammenfassung.

Eingangs wurde festgestellt, daß unter der Wirkung des adrenocorticotropen Hormons, Cholesterin und Ascorbinsäure aus der Nebenniere verschwinden. Im Verlauf dieses Referates wurde versucht zu zeigen, wie, d. h. über welche Zwischenstufen das Cholesterin zu den Corticosteroiden, zu Corticosteron und 17-Oxycorticosteron umgewandelt wird. Die verschiedenen Überlegungen, wo

* Vgl. Anmerkung S. 205.

das ACTH in diesem Prozeß eingreift, wurden diskutiert. Schließlich wurde mit einigen Beiträgen aus eigenen Arbeiten zur Bedeutung der Ascorbinsäure für die Steroidbiosynthese Stellung genommen. Diese Zusammenhänge werden nochmals in einem Bild zusammenfassend dargestellt (Abb. 4).

Einerseits kann man mit Genugtuung feststellen, daß der naive Schluß, der aus der Beobachtung der Nebenniere gezogen wurde, prinzipiell richtig war: Das Cholesterin scheint die Muttersubstanz, zumindest aber eine Reservesubstanz für die Corticosteroide zu sein, das ACTH greift in die Synthese ein, und die Ascorbinsäure dient als Katalysator in diesem Prozeß. Gleichzeitig müssen wir aber zugeben, daß wir erst einige Bruchstücke aus diesem Geschehen kennen, und daß wir noch weit von dem vollen Verständnis der so wichtigen Frage nach dem Mechanismus der Biogenese der Steroidhormone entfernt sind.

Literatur.

[1] Long, C. N. H.: Recent Progr. in Hormone Res. **1**, 99 (1947).
[2] Sayers, G., and M. A. Sayers: Recent Progr. in Hormone Res. **2**, 81 (1949).
[3] Reichstein, T., and C. W. Shoppee: Vitamines and Hormones **1**, 345 (1943).
[4] Heard, R. D. H.: In G. Pincus, K. V. Thimann: The Hormones, Vol. I, p. 548, 1948.
[5] Simpson, S. A., J. F. Tait, A. Wettstein, R. Neher, J. v. Euw u. T. Reichstein: Experientia (Basel) **9**, 333 (1953).
[6] Simpson, S. A., J. F. Tait, A. Wettstein, R. Neher, J. v. Euw, O. Schindler u. T. Reichstein: Experientia (Basel) **10**, 132 (1954).
[7] Schroeder, W., K. D. Voigt, H. v. d. Werth and J. Beckmann: Acta endocrinol. (Copenh.) **14**, 12 (1953).
[8] Vogt, M.: J. of Physiol. **102**, 341 (1943).
[9] Vogt, M.: Dtsch. med. J. **3**, 64 (1952).
[10] Vogt, M.: Brit. Med. J. **1950**, 1242.
[11] Vogt, M.: J. of Endocrin. **5**, 57 (1948).
[12] Pickford, M., and M. Vogt: J. of Physiol. **112**, 133 (1951).
[13] Pincus, G.: Transaction of the first Adrenal Cortex Conference S. 47, 1949.
[14] Hechter, O., R. P. Jacobsen, V. Schenker, H. Levy, R. W. Jeanloz, Ch. W. Marshall and G. Pincus: Endocrinology (Springfield, Ill.) **52**, 679 (1953).
[15] Hechter, O., A. Zaffaroni, R. P. Jacobsen, H. Levy, R. W. Jeanloz, V. Schenker and G. Pincus: Recent Progr. in Hormone Res. **6**, 215 (1951).
[16] Burton, R. B., A. Zaffaroni and E. H. Keutmann: J. of Biol. Chem. **188**, 763 (1951).

[17] SIMPSON, S. A., J. F. TAIT and J. E. BUSH: Lancet **1952**, 226.
[18] BUSH, J. E.: J. of Endocrin. **9**, 95 (1953).
[19] HECHTER, O., R. P. JACOBSEN, R. JEANLOZ, H. LEVY, CH. W. MARSHALL, G. PINCUS and V. SCHENKER: J. Amer. Chem. Soc. **71**, 3261 (1949).
[20] HAYANO, M., and R. I. DORFMAN: J. of Biol. Chem. **201**, 175 (1953).
[21] SAMUELS, L. T.: Persönl. Mitt. Basel 1952.
[22] SAMUELS, L. T., M. L. HELMREICH, M. B. LASATER and H. REICH: Science (Lancaster, Pa.) **113**, 490 (1951).
[23] PRELOG, V., E. TAGMANN, S. LIEBERMAN u. L. RUZICKA: Helvet. chim. Acta **30**, 1080 (1947).
[24] ZAFFARONI, A., O. HECHTER and G. PINCUS: J. Amer. Chem. Soc. **73**, 1390 (1951).
[25] BLOCH, K.: Recent Progr. in Hormone Res. **6**, 111 (1951).
[26] SRERE, P. A., J. L. CHAIKOFF and W. G. DAUBEN: J. of Biol. Chem. **176**, 829 (1948).
[27] HECHTER, O., M. M. SOLOMON, A. ZAFFARONI and G. PINCUS: Arch. of Biochem. a. Biophysics **46**, 201 (1953).
[28] HECHTER, O. M.: The Adrenal Cortex Transact. 3. Conf. S. 115, 1951.
[29] BRADY, R. O.: J. of Biol. Chem. **193**, 145 (1951).
[30] SAVARD, K., R. I. DORFMAN and E. POUTASSE: J. Clin. Endocrin. **12**, 935 (1952).
[31] WERTHESSEN, N. T., E. SCHWENK and C. BAKER: Science (Lancaster, Pa.) **117**, 380 (1953).
[32] BLOCH, K.: J. of Biol. Chem. **157**, 661 (1945).
[33] CONN, J. W., W. C. VOGEL, L. H. LOUIS and S. S. FAJANO: J. Labor. a. Clin. Med. **35**, 504 (1950).
[34] STAUDINGER, HJ., u. G. STOECK: In Flaschenträger-Lehnartz, Physiologische Chemie Bd. 2. (Im Druck.)
[35] GASSNER, F. X., D. H. NELSON, H. REICH, R. T. RAPALA and L. T. SAMUELS: Proc. Soc. Exper. Biol. a. Med. **77**, 829 (1951).
[36] STAUDINGER, HJ.: In L. Weißbecker: Probleme des Hypophysen-Nebennierenrindensystems. Berlin-Göttingen-Heidelberg: Springer-Verlag 1953.
[37] SWEAT, M. L.: J. Amer. Chem. Soc. **73**, 4056 (1951).
[38] PLAGER, J. E., and L. T. SAMUELS: Federat. Proc. **12**, 357 (1953).
[39] PLAGER, J. E., and L. T. SAMUELS: Arch. of Biochem. a. Biophysics **42**, 477 (1953).
[40] KAHNT, F. W., CH. MEYSTRE, R. NEHER, E. VISCHER u. A. WETTSTEIN: Experientia (Basel) 8, 422 (1952).
[41] KAHNT, F. W., u. A. WETTSTEIN: Helvet. chim. Acta **34**, 1790 (1951).
[42] WETTSTEIN, A.: Diskussionsbemerkung 1. Freiburger Symposion: Probleme des Hypophysen-Nebennierenrindensystems. S. 33. Berlin-Göttingen-Heidelberg: Springer-Verlag 1953.
[43] DORFMAN, R. I.: Ciba Found. Coll. Endocrin. **2**, 291 (1952).
[44] SCHMIDT, H., u. HJ. STAUDINGER: Biochem. Z. **325**, 148 (1954).
[45] KRAUSHAAR-BALDAUF, E., u. HJ. STAUDINGER: Biochem. Z. **324**, 165 (1953).
[46] HOFMANN, H., u. HJ. STAUDINGER: Arzneimittelforsch. **1**, 416 (1951).

[47] HOFMANN, H., E. KRAUSHAAR u. HJ. STAUDINGER: Angew. Chem. **64**, 612 (1952).
[48] HOFMANN, H., E. KRAUSHAAR u. HJ. STAUDINGER: Verh.ber. dtsch. path. Ges. **1952**, 158.
[49] NISSIM, J. A.: J. of Endocrin. 8, 257 (1952).
[50] SCHMIDT, H., u. HJ. STAUDINGER: Biochem. Z. **325**, 288 (1954).
[51] MIESCHER, K., A. WETTSTEIN u. F. W. KAHNT: Acta physiol. lat. amer. **3**, 144 (1953).
[52] KRAUSHAAR-BALDAUF, E., u. HJ. STAUDINGER: Biochem. Z. **325**, 246 (1954).
[53] RUMMEL, W.: Persönl. Mitteilung.
[54] HAYNES, R., K. SAVARD u. R. J. DORFMAN: J. of Biol. Chem. **207**, 925 (1954).

Diskussion.

TUCHMANN-DUPLESSIS (Paris): Ich danke dem Vortragenden und gratuliere ihm zu seinem Erfolg. Ihre Ergebnisse über die Wirkung der Ascorbinsäure sind sehr interessant. Allerdings gibt es dagegen Einwände, z. B. tritt bei skorbutischen Tieren nach ACTH ein Eosinophilensturz auf wie bei einem normalen Tier.

STAUDINGER (Mannheim): Auch die schwerst skorbutischen Tiere enthalten in der Nebenniere noch Ascorbinsäure. Es ist natürlich auch denkbar, daß beim Ascorbinsäuremangel andere Co-Faktoren, z. B. C_4-Dicarbonsäuren, die Funktion der Ascorbinsäure übernehmen.

ZIMMERMANN (Trier): Herr STAUDINGER hat mit Recht auf die Rolle der Dehydroascorbinsäure hingewiesen, denn die Corticoide werden in Stufen von fortlaufenden Oxydationen synthetisiert. Nur Dehydroascorbinsäure kann oxydieren, nicht Ascorbinsäure. In der ersten Kurve, die Sie gezeigt haben, verschwindet Vitamin C sehr schnell, bevor Cholesterin abnimmt. Vielleicht entsteht unter der ACTH-Einwirkung zuerst die Dehydro-Ascorbinsäure und dann kommen die aufeinanderfolgenden Oxydationsstufen in Gang.

VOIGT (Hamburg): Mit Hilfe der Gegenstromanalyse läßt sich Aldosteron isolieren. Bei einer 220fachen Verteilung in einem Butanol-Puffergemisch liegt es ungefähr in der Fraktion 180. Daneben fanden wir noch mindestens drei weitere aktive Fraktionen nach Versuchen an adrenalektomierten Goldhamstern. Mindestens zwei dieser Fraktionen enthalten Stickstoff und eventuell auch Schwefel. Vielleicht ist das Steroid an Peptid gebunden. Sie sagten ferner, daß β-Dehydroisoandrosteron bei Überfunktion der Nebennieren vermehrt ist. Nun gilt das ja hauptsächlich fürs Nebennierenrindencarcinom, während beim adrenogenitalen Syndrom nach DOBRINER noch 3,17-Androstandien-11-β-ol im Harn auftritt. Ist etwas über die Funktion der eigentlichen Androgene in der Nebennierenrinde nach ACTH-Gaben bekannt und handelt es sich dabei um die eben zitierte Substanz von DOBRINER oder um das 17-Oxyprogesteron?

STAUDINGER Der Gedanke, daß die Corticosteroide mit Cystein einen Thiazolidinring bilden, liegt nahe. Man kann sich sogar fragen, ob dies nicht die normale Transportform der Steroidhormone im Blut ist. Dehydroepiandrosteron wird nur bei Tumoren der NNR stark vermehrt ausgeschieden, tritt aber bei jeder Überfunktion, auch nach ACTH-Gaben, leicht vermehrt auf. Es ist unbekannt, von welchem Steroid das DHA stammt, denn in der NNR findet man es nicht. Was man im Nebennierenblut als androgenes Sekretionsprodukt nach ACTH-Gabe findet, ist bisher nicht eindeutig definiert. Die Befunde von NELSON sprechen dafür, daß es Androstendion oder das entsprechende 11β-Oxyderivat sein könnte. Sie konnten die Δ^4-3-Ketogruppe und die 17-Ketogruppe nachweisen und manches spricht dafür, daß noch eine 11-Oxygruppe vorhanden ist.

SCHMIDT-THOMÉ (Frankfurt/Main): Ich möchte darauf hinweisen, daß auch durch Pilze eine 11-Oxygruppe eingeführt werden kann. Als Oxydationsprodukte wurden jedoch vorwiegend 11-α-Oxysteroide isoliert. Die Reaktion muß hierbei also einen anderen Weg laufen, wobei die Oxydation mit guter Ausbeute abläuft.

Ich möchte noch fragen: ist die Vorstellung, daß die Mineralcorticoide und Glucocorticoide aus verschiedenen Zonen der NNR stammen, noch richtig?

JORES (Hamburg): Zu diesem Punkt gibt es auch einige klinische Beobachtungen. Männliche Kinder mit adrenogenitalem Syndrom gehen sehr häufig an einer Nebennierenrindeninsuffizienz zugrunde. Bei diesen findet man keine Zona glomerulosa. Das spricht für die Theorie, daß in der Zona glomerulosa die Mineralocorticoide gebildet werden.

In seltenen Fällen beobachtet man eine Feminisierung beim Manne, dabei findet man vermehrt Oestrogene im Harn. Insgesamt sind nicht mehr als 10 Fälle in der Literatur niedergelegt worden, aber die sind wohl ganz sicher. Bemerkenswerterweise hat sich histologisch hierbei gar kein Unterschied gegenüber sonstigen NNR-Tumoren mit Sexualhormonwirkungen gefunden.

STAUDINGER: Die Beobachtungen von TONUTTI sprechen gegen funktionell distinkte Zonen. Durch die Auffindung des Aldosterons sind alle Theorien über Unterschiede von Gluco- und Mineralocorticoiden neu zu prüfen. Das Desoxycorticosteron ist mehr ein Nebenprodukt der Sekretion wie andere α-Ketole auch.

Die Persistenz der fetalen X-Zone mit vermehrter Androgenproduktion spricht jedoch für eine getrennte Funktion der einzelnen NNR-Schichten.

HÜBENER (Frankfurt/Main): Nach unseren Versuchen wandelt die NNR Δ 5-Progesteron in Progesteron um. Möglicherweise wird zuerst ein 3-Oxysteroid zu einem 3-Ketosteroid dehydriert und anschließend klappt die Doppelbindung um. NNR-Homogenat bildet in Gegenwart von Cholesterin und ACTH nicht mehr Hormone als ohne diese Zusätze; im Gegensatz zu NNR-Schnitten. Offenbar kann die Seitenkette des Cholesterins nur von der intakten NNR-Zelle abgebaut werden.

Professor SCHMIDT-THOMÉ hat auf die Veränderung der Steroidhormone durch Mikroorganismen hingewiesen. Diese lassen sich aber in keiner Weise mit den Umwandlungen durch Säugetierorganismen vergleichen. Mikroorganismen führen nicht nur die 11-OH-Gruppe in α-Stellung ein, sondern spalten auch von Progesteron und Desoxycorticosteron die C_2-Seitenkette ab, aber nicht von 17-Oxysteroiden. Das ist gerade umgekehrt wie im Säugetierorganismus. Fusarium Solani erzeugt aus Pregnenolon ein $\Delta^{1,4}$-3-Ketosteroid, das in einem Schritt in ein Oestrogen umgewandelt werden kann. Im Säugetierorganismus scheint dieser Weg nicht möglich zu sein.

PFEFFER (Marburg): Ändert sich das Spektrum der Corticoide qualitativ, wenn den isolierten Nebennieren ACTH zugesetzt wird? Wie kann man ferner erklären, daß verschiedene Tierarten verschiedene Steroide produzieren, wie z. B. BUSH es für Corticosteron und 17-Oxycorticosteron nachgewiesen hat? Weiß man schließlich etwas über die Utilisation der Steroide bei Infektionskrankheiten und Stress, ob vielleicht andere NNR-Hormone ausgeschieden werden?

STAUDINGER: Nach allem, was wir wissen, ändert sich das Spektrum der sezernierten Corticoide nach ACTH nicht. Die 17-Oxylierung, also der Schritt, der entscheidet, ob Corticosteron oder 17-Oxycorticosteron sezerniert wird, hängt nicht von ACTH ab, da dieses vorher eingreift. Das Kaninchen sezerniert fast nur Corticosteron und der Affe fast nur 17-Oxycorticosteron. Die 17-Hydroxylase scheint also bei den verschiedenen Tieren verschieden aktiv zu sein. Unter bestimmten Umständen können jedoch abwegige Steroide auftreten. So wurde von DOBRINER gezeigt, daß z. B. der Carcinomkranke andere Steroide ausscheidet als der Gesunde.

Der Stoffwechsel von Nebennierenrinden-Hormonen und verwandten Steroiden.

Von

H. J. Hübener.

Mit 7 Textabbildungen.

In den beiden vorangegangenen Vorträgen wurde die Wirkung und Synthese der Steroidhormone besprochen. Ich möchte Ihnen ergänzend hierzu berichten, welche Veränderungen diese Hormone im Organismus außerhalb der endokrinen Organe erleiden.

Wie bei allen Hormonen ist der Abbau der Wirkstoffe eine wesentliche Voraussetzung ihrer regulativen Leistung.

Es ist jedoch möglich, daß der Abbau nicht die einzige Aufgabe dieser Umwandlungen ist. Bestimmte biologische Wirkungen könnten mit den enzymatischen Veränderungen der Steroidhormone verknüpft sein. Solche Zusammenhänge konnten zwar bisher nicht gesichert werden, sie sind jedoch keineswegs ausgeschlossen. Da diesem Colloquium die Wirkungsweise der Hormone vorangestellt wurde, möchte ich im folgenden vor allem die Frage diskutieren, welche Beziehungen zwischen der Wirkung und den enzymatischen Umwandlungen der Steroidhormone möglich sind. —

Ferner läßt sich durch diese Untersuchungen klären, welche Steroidmetaboliten den besten Anhalt über den Zustand und den Verlauf verschiedener Erkrankungen geben.

Auch findet man Hinweise für die Therapie mit Steroid-Hormonen. So ist z. B. bekannt, daß Compound E im Organismus in Compound F umgewandelt wird[2, 33, 11] und umgekehrt[2, 9]. Die Therapie mit dem teureren und schwerer herstellbaren Compound F erübrigt sich daher in den meisten Fällen.

Weil hierüber am meisten bekannt ist, wollen wir die NNR-Hormone in den Vordergrund unserer Betrachtungen stellen, die Befunde an diesen Hormonen jedoch jeweils mit den wichtigsten

Untersuchungen an anderen Steroiden vergleichen. Dabei scheint uns vorteilhaft, die einzelnen chemischen Gruppen des Steroid-Moleküls nacheinander zu besprechen, da wir dann nicht auf die fast unübersehbar große Zahl von einzelnen Steroidumwandlungen einzugehen brauchen und gewisse Regeln aufstellen können, die sich auch auf noch nicht untersuchte Steroide übertragen lassen. Diese Einteilung ist besonders bei den abbauenden Enzymen berechtigt, da diese im allgemeinen eine geringere Substratspezifität zeigen als die an der Synthese der Hormone beteiligten Enzyme der endokrinen Organe.

Der Stoffwechsel der Steroidhormone wurde vorwiegend aus den ausgeschiedenen Steroidmetaboliten nach Gaben dieser Hormone abgeleitet. Dabei kann jedoch meist nicht entschieden werden, wieweit diese Umwandlungen außerhalb oder in den endokrinen Organen stattgefunden haben. Auch über den Reaktionsmechanismus läßt sich hierbei nichts Sicheres sagen. Eindeutigere Befunde wurden daher an isolierten Organen oder Enzymsystemen erhalten*. Die Leber zeigte sich von allen untersuchten Organen und Geweben (außer den endokrinen Drüsen) am aktivsten. Niere, Muskel, Herz, Milz und Gehirn hatten nur geringe Aktivität[63,64,86,3].

Enzymatische Veränderungen der α-Ketol-Seitenkette.

Eine besondere Eigentümlichkeit der biologisch aktiven NNR-Hormone ist die α-Ketol-Seitenkette bzw. die Dioxyaceton-Gruppe am Ring D des Steroidskelets. — Ich möchte die extraadrenalen Umwandlungen dieser beiden Gruppen an Hand der Abb. 1 zunächst besprechen. —

Aus Zeitmangel werde ich nur die sichersten Belege für diese Umwandlungen erwähnen und auf die Wiedergabe der Autorennamen, die ich im Manuskript zitiert habe, verzichten.

In Abb. 1 wurde mit einem ausgezogenen Pfeil eine gesicherte Umwandlung — mit einem gestrichelten Pfeil eine mögliche Umwandlung angegeben.

Die Reduktion der α-Ketol-Gruppe in eine 20-Methyl-20-Oxygruppe wurde am Desoxycorticosteron[108, 21, 46, 34, 48] und Compound

* Es soll in diesem Zusammenhang nur über die Untersuchungen berichtet werden, bei denen die Umwandlungsprodukte chemisch nachgewiesen wurden, nicht die biologischen Untersuchungen.

A[72] im Gesamtorganismus beobachtet (Abb. 1: I → II). Desoxycorticosteron wurde ferner durch Leberschnitte in ein α-Glykol-Steroid[85] (I → IV) und bei Leberdurchströmungsversuchen in

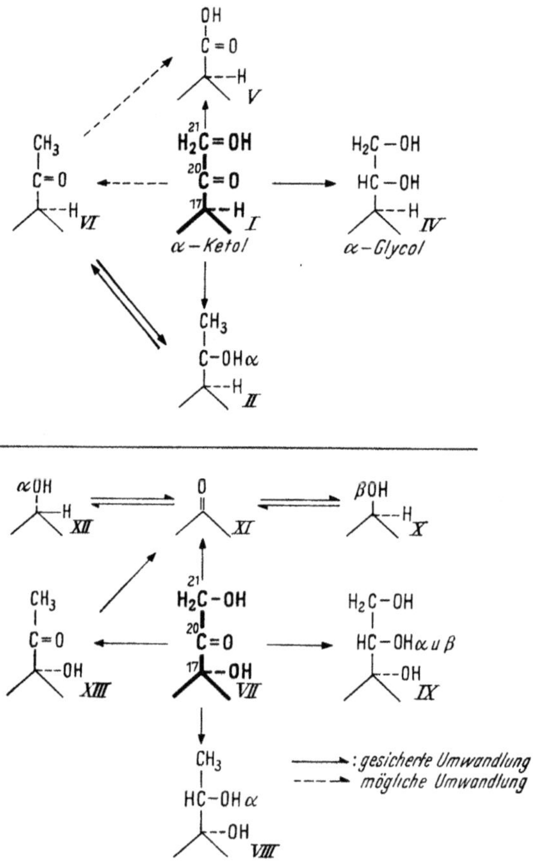

Abb. 1. Schema der extraadrenalen Umwandlungen der α-Ketol- und der Dioxyaceton-Seitenkette.

Ätiocholensäure übergeführt (I → V)[79]. Es ist möglich, daß die α-Ketol-Seitenkette des Desoxycorticosteron auch in eine 20-Methyl-20-keto-Gruppe umgewandelt wird (I → VI)[20]. Hierbei würde die Seitenkette des Progesterons entstehen. Progesteron kann andererseits in Pregnandiol reduziert werden (VI → II)[12, 71, 28], diese Reaktion ist umkehrbar[37]. Andererseits kann aus einem α-Ketol erst eine 20-Methyl-20-oxy-Gruppe entstehen, die dann in eine 20-Methyl-20-keto-Gruppe umgewandelt wird. — Auch von der Seitenkette des Progesteron (21 C^{14}) wird im Organismus $C^{14}O_2$ abgespalten[5].

Ähnliche Veränderungen erleiden die Dioxyacetonsteroide. Dihydro-Substanz S [Pregnan-diol-(17α, 21)-dion-(3, 20)] wurde im menschlichen Organismus in Pregnan-triol-(3α, 17α, 20α) umgewandelt[101, 19, 57, 76, 53] (VII → VIII). Die isolierte Reduktion der 20-Ketogruppe wurde an Substanz S in Leberhomogenaten beobachtet (VII → IX)[51, 35]. Im Organismus kann die 20-Ketogruppe sowohl zur 20 α[13, 14, 73, 19] wie zur 20 β[16, 35] Oxygruppe reduziert werden. — Von den 17-Oxy-C^{21}-Steroiden wird jedoch nicht nur ein C-Atom der Seitenkette, sondern gleich die ganze Seitenkette abgespalten, wobei 17-Keto-Steroide entstehen (VII → XI)[95,105,80,60,23,74]. Voraussetzung für diese Abspaltung scheint, daß die Steroide im A-Ring gesättigt sind[29]. Durchströmungsuntersuchungen zeigten, daß die Leber die Seitenkette abspalten kann[74]. — Die 17-Keto-Steroide können wiederum in 17 α-Oxy-(XI → XII) und 17 β-Oxy-C_{19}-Steroide (XI → X) umgewandelt werden[17, 54]; dies gilt sowohl für die neutralen Steroide wie für die Oestrogene. Eine Reduktion lediglich der 21-OH-Gruppe (VII → XIII) wurde nach Cortisongabe beschrieben[61], es entstand hierbei Pregnan-diol-(3α,17α)-dion-(11, 20). Diese Gruppierung kann wiederum in die 17-Keto-Gruppe umgewandelt werden (XIII → XI), wie am 17-Oxy-Progesteron gezeigt wurde[36]. — Vielleicht kann die 17-α-Oxy-Gruppe im Organismus der Frau auch reduziert werden [Pregnan-diol-(17 α, 21)-dion-(3,20) → Pregnan-diol-(3 α, 20 α)][104].

Chemisch zeichnet sich die α-Ketol-Seitenkette durch ihr charakteristisches Reduktionsvermögen aus. Dieses wird von Laszt als Schlüssel für die Wirkung der NNR-Hormone angesehen; die α-Ketol-Seitenkette der Steroide soll dabei Disulfid-Fermente reduzieren[58, 59]. Diese Hypothese ist jedoch experimentell nicht ausreichend belegt. — Sollten die Steroide durch die besprochenen Umwandlungen stöchiometrisch in den Stoffwechsel eingreifen, wäre hierfür Voraussetzung, daß die Umwandlungen reversibel sind und dieselben eine sehr hohe Wechselzahl haben, da die Steroidhormone nur in sehr geringen Mengen vorliegen. — Wie Sie aber aus der Abb. 1 ersehen können, ist nur gesichert, daß die Umwandlung von 20-Methyl-, 20-Oxy-Steroiden in 20-Methyl-, 20-Ketosteriode und von 17-Oxy-Sterioden in 17-Ketosteroide reversibel ist. Steroide mit diesen Gruppen sind nun aber gerade nicht oder nur gering NNR-Hormon wirksam. — Dagegen sind die oxydative Abspaltung der Seitenkette[110] und die meisten übrigen Umwandlungen wahrscheinlich irreversibel. — Das Besprochene macht es daher wahrscheinlicher, daß die biologische Aufgabe dieser Umwandlungen darin liegt, die Steroidhormone zu inaktivieren.

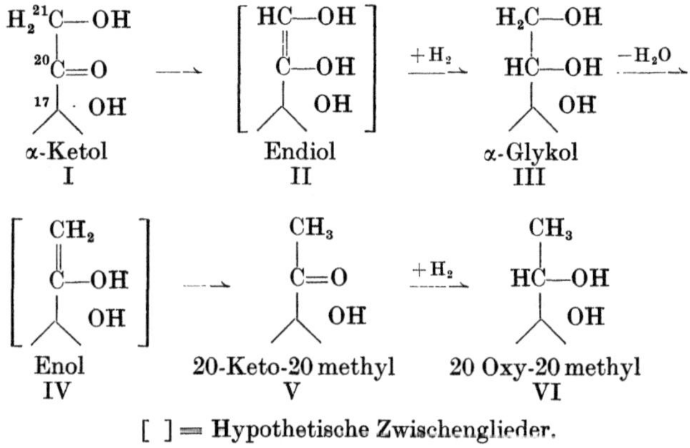

Abb. 2. Übergang eines α-Ketol-Steroids in ein 20-Oxy-20 methyl-Steroid.

Bisher haben wir lediglich referiert, in welches Umwandlungsprodukt das eingesetzte Steroid verwandelt werden kann. Wir möchten nun auch darauf eingehen, welche Reaktionsschritte bis zum fertigen Umwandlungsprodukt möglich sind. — In Abb. 2 haben wir daher die einzelnen Reaktionsschritte für die Umwandlung einer α-Ketol-Gruppe in eine 20-Oxy-20-methyl-Gruppe dargestellt. Die α-Ketol-Gruppe wird zunächst in eine α-Glykol-Gruppe durch Wasserstoffanlagerung reduziert. — Als Zwischenstufe könnte in Analogie zum Dioxyaceton[31] und den reduzierenden Zuckern[31], die zum Teil auch die α-Ketol-Gruppe besitzen, wie z. B. die Fructose, ein Endiol gebildet werden. — Anschließend erfolgt eine Dehydratation, wodurch ein Enol entsteht, das sich in ein 20-Keto, 20-methyl-Steroid umlagert (Abb. 2: II über III zu IV). Dieser Vorgang entspricht formal der Umwandlung von Glycerinsäure in Brenztraubensäure[108]. Durch Wasserstoffanlagerung kann das 20-Keto, 20-methyl-Steroid in das der Milchsäure entsprechende 20-Oxy, 20-methyl-Steroid umgewandelt werden[108]. Tatsächlich wurden nun auch alle Zwischenstufen außer den in Klammern angegebenen Gruppen, die relativ instabil sein könnten, aufgefunden. In Analogie zur Glykolyse wäre es möglich, daß die Zwischenprodukte als Phosphorsäureester vorliegen. Diese konnten jedoch bisher nicht nachgewiesen werden. — Eine weitere Ähnlichkeit der aktiven NNR-Hormone mit den Zuckern zeigt sich beim Aldosteron[92, 93], dem wirksamsten NNR-Steroid aus der amorphen Fraktion. Dieses Aldehyd-Steroid liegt nämlich in Lösung vorwiegend als Halbacetal vor und besitzt auch eine glykosidische Hydroxylgruppe. —

Die in Abb. 2 eingeklammerten hypothetischen Zwischenglieder könnten energiereiche Ester bilden, die mit dem Wirkungsmechanismus der Steroidhormone verknüpft sein könnten. Dabei käme nicht nur die Bindung an Phosphor, sondern auch die an Schwefel in Frage; hierüber ist jedoch bisher nichts Sicheres bekannt.

Schließlich können die Steroide noch dadurch inaktiviert werden, daß sie im Organismus glykosidisch an Glucuronsäure gebunden oder mit Schwefelsäure verestert werden. Die an sich schlecht wasserlöslichen Steroide werden dadurch harnfähig gemacht. Dagegen sind die im Blute kreisenden freien Steroidhormone durch VAN DER WAALSsche Kräfte reversibel an Eiweiß gebunden[30, 67], woraus sich die relativ geringe Ausscheidung nicht konjugierter Steroide erklärt. Diese Beobachtung deutet darauf hin, daß auch unveränderte Steroidhormone direkt durch Bindung an ein Fermentprotein wirksam sein könnten. — 3-Keto-Steroide können ferner noch mit Cystein Thiazolidine bilden[27] (Abb. 3). Auch hierdurch könnten die Steroide an Plasma- oder Ferment-Proteine gebunden werden und biologisch wirksam sein.

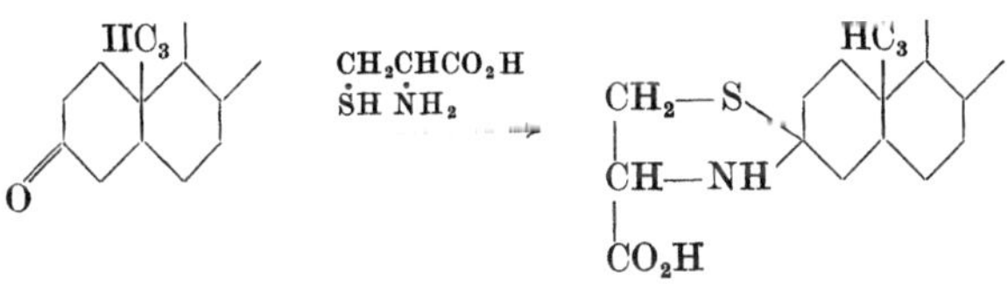

Abb. 3. Die Bildung eines Thiazolidin-Derivates aus Cystein und einem 3-Keto-Steroid.

Aus den besprochenen Veränderungen der Seitenkette wird verständlich, daß keine der bekannten analytischen Methoden für sich alleine bei klinischen Untersuchungen ausreicht. — Neben dem quantitativen Nachweis der α-Ketol-Seitenkette durch eine Reduktionsprobe[97, 40, 100], empfiehlt es sich, zusätzlich noch die in Abb. 1 dargestellten formaldehydbildenden α-Glykolsteroide [65, 18, 22] sowie die acetaldehydbildenden 17, 20-Dioxy, 20-methyl-Steroide[20], die Dioxyaceton-Gruppierung selbst[81] und besonders die 17-Ketosteroide[111] zu bestimmen. — Der Nachweis einzelner Steroide gibt dabei einen besseren Anhalt als eine Gruppenreaktion. — Um möglichst alle Steroide zu erfassen, sollte auf die enzymatische Verseifung mit Glucuronidase[11] nicht verzichtet werden.

Änderungen der 17-Oxy-Funktion.

Bisher haben wir noch nichts über die an der Umwandlung beteiligten Enzymsysteme gesagt. Wir möchten diese daher jetzt am Beispiel der Enzyme, die die 17-Oxy-Funktion (bei C_{19}-Steroiden) vermitteln (Abb. 1: XII⇄XI⇄X), besprechen, weil über sie am meisten bekannt ist.

Die Reduktion der 17-Ketogruppe ist nicht spezifisch an ein Substrat geknüpft. Sie wurde unter anderem beim Dehydroepiandrosteron[103], Ätiocholanolon, Δ^4-Androsten[3, 17, 55], Adrenosteron[51] sowie beim Oestron[78, 82] beobachtet. Die Fermente für diese Umwandlung sind im Cytoplasma der Leberzelle lokalisiert, als Cofaktor dient DPN (beim Adrenosteron[51] und Oestron[82]). Hierbei entstehen sowohl 17 α- wie 17 β-Oxysteroide (Abb. 1: X und XII)[17, 54].

Beide Stereoisomere können nun wieder in 17-Keto-Steroide übergeführt werden[54,7]. Beim Testosteron wird diese Oxydation zur 17-Ketogruppe auch durch DPN aktiviert. — Citronensäure, die später zu besprechende Umwandlungen verbessert, hat ebenso wie Cytochrom C auf diese Oxydation in der Leber keinen Einfluß[99]. Das oxydierende Fermentsystem ist auch im Cytoplasma der Leberzelle lokalisiert, sein Molekulargewicht ist kleiner als 43000 [99], und die Michaeliskonstante für diese Umwandlung beträgt 3,3 10^{-5} m. — Schließlich kennt man noch das Temperatur-Optimum (32°) und das p_H-Optimum (p_H: 8,3)[99].

Da die bisherigen Untersuchungen keinen Unterschied in den enzymatischen Bedingungen für die Oxydation und Reduktion am C-Atom 17 ergeben haben, ist es wahrscheinlich, daß hier eine Gleichgewichtsreaktion vorliegt, die durch ein- und dasselbe Enzym vermittelt wird.

Eine biologische Bedeutung hat man diesen Umwandlungen bisher nicht zuordnen können. — Da diese Umwandlungen DPN als Cofaktor benötigen, wurde diskutiert, ob hierdurch andere DPN-abhängige enzymatische Reaktionen kompetitiv gehemmt werden[84]. — Die 17-Keto-Verbindungen der Androgene und Oestrogene sind etwas weniger aktiv als die 17-Oxy-Verbindungen. Von den 17-Oxy-Steroiden sind wiederum die 17 β-Steroide aktiver als die 17 α-Steroide.

Die Reduktion der Δ^4-3-on-Gruppe.

Besonders charakteristisch für die Steroidhormone ist die Δ^4-3-on-Gruppe (Abb. 4, I). Es dürfte kein Zufall sein, daß die aktivsten NNR-Hormone, Gestagene und Androgene, alle diese typische Konfiguration des A-Ringes besitzen.

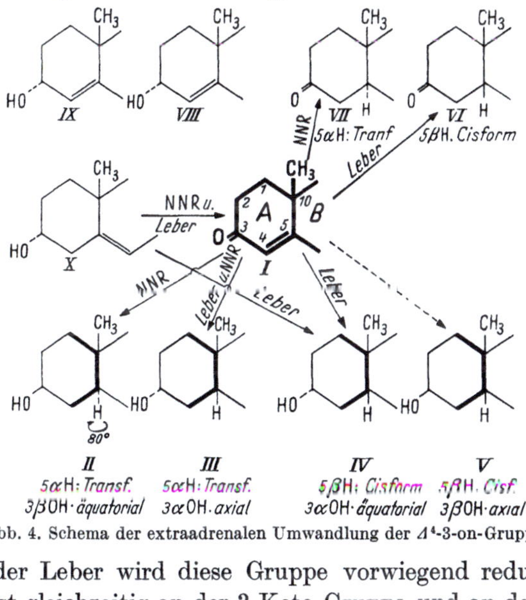

Abb. 4. Schema der extraadrenalen Umwandlung der Δ^4-3-on-Gruppe.

Von der Leber wird diese Gruppe vorwiegend reduziert, und zwar meist gleichzeitig an der 3-Keto-Gruppe und an der Doppelbindung von C_4 nach C_5. Hierdurch entstehen Tetrahydro-Derivate[95] mit zwei zusätzlichen Asymmetriezentren, nämlich am C-Atom 3 und 5. In Abb. 4 sind die 4 möglichen isomeren Tetrahydro-Steroide eingezeichnet. Ferner können in der Leber in geringerem Ausmaß auch Dihydroderivate gebildet werden. Die 4 möglichen Umwandlungsprodukte sind ebenfalls in Abb. 4 dargestellt.

Tabelle 1. *Im A- und B-Ring gesättigte C_{21}- und C_{19}-Steroide, die im Harn und im Organismus außerhalb der endokrinen Drüsen gefunden wurden.*

Steroid	Ursprung	Literatur
3 β-OH-Allo-Steroide		
$C_{21}O_3$		
Allopregnan-diol-(3 β, 21)-on-(20)	Aus Rattenleber nach Bebrüten mit DOC isoliert	E[85], E[86]
Allopregnan-triol-(3 β, 20, 21)	Aus Rattenleber nach Bebrüten mit DOC isoliert	E[85]
Allopregnan-triol-(3 β, 16 α, 20 β)	Trächtige Stute	E[45]
Allopregnan-diol-(3 β, 6 α)-on-(20)	Schwangere Frau	32
$C_{21}O_2$		
Allopregnan-diol-(3 β, 20 α)	Umwandlungsprodukt des Progesterons	21
Allopregnan-ol-(3 β)-on-(20)	Umwandlungsprodukt des Progesterons	22
Δ^{16}-Allopregnan-ol-(3 β)-on-(20)	Harn trächtiger Stute	12, 13
Allopregnan-diol-(3 β, 20 β)	Harn trächtiger Stute	33
$C_{19}O_2$		
Ätioallocholan-ol-(3 β)-on-(17)	Aus Harn isoliert[5] u. aus Harn nach Testosterongabe isol.[6]	5, 6
3 α-OH-Allo-Steroide		
$C_{21}O_3$		
Allopregnan-diol-(3 α, 21)-on-(20)	Aus DOC nach Bebrüten mit Leber	E[85]
Allopregnan-diol-(3 α, 6 α)-on-(20)	Harn gravider Frauen	15, 19
Allopregnan-triol-(3 α, 16 α, 20 α)	Harn trächtiger Stute	31, 9
$C_{21}O_2$		
Allopregnan-ol-(3 α)-on-(20)	Umwandlungsprodukt des Progesterons	30, E[62]
Allopregnan-diol-(3 α, 20 α)	Umwandlungsprodukt des Progesterons	8, 14
$C_{19}O_3$		
Ätioallocholan-diol-(3 α, 11 β)-on-(17)	Aus Harn nach Adrenosterongaben isoliert[33] Morbus Cushing[25]	5, 25, 28, 33, E[9] E[10] E[62]
Ätioallocholan-ol-(3 α)-dion-(11, 17)	Nach Adrenosteron[33]	18, 33
Ätioallocholan-triol-(3 α, 16 α, 17 β)	Menschlicher Harn	15
$C_{19}O_2$		
Ätioallocholan-ol-(3 α)-on-(17) (Androsteron)	Harn	4, 5, 28, E[9], E[10]
$\Delta^{9,11}$-Ätioallocholen-ol-(3 α)-on-(17)	Nach Gaben von Adrenosteron im Harn[33]	33, E[9], E[10], E[62]
Δ^{11}-Ätioallocholen-ol-(3 α)-on-(17)	Harn	E[62]
$C_{19}O_1$		
Δ^{16}-Ätioallocholen-ol-(3 α)	Aus Harn von zwei Frauen mit NNR-Tumor	1, 26
3 α-OH-Steroide mit cis-Verknüpfung der Ringe A und B		
$C_{21}O_5$		
Pregnan-triol-(3 α, 17 α, 21)-dion-(11,20)	Nach Gabe von Cortisol an einen Mann E[9], E[10]	E[9], E[10], E[11]

Tabelle 1. (Fortsetzung.)

Steroid	Ursprung	Literatur
Pregnan-tetrol-(3α,11β,17α,21)-on-(20)	Nach Gabe von Cortisol an einen Mann E[9], E[10] und nach Cortison u. ACTH	17, E[9], E[10]
$C_{21}O_4$		
Pregnan-diol-(3 α, 17 α)-dion-(11, 20)	Nach ACTH-Gabe E[61] und nach 21-Desoxycortison[2]	2, 17, E[61]
$C_{21}O_3$		
Pregnan-diol-(3 α, 6 α)-on-(20)	Im Harn gravider Frauen	18, 19, E[72]
Pregnan-diol-(3 α, 20 α)-on-(11)	NNR-Hyperplasie[19] u. Umwandlgsprod. d. Comp. A. E[72]	19. E[72]
Pregnan-diol-(3 α, 17α)-on-(20)	Bei NNR-Hyperplasie, im Harn	28
Pregnan-ol-(3 α)-dion-(11, 20)	Bei NNR-Hyperplasie, im Harn	18, 19
Pregnan-triol-(3 α, 17 α, 20 α)	Bei NNR-Hyperplasie, im Harn	28
$C_{21}O_2$		
Pregnan-ol-(3 α)-on-(20)	Aus Harn isoliert	23, E[62]
Pregnan-diol-(3 α, 20 α)	Umwandlungsprodukt des Progesterons u. des DOC	3, E[12], E[71] E[48], E[108]
Pregnan-diol-(3 α, 20 β)	Aus der Galle trächtiger Kühe	29b
$C_{21}O_1$		
Pregnan-ol-(3 α)	Aus dem Harn einer graviden Frau	24
$C_{19}O_3$		
Ätiocholan-triol-(3 α, 16 α, 17 β)	Aus Harn gesunder Männer und Frauen	15
Ätiocholan-ol-(3 α)-dion-(11, 17)	Aus Harn isoliert nach Gabe von Adrenosteron[33] u. Cortison sowie Cortisol E[9], E[10]	33, E[9], E[10]
Ätiocholan-diol-(3 α, 11 β)-on-(17)	Aus Harn isoliert nach Gabe von Adrenosteron[33] u. Cortison sowie Cortisol E[9], E[10]	33, E[9], E[10]
Ätiocholan-diol-(3 α, 17 β)-on-(11)	Aus Harn isoliert	16
$C_{19}O_2$		
Ätiocholan-ol-(3 α)-on-(17)	Im Harn nach Gabe von Testosteron[7] u. Adrenosteron[33]	7, 33
$\Delta^{9\,(11)}$-Ätiocholen-ol-(3 α)-on-(17)	Aus Harn nach Adrenosteron	33, 28
Ätiocholan-diol-(3 α, 17 β)	Harn	27, 29b
Ätiocholan-diol-(3 α, 17 α)	Harn	27
3 β-OH-Steroide mit cis-Verknüpfung der Ringe A und B		
$C_{19}O_2$		
Ätiocholan-ol-(3 β)-on-(17)	In Spuren im Harn	E[26], 20
3-Keto-Allo-Steroide		
$C_{21}O_3$		
Allopregnan-ol-(21)-dion-(3, 20)	Nach Bebrüten von DOC mit Leber	E[85]
$C_{21}O_2$		
Allopregnan-dion-(3, 20)	Harn	22, E[62], E[70]

Tabelle 1. (Fortsetzung.)

Steroid	Ursprung	Literatur
$C_{19}O_2$ Ätioallocholan-dion-(3, 17)	Harn E[62] u. nach Gaben von Testosteron[6]	[6], E[62], E[73]
3-Keto-Steroide mit cis-Verknüpfung der Ringe A und B		
$C_{21}O_5$ Pregnan-diol-(17 α, 21)-trion-(3,11,20)	Harn gesunder Menschen	[34]
$C_{21}O_2$ Pregnan-dion-(3, 20)	Harn gesunder Menschen	[19], E[62], E[70]
$C_{19}O_2$ Ätiocholan-dion-(3, 17)	Harn gesunder Menschen und nach Testosteron in geringen Mengen[6]	[6], [29a], E[13] E[62]
3-Desoxy-Steroide		
$C_{19}O_1$ Δ^2-Ätioallocholan-on-(17)	Kunstprodukt bei der Aufarbeitung von Androsteron	[6]

(Literaturangaben der Tab. 1 und 2, vor denen ein E steht, beziehen sich auf das Literaturregister am Ende der Arbeit.)

[1] Brooksbank, B. W. L., and G. A. D. Haslewood: Biochemic. J. **47**, 36 (1950).

[2] Burstein, S., K. Savard and R. I. Dorfman: J. of Biol. Chem. **53**, 267 (1953).

[3] Butenandt, A., F. Hildebrandt u. H. Brücker: Chem. Ber. **64**, 2529 (1931).

[4] Butenandt, A.: Z. angew. Chem. **44**, 905 (1931).

[5] Dingemanse, E. L., G. Huis: In T. Veld and S. L. Hartogh-Katz, J. Clin. Endocrin. **12**, 66 (1952).

[6] Fukushima, D. K., K. Dobriner and T. F. Gallagher: J. of Biol. Chem. **206**, 845 (1954).

[7] Gallagher, T. F., D. K. Fukushima, M. C. Barry and K. Dobriner: Recent Progr. in Hormone Res. **6**, 131 (1951).

[8] Hartmann, M., and F. Locher: Helvet. chim. Acta **18**, 160 (1935).

[9] Haslewood, G. A. D., G. F. Marrian and E. R. Schmidt: Biochemic. J. **28**, 1316 (1934).

[10] Heard, R. D. H.: The Hormones, von G. Pincus u. K. V. Thimann. Bd. I, S. 553, 1948.

[11] Jeanloz, R. W., H. Levy, R. P. Jacobsen, O. Hechter, V. Schenker and G. Pincus: J. of Biol. Chem. **203**, 453 (1953).

[12] Klyne, W., B. Schachter and G. F. Marrian: Biochemic. J. **43**, 231 (1948).

[13] Klyne, W.: Biochemic. J. **43**, 611 (1948).

[14] Kyle, J., and G. F. Marrian: Biochemic. J. **49**, 80 (1951).

Tabelle 2. *Zusammenstellung gesättigter Steroide, die sicher aus der Nebennierenrinde stammen.*

Steroid	Ursprung	Literat.
3 β-OH-Allo-Steroide		
$C_{21}O_5$		
Allopregnan-triol-(3β, 17α, 21)-dion-(11,20)	Aus Cortison bei Durchströmung d. NNR	E[74]
Allopregnan-tetrol-(3β, 11β, 17α, 21)-on-(20)	Aus der NNR	35
Allopregnan-triol-(3β, 17α, 21)-dion-(11,20)	Aus der NNR	35
Allopregnan-pentol-(3β, 11β, 17α, 20, 21)	Aus der NNR	10
$C_{21}O_4$		
Allopregnan-triol-(3 β, 17 α, 21)-on-(20)	Aus der NNR	35, 10
Allopregnan-triol-(3 β, 11 β, 21)-on-(20)	Aus der NNR	35
Allopregnan-tetrol-(3 β, 17 α, 20 β, 21)	Aus der NNR	10
Allopregnan-diol-(3 β, 21)-dion-(11, 20)	Aus der NNR	10
$C_{21}O_3$		
Allopregnan-triol-(3 β, 17 α, 20 β)	Aus der NNR	10
Allopregnan-diol-(3 β, 17 α)-on-(20)	Aus der NNR	10
$C_{21}O_2$		
Allopregnan-ol-(3 β)-on-(20)	Aus der NNR	10
$C_{19}O_3$		
Ätioallocholan-diol-(3 β, 11 β)-on-(17)	Aus der NNR	10
3 α-OH-Allo-Steroide		
$C_{21}O_5$		
Allopregnan-tetrol-(3α, 11β, 17α, 21)-on-(20)	Aus der NNR	35, 10
3-Keto-Allo-Steroide		
$C_{21}O_5$		
Allopregnan-diol-(17 α, 21)-trion-(3, 11, 20)	Aus Cortison bei Durchströmung d. NNR	E[74]
$C_{19}O_3$		
Ätioallocholan-ol-(11 β)-dion-(3, 17)	Aus Δ^4-Ätiocholen-on-(3, 17) bei NNR-Durchströmung	11

Nomenklatur von Tab. 1 und 2 vergleiche HEUSNER[43].

15 LIEBERMAN, S., and K. DOBRINER: Amer. Chem. Soc., 117th Meeting, 19 C, Philadelphia 1950.

16 LIEBERMAN, S., D. K. FUKUSHIMA and K. DOBRINER: Federat. Proc. 7, 168 (1948).

17 LIEBERMAN, S., E. R. KATZENELLENBOGEN, R. SCHNEIDER, P. E. STUDER and K. DOBRINER: J. of Biol. Chem. **205**, 87 (1953).

[18] Lieberman, S., D. K. Fukushima and K. Dobriner: J. of Biol. Chem. **182**, 299 (1950).
[19] Lieberman, S., K. Dobriner, B. R. Hill, L. F. Fieser and C. P. Rhoads: J. of Biol. Chem. **172**, 263 (1948).
[20] Lieberman, S., and K. Dobriner: Symposion on Steroid-Hormones. Univ. Wisconsin Press 1950.
[21] Marker, R. E., and E. Rohrmann: J. Amer. Chem. Soc. **60**, 1565 (1938)
[22] Marker, R. E., O. Kamm and R. V. McGrew: J. Amer. Chem. Soc. **59**, 616 (1937).
[23] Marker, R. E., and O. Kamm: J. Amer. Chem. Soc. **59**, 616 (1937).
[24] Marker, R. E., and E. J. Lawson: J. Amer. Chem. Soc. **60**, 2928 (1938).
[25] Marti, M.: Helvet med. Acta, Ser. A. **18**, 215 (1951).
[26] Mason, H. L., and J. J. Schneider: J. of Biol. Chem. **184**, 593 (1950).
[27] Miller, A. M., and R. I. Dorfman: Endocrinology (Springfield, Ill.) **42**, 174 (1949).
[28] Miller, A. M., and R. I. Dorfman: Endocrinology (Springfield, Ill.) **46**, 514 (1950).
[29a] Pearlman, W. H.: J. of Biol. Chem. **136**, 807 (1940).
[29b] Pearlman, W., and E. Cerceo: J. of Biol. Chem. **176**, 847 (1948).
[30] Pearlman, W. H., G. Pincus and N. T. Werthessen: J. of Biol. Chem. **142**, 649 (1942).
[31] Pincus-Thimann: The Hormones. Bd. I, S. 260, Tab. 26, 1948.
[32] Salamon, J. J., and K. Dobriner: J. of Biol. Chem. **207**, 323 (1954).
[33] Savard, K., S. Burstein, H. Rosenkrantz and R. I. Dorfman: J. of. Biol. Chem. **202**, 717 (1953).
[34] Schneider, J. J.: J. of Biol. Chem. **194**, 337 (1952).
[35] Zaffaroni, A., and R. Burton: J. of Biol. Chem. **193**, 749 (1951).

Wir haben nun alle bisher bekannten im A- und B-Ring gesättigten Steroide (etwa 70) zusammengestellt (Tab. 1 und 2), um zu prüfen, welche sterischen Konfigurationen vorherrschen und ob zwischen Ursprung und Konfiguration der Steroide eine Beziehung besteht.

Von den Tetrahydroderivaten werden in der Leber des Menschen[9,10] fast ausschließlich 3 α-OH-Pregnane (IV) und zum geringerenTeil auch 3 α-OH-Allopregnane (Abb. 4: III) gebildet*; während in der Nebennierenrinde die 3 β-OH-Allopregnan-Gruppierung (II) vorherrscht und nur im geringen Ausmaß auch die 3 α-OH-Allopregnan (III)-Gruppe entsteht.—In unserer Zusammenstellung fiel ferner auf, daß von den im Organismus entstandenen 3 α-Oxy-Steroiden bei den C_{21}-Verbindungen die Pregnan(Abb. 4: IV)-form und bei den C_{19}-Steroiden die Androstan-Form (III) relativ vorherrschte. Inzwischen haben wir erfahren, daß der Worcester Arbeitskreis

* Bei der Ratte ist es umgekehrt[85].

zum gleichen Ergebnis gelangte[29, 10]. Ergänzend zu dem Vorgetragenen fanden die Untersucher, daß besonders bei den 11-Oxy-C_{19}-Steroiden die Androstan-Form fast ausschließlich beobachtet wird.

Von den Dihydroderivaten wurden lediglich gesättigte 3-Keto-Steroide, jedoch keine Δ^4-3-Oxy-Verbindungen gefunden. Von den 3-Keto-Steroiden herrschen wieder bei der Leber die Pregnan-Derivate und bei der NNR die Allo-Pregnane vor. — Es ist daher möglich, daß die Reduktion der Δ^4-3-on-Gruppe in der Leber in

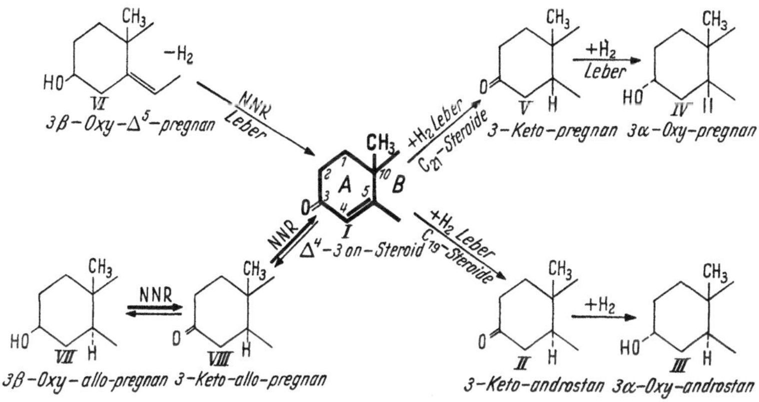

Abb. 5. Hauptwege der Reduktion und Synthese von Δ^4-3 on-Steroiden.

zwei Schritten vor sich geht (Abb. 5). Der erste Schritt ist die Hydrierung der Doppelbindung, hierbei entstehen aus C_{21}-Steroiden vorwiegend 3-Keto-pregnane und aus C_{19}-Steroiden vorwiegend 3-Keto-androstane (Abb. 5: II und V).— [Kürzlich wurde allerdings darauf hingewiesen, daß die 3-Keto-Steroide auch Oxydationsprodukte von 3-Oxy-Steroiden sein könnten — FUKUSHIMA et al. J.of Biol. Chem. 206, 845 (1954)]. — Der zweite Schritt ist die Reduktion der 3-Keto-Gruppe, wodurch die entsprechenden 3-Oxy-Derivate gebildet werden (III und IV).

In der NNR ist der Hauptweg die Oxydation der Δ^5-3β-Oxy-Steriode in Δ^4-3-on-Derivate[83]; seit kurzem ist bekannt, daß die Leber hierzu auch in geringem Ausmaß in der Lage ist[103]. Ferner kann die NNR 3β-Oxy-Allopregnane zu Δ^4-3-on-Steroiden oxydieren; diese Umwandlung ist reversibel, das entstandene Δ^4-3-on-Steroid kann wieder in zwei Schritten in ein 3β-Oxy-Allopregnan reduziert werden[74].

Wie Abb. 5 zeigt, läßt sich auf Grund der sterischen Konfiguration der 3-Oxy-Gruppe und der Ringverknüpfung A/B der Ursprung der meisten Steroide wahrscheinlich machen. — In der Leber entstehen fast ausschließlich 3α-Oxy-Steroide (III und IV), die sich von den in der Nebennierenrinde gebildeten 3β-Oxy-Steroiden durch die Digitoninfällung unterscheiden lassen und im Falle des Dehydroepiandrosteron (Nomenklatur vgl. FIESER und FIESER[32]) durch die DIRSCHERL-Reaktion[24, 25] nachgewiesen werden können. — Die Leber kann jedoch in geringem Ausmaß Δ^4-3-on-Steroide auch in 3β-OH-Steroide umwandeln[88, 86]. —

Bei Störungen der Leberfunktion werden daher relativ mehr ungesättigte 3-Keto-Steroide im Harn gefunden[7], weil die Reduktion in der Leber erschwert ist. — Bei NNR-Tumoren werden vorwiegend, nicht immer[102], 3β-Oxy-Steroide (VI und VII) ausgeschieden, weil die NNR-Tumoren meist die Fähigkeit verlieren, die Steroide weiter zu oxydieren.

Bei Leberdurchströmungsversuchen[42] und bei Untersuchungen an Leberschnitten[88] wurde die Δ^4-3-on-Gruppe viel stärker abgebaut als in Leberhomogenaten[50, 64]. Leberhomogenat reduziert diese Gruppe wiederum stärker als die einzelnen Zellfraktionen[51]. Je intakter die Gewebsstruktur ist, desto größer ist also die Reduktion der Δ^4-3-on-Gruppe. — In vivo wäre zu erwarten, daß weitaus der größte Teil der Δ^4-3-on-Steroide bei peroraler Gabe durch die Leber inaktiviert wird. Dies steht jedoch im Widerspruch zu der guten peroralen Wirksamkeit dieser Steroide. — Es ist daher möglich, daß die im A-Ring reduzierten Nebennierenrinden-Hormone in bestimmter Hinsicht noch aktiv sind, z. B. glykogenspeichernd und entzündungshemmend[42]. — In diesem Zusammenhang sei erwähnt, daß auch einige Steroide ohne Δ^4-3-on-Gruppe im Überlebenstest sichere Wirkung zeigen, z. B. Allopregnan-tetrol-(3α, 11β, 17α, 21)-on-(20)[56] sowie Δ^5-Pregnen-diol-(3β, 21)-on-(20)[8, 89, 90].

Wir hatten besprochen, daß der erste Schritt der Reduktion der Δ^4-3-on-Gruppe wahrscheinlich die Umwandlung dieser Gruppe in die gesättigte 3-Keto-Konfiguration ist. Durch Änderung der Elektronenanordnung könnten hierbei die in Abb. 6 dargestellten hypothetischen Zwischenglieder entstehen (C. W. SCHOPPEE). Das Carbonium-Ion könnte dabei nicht nur Wasserstoff anlagern, sondern auch durch Valenzbindung an saure biologische Substanzen biologisch wirksam sein. Auch diese Möglichkeit der biologischen

Wirkungsweise wurde experimentell noch nicht geprüft. — Diese Bindung wäre z. B. auch bei den von VOIGT und SCHROEDER[107] aus der amorphen Fraktion isolierten kationischen, N-haltigen Substanzen möglich. —

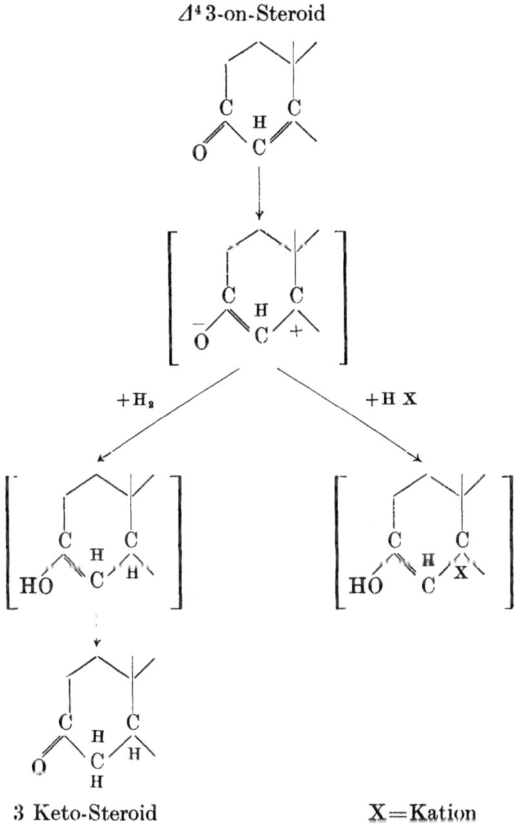

Abb. 6. Reduktion eines Δ^4-3-Keto-Steroids in ein gesättigtes 3-Keto-Steroid

Die enzymatischen Bedingungen für die Reduktion der Δ^4-3-on-Gruppe sind am Progesteron[109] eingehend studiert worden. Citrat, Isocitrat und Aconitat fördern die Reduktion, desgleichen Cyanid und Cystein. Es ist möglich, daß die genannten Zusätze Schwermetall-Ionen binden, die in freier Form diese Reduktion hemmen. Dafür spricht auch, daß andere Glieder des Citronensäurecyclus

(Bernsteinsäure und α-Ketoglutarsäure) ohne Einfluß auf die Umwandlung sind. — Unbeeinflußt ist die Reaktion ferner durch DPN, ATP und AMP[109]. Dagegen wurde die Reduktion der Δ^4-3-on-Gruppe der NNR-Hormone durch DPN aktiviert[51]. Auch die enzymatischen Bedingungen für die Reduktion des Testosterons und Methyltestosterons sind von denen des Progesterons verschieden[109]. —

Zusammen mit der Beobachtung, daß auch die Seitenkette die sterische Konfiguration der Reaktionsprodukte beeinflußt, weisen die Untersuchungen darauf hin, daß die Enzymsysteme, die den A-Ring reduzieren, relativ substratspezifisch sind.

Über die Einführung von Oxygruppen in Steroide.

Am Schluß unserer Betrachtungen möchten wir berichten, an welchen Stellen des Steroidskelets der Organismus Oxygruppen einführen kann und welche Veränderungen diese Sauerstoff-Funktionen im Stoffwechsel erleiden.

Die Leber[4] und die NNR[39] können Desoxycorticosteron in ein 6β-OH-Derivat umwandeln. — Zwei Gallensäuren mit 6α-OH-Gruppe wurden übrigens auch in der Schweinegalle gefunden[43]. — Ferner können Steroide durch Leberschnitte am C-Atom 16 oxydiert werden (16α-OH)[87]. — Auch Untersuchungen an einem ADDISON-Patienten zeigten, daß die 16-OH-Gruppe wahrscheinlich außerhalb der NNR eingeführt wird[75]. — Es ist schon länger bekannt, daß der Organismus Oestradiol in 16α-OH-Oestriol umwandelt[98]. Auch bei Harnsteroiden herrschen die 16α-OH-Steroide vor[44, 45].

Über die enzymatischen Bedingungen dieser Umwandlungen und deren biologische Bedeutung ist bislang nichts Sicheres bekannt. —

Auffallenderweise wurden C_{21}- und C_{19}-Steroide nie wie die Gallensäuren am C-Atom 7 oder 12 oxydiert. Die Oxydation an diesen Stellen scheint durch die Seitenkette der Gallensäuren spezifisch gelenkt zu werden.

Es erscheint uns wichtig zu erwähnen, daß der Säugetierorganismus überwiegend axiale Oxygruppen einführt (über axiale und äquatoriale Substituenten vgl. BARTON[6]). Axiale sind z. B. die 6β, 7α, 11β- und 12α-Oxy-Gruppen bei allen natürlichen Steroiden. Die axialen Oxygruppen sind schwerer veresterbar und verätherbar, lassen sich jedoch vom Steroid leichter abspalten als die entsprechenden äquatorialen Oxygruppen[32]. — Die 3-Oxy-Funktion der natürlichen Steroide dagegen ist fast ausschließlich äquatorial orientiert, sie wird daher im Organismus leicht verestert und veräthert, aber wahrscheinlich nicht abgespalten. Infolgedessen besitzen alle natürlichen Steroide eine 3-Oxy-Funktion, die häufig konjungiert ist.

Änderungen der 11-Oxy-Funktion.

Von uns[1, 2] und anderen Autoren[52, 91] wurde die 11-Oxydation in der Leber beschrieben. Diese Befunde wurden von anderer Seite in Zweifel gezogen[41, 77]. Bei Nachuntersuchungen stellten

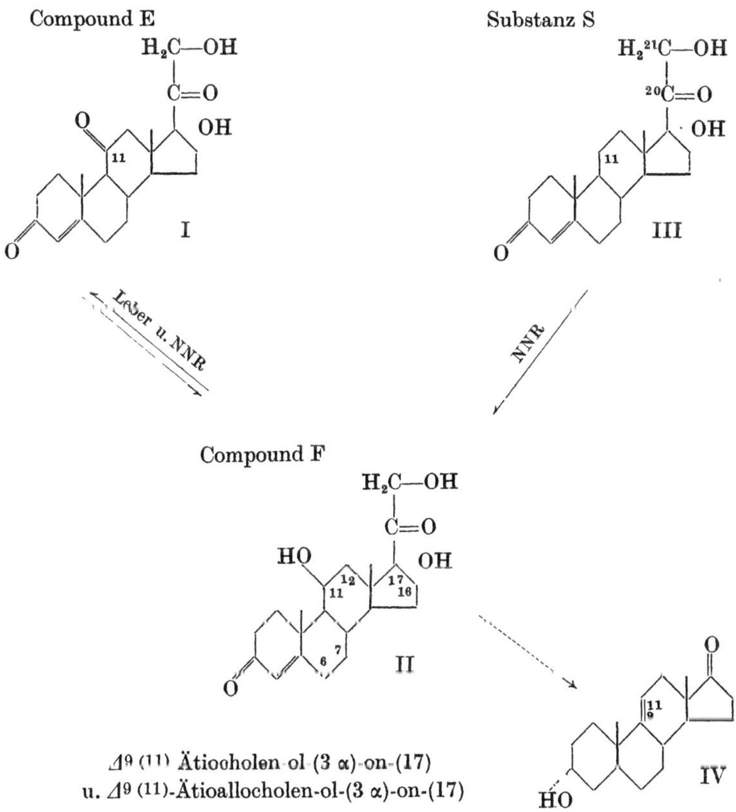

Abb. 7. Veränderungen der 11-Oxy-Funktion.

wir fest, daß beim Bebrüten von Substanz S mit Leberhomogenat nicht Compound F, sondern Δ^4-Pregnen-triol (17α, 20α, 21)-on-(3) entsteht. – Dieses Steroid verhält sich chromatographisch ähnlich wie Compound F. — Die Einführung einer 11-Oxy-Funktion scheint daher ausschließlich der Nebennierenrinde vorbehalten zu sein (Abb. 7: III → II).

Andererseits kann vielleicht im Organismus die 11-Oxy-Gruppe vom Steroid abgespalten werden. Es würden hierbei $\Delta^{9\,(11)}$-Steroide (Abb. 7: II → IV) entstehen, wie an Compound F gezeigt wurde, wahrscheinlicher sind diese $\Delta^{9\,(11)}$-Steroide aber Kunstprodukte der Aufarbeitung[62].

Ferner kann die Ketogruppe am C-Atom 11 durch die Leber in eine 11β-OH-Gruppe reduziert werden. Dies wurde zuerst beim Compound E beobachtet (Abb. 7: I → II)[2, 33]. Die Umwandlung ist jedoch nicht auf Compound E beschränkt, sondern auch andere Steroide mit 11-Keto-Gruppe konnten durch Leberhomogenat in 11-OH-Steroide reduziert werden, z. B. Kendalls Compound A, 11-Keto-Progesteron und Adrenosteron[51]. Die umgekehrte Umwandlung der 11β-OH-Gruppe in eine 11-Keto-Gruppe (Abb. 7: II → I) wurde mit geringer Ausbeute in Schweineleber beobachtet[2] und später am Gesamtorganismus bestätigt. Nach Gaben von Compound F an einen Menschen wurden dabei größere Mengen Compound E ausgeschieden[9].

Die Lokalisation der besprochenen Enzymsysteme.

Die Lokalisation der besprochenen Enzymsysteme in der Leberzelle wurde in Tab. 3 zusammengestellt. — Aus ihr ist zu

Tabelle 3. *Verteilung der Fermentsysteme in der Leberzelle.*

Zellfraktion	11-Keto-Reduktion	20-Keto-Reduktion	Δ^4-3-on-Reduktion	17-Keto-Reduktion	17β-OH-Oxydation
Gesamt-Homogenat	++++	+++	++	+++	++
Kerne u. Zellreste .	(+)	(+)			
Mitochondrien . .	(+)	∅	(+)	(+)	
Überstand 20000 g	+++	++	+*	+*	+*
Mikrosomen an $CaCO_3$. . . .	++	+			
Cytoplasma, Überstand bei 105000g	∅	∅	+*	++*	+*

Zeichenerklärung: + Aktivität; ∅ keine Aktivität; ( ) mitunter geringe, häufig keine Aktivität; * in Gegenwart von DPN.

ersehen, daß die 11-Keto-Reduktion und die 20-Keto-Reduktion an die Mikrosomen der Leberzelle gebunden ist[1]. — Dagegen sind die Fermente, die die Reduktion der Δ^4-3-on-Gruppe und der 17-Keto-Gruppe, sowie die Oxydation der 17-Oxy-Gruppe zur 17-Keto-Gruppe vermitteln, im Cytoplasma der Leberzelle lokalisiert[51].

Die Reaktionsbedingungen für die Umwandlung von Compound E in Compound F.

Die Reaktionsbedingungen für die Umwandlung von Compound E in Compound F haben wir eingehend untersucht[1]. Die Umwandlung kann durch bestimmte Zusätze gehemmt oder aktiviert werden (Tab. 4).

Tabelle 4. *Der Einfluß verschiedener Zusätze auf die Umwandlung E zu F.*

Zusatz	Gesamt-homogenat	Überstand bei 20000 g (Mikrosomen u. Protein-Fkt.)	Einfluß des Zusatzes auf die Atmung der Mikrosomen (O_2-Verbrauch)
1. Cyanid	—	+	—
2. Stickstoff	—	+	—
3. Ascorbinsäure	+	+	—
4. Citronensäure	+	+	—
5. Bernsteinsäure	+	(—)	+
6. DPN	+	(—)	+
7. Sauerstoff	(+)	—	+
8. Cytochrom C	∅	(—)	∅
9. p-Cl-Mercuri-Benzoat		—(5×10^{-4} m.)	
10. Dinitrophenol	—	—(4×10^{-3} m.)	
11. Arsenit	—	—(10^{-2} m.)	

Zeichenerklärung: + Förderung; — Hemmung; ∅ ohne sicheren Einfluß; ( ) geringe, nicht regelmäßige Wirkung.

Ein großer Teil der Befunde am Überstand bei 20000 g (Mikrosomen und Proteinfraktion) erklärt sich aus der Tatsache, daß die Umwandlung E zu F ein anaerober Prozeß ist. Substanzen, die den Sauerstoffverbrauch der Mikrosomen hemmen, fördern daher die Umwandlung. Dies gilt für Cyanid und Stickstoff, jedoch auch für Citronensäure und Ascorbinsäure. Diese Zusätze bewirken also, daß weniger Wasserstoffdonatoren oxydiert werden, die dann für die Umwandlung E zu F zur Verfügung stehen. — Bei der zweiten Gruppe von Zusätzen ist es umgekehrt. Diese fördern die Atmung und hemmen die Umwandlung meist. Etwas komplizierter wird die Situation dadurch, daß einige Zusätze im Gesamthomogenat wirksam sind, den Überstand von 20000 g jedoch nicht aktivieren. Es ist daher wahrscheinlich, daß im Gesamthomogenat noch Systeme enthalten sind, die die besprochenen Wasserstoffdonatoren im Überstand bei 20000 g ergänzen können.

Cytochrom C scheint sowohl im Gesamthomogenat wie in den Mikrosomen ausreichend enthalten zu sein, es ändert den Sauerstoffverbrauch der Mikrosomen nicht.

Die besprochenen Zusätze sind also zum größten Teil nicht spezifisch an der Umwandlung im Überstand bei 20000 g beteiligt, sondern sie wirken indirekt über den „Wasserstoffdruck" des Enzymsystems.

Bisher machte jedoch Mg^{++} hiervon eine Ausnahme. Dieses Ion hemmte die Atmung der Mikrosomen — allerdings geringer als Citronensäure und Ascorbinsäure —, hatte jedoch keinen Einfluß auf die 11-Keto-Reduktion.

Von den Hemmstoffen ist das p-Cl-Mercuribenzoat am aktivsten (Hemmung über 50% in 10^{-4} m). Dies spricht dafür, daß freie SH-Gruppen an der Umwandlung beteiligt sind.

Die Leeratmung der Mikrosomen, gemessen am Sauerstoffverbrauch, wurde durch Compound E in zwei Fällen verbessert, in zwei anderen Untersuchungen war sie nicht sicher verändert. — Die Umwandlungsrate zeigte sich vom Einfluß auf die Atmung unabhängig[51]. — Dies steht im Einklang mit der Beobachtung, daß die Wirkung der Steroidhormone auf die Citronensäuresynthese in der Leber unabhängig von der gleichzeitig stattfindenden Reduktion der Δ^4-3-on-Gruppe ist[38]. — Soweit dies bisher untersucht wurde, ergab sich also keine sichere Korrelation zwischen der Umwandlung und der Stoffwechselwirkung eines Hormons.

Enzymatische Umwandlungen, die das Steroidgerüst selbst abbauen, sind im Säugetierorganismus nicht bekannt, aber aus Bilanzuntersuchungen wahrscheinlich. — Bestimmte Mikroorganismen (z. B. das Mycobacterium cholesterolicum) können aus dem A-Ring des Steroidskelets das C-Atom 4 herausspalten[96]. — Diese Untersuchungen an Mikroorganismen lassen sich jedoch meist nicht auf Säugetiere übertragen, da z. B. die Seitenkette[106] und der A-Ring von Steroiden[15, 106] durch Mikroorganismen anders abgebaut werden als wir es für die Säugetierenzyme besprochen haben. — Dies steht im Gegensatz zu den Enzymen der Glykolyse[47], was sich daraus erklären dürfte, daß die Steroidhormone im Gegensatz zu den Kohlenhydraten keine physiologischen Bestandteile der Mikroorganismen sind, und es daher dem Zufall überlassen bleibt, wie sie durch adaptive Enzymbildung von den einzelnen Bakterien verändert werden.

Zusammenfassend kann gesagt werden, daß der größte Teil der angeschnittenen Fragen bisher noch nicht befriedigend beantwortet ist. — Die wesentlichste Aufgabe dieser Umwandlungen scheint jedoch die Inaktivierung der Steroidhormone zu sein.

Ungeklärt ist bisher, wie das Steroidskelet selbst im Säugetierorganismus abgebaut wird, warum C_{21} und C_{19}-Steroide nicht auch an den typischen Stellen der Gallensäuren (C_7 und C_{12}) von der Leber oxydiert werden und schließlich, ob bei einem enterohepatischen Kreislauf der Steroide[94] Mikroorganismen an einigen Umwandlungen beteiligt sind. — Es erscheint uns wichtig, die besprochenen Fermentsysteme weiter aufzuklären und zu prüfen, ob diese Umwandlungen tatsächlich vom Wirkungsmechanismus der Steroidhormone unabhängig sind.

Ich danke Herrn Dr. L. ROKA für zahlreiche Anregungen und Literaturhinweise.

Literatur.

1 AMELUNG, D., H. J. HÜBENER u. L. ROKA: Hoppe-Seylers Z. **294**, 36 (1953).
2 AMELUNG, D., H. J. HÜBENER, L. ROKA u. G. MEYERHEIM: Klin. Wschr. **1953**, 386.
3 AMELUNG, D., H. J. HÜBENER, L. ROKA u. G. MEYERHEIM: J. Clin. Endocrin. **13**, 1125 (1953).
4 AXELROD, L. R.: J. Amer. Chem. Soc. (Im Druck, persönliche Mitteilung von Dr. M. HAYANO.)
5 BARRY, M. C., M. L. EIDINOFF, K. DOBRINER and T. F. GALLAGHER: Endocrinology (Springfield, Ill.) **50**, 587 (1952).
6 BARTON, D. H. R.: Experientia (Basel) **6**, 316 (1950).
7 BRÜCKEL, K., H. J. HÜBENER, G. MEYERHEIM u. G. LIERSCH: Klin. Wschr. **1954**, 21.
8 BRUZZONE, S., H. BAREL and J. SCHWARTZ: Endocrinology (Springfield, Ill.) **39**, 194 (1946).
9 BURSTEIN, S., K. SAVARD and R. I. DORFMAN: Endocrinology (Springfield, Ill.) **53**, 88 (1953).

[10] Zitiert nach: BURSTEIN, S., K. SAVARD and R. J. DORFMAN: Endocrinology (Springfield, Ill.) **52**, 448 (1953).
[11] BURTON, R. B., E. H. KEUTMANN and C. WATERHOUSE: J. Clin. Endocrin. **13**, 48 (1953).
[12] BUTENANDT, A.: Ber. Chem. Ges. **63**, 659 (1930); **64**, 2529 (1931).
[13] BUTLER, G. C., and G. F. MARRIAN: J. of Biol. Chem. **119**, 565 (1937).
[14] BUTLER, G. C., u. G. F. MARRIAN: J. of Biol. Chem. **124**, 237 (1938).
[15] CAMERINO, B., C. G. ALBERTI u. A. VERCELLONE: Helvet. chim. Acta **36**, 1945 (1953).
[16] CASPI, E., H. LEVY and O. HECHTER: Arch. of Biochem. a. Biophysics **45**, 169 (1953).
[17] CLARK, L. C., and C. D. KOCHAKIAN: J. of Biol. Chem. **170**, 23 (1947).
[18] CORCORAN, A. C., and J. H. PAGE: J. Labor. a. Clin. Med. **33**, 1326 (1948).
[19] COX, R. J., and G. F. MARRIAN: Biochemic. J. **54**, 353 (1953).
[20] COX, R. J.: Biochemic. **52**, 339 (1952).
[21] CUYLER, W. K., C. ASHLEY and E. C. HAMBLEN: Endocrinology (Springfield, Ill.) **27**, 177 (1940).
[22] DAUGHADAY, W. H., H. JAFFÉ and R. H. WILLIAMS: J. Clin. Endocrin. **8**, 166 (1948).
[23] DEL GRECO, F., G. M. C. MASSON and A. C. CORCORAN: Endocrinology (Springfield, Ill.) **52**, 474 (1953).
[24] DIRSCHERL, W., u. W. KNÜCHEL: Biochem. Z. **320**, 253 (1950).
[25] DIRSCHERL, W., u. H. TRAUT: Klin. Wschr. **1952**, 159.
[26] DOBRINER, K., and S. LIEBERMAN: Ciba Found. Coll. Endocrin. **2**, 381 (1952); zitiert nach[98].
[27] DOBRINER, K., S. LIEBERMAN and C. P. RHOADS: J. of Biol. Chem. **127**, 241 (1948).
[28] DORFMAN, R. I., E. ROSS and R. A. SHIPLEY: Endocrinology (Springfield, Ill.) **42**, 77 (1948).
[29] DORFMAN, R. I., K. SAVARD and S. BURSTEIN: XIX. International Physiological Congress, Montreal, Sept. 1953, p. 315; Z. Clin. Endocrin. **14**, 318 (1954).
[30] EIK-NES, K., J. A. SCHELLMAN, R. LUMRY and L. T. SAMUELS: J. of Biol. Chem. **206**, 411 (1954).
[31] v. EULER, H., u. H. HASSELQUIST: Reduktone. Stuttgart: Ferdinand Enke 1950.
[32] FIESER, L. F., and M. FIESER: Natural Products related to Phenanthren New York: Reinhold publishing corporation 1949.
[33] FISH, C. A., M. HAYANO and G. PINCUS: Arch. of Biochem. a. Biophysics **42**, 480 (1953).
[34] FISH, W. R., B. N. HORWITT and R. I. DORFMAN: Science (Lancaster, Pa.) **97**, 227 (1943).
[35] FORCHIELLI, E.: (Worcester Found.) Endocrinology. (Im Druck, persönliche Mitteilung von Dr. M. HAYANO.)
[36] FUKUSHIMA, D. K., K. DOBRINER and T. F. GALLAGHER: Federat. Proc. **10**, 185 (1951).
[37] GRANT, J. K.: Biochemic. J. **51**, 358 (1952).

[38] GRANT, J. K.: Biochemic. J. **52**, 24 (1952).

[39] HAINES, W. J.: Recent. Progr. in Hormone Res. **7**, 225 (1952).

[40] HEARD, R. D., and H. SOBEL: J. of Biol. Chem. **165**, 687 (1946).

[41] HECHTER, O., R. P. JACOBSEN, R. JEANLOZ, H. LEVY, C. W. MARSHALL, G. PINCUS and V. SCHENKER: J. Amer. Chem. Soc. **71**, 3261 (1949).

[42] HECHTER, O., M. M. SOLOMON and E. CASPI: Endocrinology (Springfield, Ill.) **53**, 202 (1953).

[43] HEUSNER, A.: Angew. Chem. **63**, 59 (1951).

[44] HIRSCHMANN, H., and F. B. HIRSCHMANN: J. of Biol. Chem. **184**, 259 (1950).

[45] HIRSCHMANN, H., F. B. HIRSCHMANN and M. A. DAUS: J. of Biol. Chem. **178**, 751 (1949).

[46] HOFFMANN, M. M., V. E. KASMIN and J. S. L. BROWNE: J. of Biol. Chem. **147**, 259 (1943).

[47] HOLZER, H.: Angew. Chem. **66**, 65 (1954).

[48] HORWITT, B. N., R. I. DORFMAN, R. A. SHIPLEY and W. R. FISH: J. of Biol. Chem. **155**, 213 (1944).

[50] HÜBENER, H. J., u. D. AMELUNG: Hoppe-Seylers Z. **293**, 138 (1953).

[51] HÜBENER, H. J.: Hoppe-Seylers Z. (Im Druck.)

[52] KAHNT, F. W., u. A. WETTSTEIN: Helvet. chim. Acta **34**, 1790 (1951).

[53] KLYNE, W.: Nature (Lond.) **166**, 559 (1950).

[54] KOCHAKIAN, C. D., and D. M. NALL: J. of Biol. Chem. **204**, 91 (1953).

[55] KOCHAKIAN, C. D., J. GONGORA and N. PARENTE: J. of Biol. Chem. **196**, 243 (1952).

[56] KUIZENGA, M. H., and G. F. CATLAND: Endocrinology (Springfield, Ill.) **24**, 526 (1939).

[57] LANGECKER, H.: Biochem. Z. **325**, 16 (1953).

[58] LASZT, L.: Schweiz. med. Wschr. **1951**, 107

[59] LASZT, L.: Erstes Freiburger Symposion über Probleme des Hypophysen-NNR-Systems, S. 40. Berlin, Göttingen, Heidelberg: Springer-Verlag 1953.

[60] LIEBERMAN, S., C. B. HARITON and K. DOBRINER: Federat. Proc. **9**, 196 (1950).

[61] LIEBERMAN, S., L. B. HARITON, M. B. STOCKEM, P. E. STUDER and K. DOBRINER: Federat. Proc. **10**, 216 (1951).

[62] LIEBERMAN, S., and K. DOBRINER: Recent Progr. in Hormone Res. **8**, 71 (1948).

[63] LOUCHART, J., and J. W. JAILER: J. Clin. Endocrin. **11**, 771 (1951).

[64] LOUCHERT, J., and J. W. JAILER: Proc. Soc. Exper. Biol. a. Med. **79**, 393 (1952).

[65] LÖWENSTEIN, B. E., A. C. CORCORAN and I. H. PAGE: Endocrinology (Springfield, Ill.) **39**, 82 (1946).

[67] MACEK, T. J., W. H. BAADE, A. BORNN and F. A. BACHER: Science (Lancaster, Pa.) **116**, 399 (1952).

[68] MARKER, R. E., O. KAMM, H. M. JR. CROOKS, T. S. OAKWOOD, E. L. WITTLE and E. J. LAWSON: J. Amer. Chem. Soc. **60**, 210 (1938); **60**, 1061 (1938).

[69] MARKER, R. E., E. ROHRMANN and E. L. WITTLE: J. Amer. Chem. Soc. **60**, 1561 (1938).

70 Marker, R. E., E. J. Lawson, E. L. Wittle and H. M. Ir. Crooks: J. Amer. Chem. Soc. **60**, 1559 (1938).
71 Marrian, G. F.: Biochemic. J. **23**, 1090 (1929).
72 Mason, H. L.: J. of Biol. Chem. **172**, 783 (1952).
73 Mason, H. L., and E. J. Kepler: J. of Biol. Chem. **161**, 235 (1945).
74 Meyer, A. S.: J. of Biol. Chem. **203**, 469 (1953).
75 Miller, A. M., R. I. Dorfman and M. Miller: Endocrinology (Springfield, Ill.) **46**, 105 (1950).
76 Miller, A. M., R. I. Dorfman: Endocrinology (Springfield, Ill.) **46**, 514 (1950).
77 Nissim, J. A.: J. of Endocrin. **8**, 257 (1952).
78 Pearlman, W. H.: The Hormones, von G. Pincus u. K. V. Thiman, Vol. I, S. 381, 1948.
79 Picha, G. M., F. J. Saunders and D. M. Green: Science (Lancaster, Pa.) **115**, 704 (1952).
80 Polley, H. F., and H. L. Mason: J. Amer. Med. Assoc. **113**, 1474 (1950).
81 Porter, C. C., and R. H. Silber: J. of Biol. Chem. **185**, 201 (1950).
82 Ryan, K. J., and L. L. Engel: Endocrinology (Springfield, Ill.) **52**, 277 (1953); **52**, 287 (1953).
83 Samuels, L. T., M. L. Helmreich, M. B. Lasater and H. Reich: Science (Lancaster, Pa.) **113**, 490 (1951).
84 Samuels, L. T., and H. Reich: Annual Review of Biochemistry **21**, 129 (1952).
85 Schneider, J. J.: J. of Biol. Chem. **199**, 235 (1952).
86 Schneider, J. J., and P. M. Horstman: J. of Biol. Chem. **191**, 327 (1951).
87 Schneider, J. J., and H. L. Mason: J. of Biol. Chem. **172**, 771 (1948).
88 Schneider, J. J.: J. of Biol. Chem. **199**, 235 (1952).
89 Segaloff, A., and W. O. Nelson: Endocrinology (Springfield, Ill.) **31**, 592 (1942).
90 Selye, H.: Encyclopedia of Endocrinology. Montreal: Franks 1943.
91 Senecca, H., E. Ellenbogen, E. Henderson, A. Collins and J. Rockenbach: Science (Lancaster, Pa.) **112**, 524 (1950).
92 Simpson, A. S., J. F. Tait, A. Wettstein, R. Neher, J. v. Euw u. T. Reichstein: Experientia (Basel) **9**, 333 (1953).
93 Simpson, S. A., J. F. Tait, A. Wettstein, R. Neher, J. v. Euw, O. Schindler u. T. Reichstein: Experientia (Basel) **10**, 132 (1954).
94 Siperstein, M. D., H. H. Hernandez and J. L. Chaikoff: J. of Physiol. **171**, 297 (1952).
95 Sprague, R. G., M. H. Power, H. L. Mason and H. E. Cluxton: J. Clin. Invest. **28**, 812 (1949).
96 Stadtman, T. C., A. Cherkes and C. B. Anfinsen: J. of Biol. Chem. **206**, 511 (1954).
97 Staudinger, H. J., u. M. Schmeisser: Biochem. Z. **321**, 83 (1950).
98 Staudinger, H. J.: im Hammersten, S. 892. Berlin, Göttingen, Heidelberg: Springer-Verlag 1954.
99 Sweat, M. L., L. T. Samuels and R. Lumry: J. of Biol. Chem. **185**, 75 (1950).

[100] TALBOT, N. B., A. H. SALTZMANN, R. L. WIXOM and J. K. WOLFE: J. of Biol. Chem. **160**, 535 (1945).
[101] UNGAR, F., J. W. DAVIS, H. ROSENKRANTZ and R. I. DORFMAN: J. of Biol. Chem. **207**, 375 (1954).
[102] UNGAR, F., and R. I. DORFMAN: J. of Biol. Chem. **205**, 125 (1953).
[103] UNGAR, F., A. M. MILLER and R. I. DORFMAN: J. of Biol. Chem. **206**, 597 (1954).
[104] UNGAR, F., J. W. DAVIS and R. I. DORFMAN: XIX. International Physiological Congress Montreal, Sept. 1953, p. 843.
[105] VENNING, E. H.: Symposion Steroid-Hormones. Madison: Univ. Wisconsin Press, 1950.
[106] VISCHER, E., u. A. WETTSTEIN: Experientia (Basel) **9**, 371 (1953).
[107] VOIGT, K. D., u. W. SCHRÖDER: Naturwiss. **40**, 485 (1953).
[108] WESTPHAL, U.: Hoppe-Seylers Z. **273**, 13 (1942).
[109] WISWELL, J. G., and L. T. SAMUELS: J. of Biol. Chem. **201**, 155 (1953).
[110] ZANDER, J., u. J. SCHMIDT-THOMÉ: Klin. Wschr. **1954**, 24.
[111] ZIMMERMANN, W.: Hoppe-Seylers Z. **233**, 257 (1935); **245**, 47 (1936).

Diskussion.

STAUDINGER (Mannheim): Nicht in allen Fällen entstehen beim Abbau der C-19-Steroide vorwiegend Androstan-Derivate. Wenn z. B. Testosteron gespritzt wird, können Androstan und Ätiocholanderivate in gleicher Menge ausgeschieden werden. Dagegen halte ich die Δ-9-Derivate, die nach Verabreichung von 11-Oxy-Steroiden im Harn gefunden wurden, für Kunstprodukte, da sie bei Aufarbeitung mit Glucuronidase nicht auftreten. Und das Dritte: In Ihren Versuchen hemmt Ascorbinsäure die Atmung der Lebermikrosomen. Dagegen fanden wir, daß Ascorbinsäure die Atmung der Nebennieren — Mitochondrien erhöht.

HÜBENER: Es trifft zu, daß nach Gaben von 11-Desoxysteroiden etwa 50 % Androstan- und 50 % Ätiocholan-Derivate ausgeschieden werden. Aber aus 11-Oxy-C_{19}-Steroiden werden praktisch nur Androstane gebildet. - Ich halte die Δ-9-Steroide auch für Kunstprodukte. — Unsere Versuche mit Ascorbinsäure haben wir nicht bei p_H 6,6, sondern bei p_H 7,3 angesetzt. Deswegen sind die Ergebnisse nicht ohne weiteres vergleichbar.

DIRSCHERL (Bonn): Was geschieht mit der Hauptmenge der Steroidhormone? Soweit ich mich entsinne, werden nur etwa 1 % im Harn ausgeschieden.

STAUDINGER: 1 % bezieht sich auf Steroide mit Ketolgruppierung. Wenn man mit Glucuronidase verseift, entsteht mindestens das 10 fache. Wir haben im Harn z. B. 7—10 mg Substanzen mit der Ketolgruppe gefunden. Ferner entsteht noch die sog. alkoholische Fraktion, das sind weitere 10 mg, ferner 6—7 mg 17-Ketosteroide. Also sind bisher im Harn insgesamt 20—30 mg Derivate der NNR-Hormone nachgewiesen. Sezerniert werden dagegen etwa 60 mg pro Tag.

HÜBENER: Dazu möchte ich ergänzen, daß auch von zugeführten Steroidhormonen nur 5—30 % und, wenn es hochkommt, 50 % im Harn wiedergefunden werden. Es ist nichts darüber bekannt, ob das Steroidskelet selbst abgebaut werden kann. Es wäre allerdings möglich, daß es sofort in viele kleine C-2-Bruchstückchen oder andere kleine Bausteine zerlegt wird. — Mikroorganismen wie Mykobacterium cholesterolicum können beim ^{14}C-4-Cholesterin den A-Ring aufspalten und das C-Atom 4 herausspalten. Jedoch können Mikroorganismen keineswegs als Modelle für die Enzymsysteme des Säugetierorganismus gelten.

ZIMMERMANN (Trier): Bei der Entstehung der 17-Ketosteroide aus den C-21-Steroiden möchte ich noch auf die Bedeutung der 17-Hydroxylgruppe hinweisen. Nach Belastung mit 17-Desoxy-Steroiden, als Progesteron, Desoxycorticosteron, Corticosteron und Compound A findet man alkoholische Pregnan-Derivate und keine Veränderung der 17-Ketosteroide. Umgekehrt, wenn man mit 17-Oxysteroiden belastet, z. B. Compound F, Compound E und Compound S, dann ist nur die 17-Keto-Steroidausscheidung erhöht und nicht die der alkoholischen Pregnanfraktion. Es handelt sich also um zwei Abbau-Wege, die sich wahrscheinlich ausschließen.

HÜBENER: Voraussetzung für die Abspaltung der C_2-Seitenkette ist eine 17- und eine 20-Oxyfunktion, und ferner, daß der A-Ring gesättigt ist.

HOLZER (Hamburg): Nehmen Sie an, daß die reversible Oxydo-Reduktion zwischen 17-Ketosteroiden und DPNH das Verhältnis DPN/DPNH reguliert und dadurch den Intermediärstoffwechsel steuern könnte?

HÜBENER: Bei in vitro-Versuchen mit C_{19}-Steroiden muß daran gedacht werden, daß Enzymreaktionen, die DPN abhängig sind, durch 17-Ketosteroide kompetitiv gehemmt werden.

HOLZER: In vivo kommt es darauf an, ob die Konzentration der 17-Ketosteroide so groß ist, daß sie tatsächlich einen Einfluß auf das Verhältnis DPN/DPNH haben kann. In der Leber habe ich eine DPN-Konzentration von etwa 10^{-3} m gefunden. In welcher Konzentration kommen 17-Ketosteroide in der Leber vor?

HÜBENER: Ich glaube höchstens 10^{-6} m.

HOLZER: Dann kommt eine derartige Regulation nicht in Frage.

ZIMMERMANN: Wie können Mikroorganismen im tierischen Organismus Steroidhormone verändern?

HÜBENER: Es ist möglich, daß die C_{21}- und C_{19}-Steroide wie die Gallensäuren einen enterohepatischen Kreislauf durchmachen. Dabei kommen sie im Darm mit Mikroorganismen in Berührung. Hierbei könnten aus einigen Steroiden die sterischen Antipoden der natürlichen Umwandlungsprodukte entstehen.

FELIX (Frankfurt a. M.): Ich danke den Herrn Referenten und allen, die sich an der Diskussion beteiligt haben. Ich glaube, es war doch gut, daß wir dieses Colloquium abgehalten und einmal erfahren haben, was man über Bildung und Wirkung der Hormone weiß.

GPSR Compliance

The European Union's (EU) General Product Safety Regulation (GPSR) is a set of rules that requires consumer products to be safe and our obligations to ensure this.

If you have any concerns about our products, you can contact us on ProductSafety@springernature.com

In case Publisher is established outside the EU, the EU authorized representative is:

Springer Nature Customer Service Center GmbH
Europaplatz 3
69115 Heidelberg, Germany

Batch number: 10682427

Printed by Printforce, the Netherlands